Christina-Maria Ening
Die Insolvenz landwirtschaftlicher Unternehmen

Schriften zum deutschen, europäischen und internationalen Insolvenzrecht

Herausgegeben von
Professor Dr. Stefan Smid, Kiel
Rechtsanwalt Professor Dr. Mark Zeuner, Hamburg
Rechtsanwalt Michael Schmidt, Berlin

Band 24

Christina-Maria Ening

Die Insolvenz landwirtschaftlicher Unternehmen

—

DE GRUYTER

ISBN 978-3-11-031689-6
e-ISBN 978-3-11-031801-2

Library of Congress Cataloging-in-Publication Data
A CIP catalog record for this book has been applied for at the Library of Congress.

Bibliografische Information der Deutschen Nationalbibliothek
Die Deutsche Nationalbibliothek bezeichnet diese Publikation in der Deutschen
Nationalbibliografie; detaillierte bibliografische Daten sind im Internet
über http://dnb.dnb.de.

© 2013 Walter de Gruyter GmbH, Berlin/Boston
Satz: jürgen ullrich typosatz, Nördlingen
Druck und Bindung: Hubert & Co. GmbH & Co. KG, Göttingen
♾ Printed on acid-free paper
Printed in Germany

www.degruyter.com

Meiner Familie

Vorwort

Diese Arbeit wurde im Wintersemester 2012 von der Rechtswissenschaftlichen Fakultät der Christian-Albrechts-Universität zu Kiel als Dissertation angenommen.

Besonderer Dank gebührt meinem Doktorvater Herrn Prof. Dr. Stefan Smid sowie dem Zweitgutachter, Herrn Prof. Dr. Werner Schubert. Auch bei den Angestellten des Lehrstuhls möchte ich mich für die uneingeschränkte Hilfsbereitschaft ausdrücklich bedanken.

Danken möchte ich jedoch vor allem meinem Mann und meinem Sohn sowie meiner Mutter, die mit ihrer unendlichen Unterstützung und Motivation, Geduld und Hilfsbereitschaft das Entstehen dieser Arbeit ermöglicht haben. Mein leider viel zu früh verstorbener Vater legte schon früh den Grundstein für das Thema.

Husum, im Juni 2013   Christina-Maria Ening

Inhaltsverzeichnis

Abkürzungsverzeichnis

a. A.	andere Auffassung
a. a. O.	am angegebenen Ort
Abs.	Absatz
AfA	Abschreibung für Abnutzung
a. F.	alte Fassung
AG	Amtsgericht
AGB	Allgemeine Geschäftsbedingungen
AGBGB	Gesetz zur Ausführung des BGB und anderer Gesetze
AgrarR	Agrarrecht
allg.	allgemein
AMG	Arzneimittelgesetz
ANTHV	Tierhalter-Arzneimittel-Nachweisverordnung
AO	Abgabenordnung
Art.	Artikel
AUR	Agrar- und Umweltrecht
AusglLeistG	Ausgleichsleistungsgesetz
AZ.	Aktenzeichen
BauGB	Baugesetzbuch
BayObLG	Bayerisches Oberstes Landgericht
BB	Der Betriebsberater
BBodSchG	Bundesbodenschutzgesetz
Bd.	Band
BeckRS	Beck-Rechtsprechung
Begr.	Begründung
Beschl v.	Beschluss vom
BewG	Bewertungsgesetz
BFH	Bundesfinanzhof
BFHE	Entscheidungen des Bundesfinanzhofes
BfN	Bundesamt für Naturschutz
BGB	Bürgerliches Gesetzbuch
BGBl.	Bundesgesetzblatt
BGH	Bundesgerichtshof
BGHZ	Entscheidungen des Bundesgerichtshofes in Zivilsachen
BImSchG	Bundes-Immissionsschutzgesetz
BImSchV	Bundes-Immissionsschutzverordnung
BJagdG	Bundesjagdgesetz
BLN	Bank für Landwirtschaft und Nahrungsgüterwirtschaft
BMELV	Bundesministerium für Ernährung, Landwirtschaft und Verbraucherschutz
BMF	Bundesministerium für Finanzen
BMU	Bundesministerium für Umwelt, Naturschutz und Reaktorsicherheit
BNatSchG	Bundesnaturschutzgesetz
BR-Drucks.	Drucksache des Bundesrates
bspw.	beispielsweise
BStBl.	Bundessteuerblatt

BT-Drucks.	Drucksache des Deutschen Bundestages
BVerfG	Bundesverfassungsgericht
BVerfGE	Entscheidungen des Bundesverfassungsgerichts
BVVG	Bodenverwertungs- und -verwaltungs GmbH
BVerwG	Bundesverwaltungsgericht
BVerwGE	Entscheidung des Bundesverwaltungsgerichts
bzw.	beziehungsweise
ChemG	Chemikaliengesetz
DDR	Deutsche Demokratische Republik
ders.	derselbe
d. h.	das heißt
DStR	Deutsches Steuerrecht
DtZ	Deutsch-Deutsche Rechts-Zeitschrift
DüngG	Düngegesetz
DüV	Düngeverordnung
DZWIR	Deutsche Zeitschrift für Wirtschafts- und Insolvenzrecht
EEG	Erneuerbare-Energien-Gesetz
EGBGB	Einführungsgesetz zum Bürgerlichen Gesetzbuch
EGV	EG-Vertrag
EGZPO	Einführungsgesetz zur Zivilprozessordnung
EStG	Einkommensteuergesetz
EStR	Einkommensteuer-Richtlinie
EuGH	Europäischer Gerichtshof
f.(f.)	(fort)folgende
FFH	Flora-Fauna-Habitat Richtlinie
FK-InsO	Frankfurter Kommentar zur Insolvenzordnung
Fn.	Fußnote
GAP	Gemeinsame Agrarpolitik
GBB	Genossenschaftsbank Berlin
GbR	Gesellschaft bürgerlichen Rechts
GDV	Gesamtverband der deutschen Versicherungsgesellschaft e.V.
gem.	gemäß
GMO	Gemeinsame Europäische Marktordnungen
GenG	Gesetz betreffend die Erwerbs- und Wirtschaftsgenossenschaften
GenTG	Gentechnikgesetz
GesO	Gesamtvollstreckungsordnung
GmbH	Gesellschaft mit beschränkter Haftung
GmbHG	Gesetz betreffend die Gesellschaft mit beschränkter Haftung
GrdstVG	Grundstücksverkehrsgesetz
ha	Hektar
HAR	Handwörterbuch des Agrarrechts
HGB	Handelsgesetzbuch
HK-InsO	Heidelberger Kommentar zur Insolvenzordnung
hL	herrschende Lehre
HLBS	Hauptverband der landwirtschaftlichen Buchstellen und Sachverständigen e.V.
hM	herrschende Meinung
HöfeO	Höfeordnung

Hs.	Halbsatz
i.d.F.	in der Fassung
i.L.	in Liquidation
InsBüro	Zeitschrift für das Insolvenzbüro
InsO	Insolvenzordnung
InsRHdb	Insolvenzrechtshandbuch
InsVV	Insolvenzrechtliche Vergütungsverordnng
InVeKoS	Integriertes Verwaltungs- und Kontrollsystem
i. S. d.	im Sinne des
i. V. m.	in Verbindung mit
IVU-Richtlinie	Richtlinie über die integrierte Vermeidung und Verminderung der Umweltverschmutzung
KG	Kommanditgesellschaft
KrW-/AbfG	Kreislaufwirtschafts- und Abfallgesetz
LAG	Landwirtschaftsgesetz
LG	Landgericht
LPG	Landwirtschaftliche Produktionsgenossenschaft
LuF	Land- und Forstwirtschaft
LwAltSchG	Landwirtschafts-Altschuldengesetz
LwAltSchV	Landwirtschafts-Altschuldenverordnung
MAH	Münchener-Anwaltshandbuch
MDR	Monatszeitschrift für Deutsches Recht
MGV	Milchgarantiemengenverordnung
MilchAbgV	Milchabgabenverordnung
MilchQuotV	Milchquotenverordnung
MüKo	Münchener Kommentar
n.F.	neue Fassung
NJW	Neue Juristische Wochenschrift
NJW-RR	Neue Juristische Wochenschrift-Rechtsprechungsreport
NL-BzAR	Briefe zum Agrarrecht
Nr.	Nummer
NVwZ	Neue Zeitschrift für Verwaltungsrecht
NZI	Neue Zeitschrift für das Recht der Insolvenz und Sanierung
NZM	Neue Zeitschrift für Miet- und Wohnungsrecht
OHG	Offene Handelsgesellschaft
OLG	Oberlandesgericht
OLGZ	Entscheidungen der Oberlandesgerichte in Zivilsachen
PachtkredG	Pachtkreditgesetz
PflSchG	Pflanzenschutzgesetz
RdL	Recht der Landwirtschaft
RegE	Regierungsentwurf
RegEInsO	Regierungsentwurf einer Insolvenzordnung
RGBl.	Reichsgerichtsblatt
RGZ	Entscheidungen des Reichsgerichts in Zivilsachen
Rn.	Randnummer
S.	Seite
s.	siehe

Schl.-H.	Schleswig-Holstein
sog.	so genannt
SRU	Sachverständigenrat für Umweltfragen
StGB	Strafgesetzbuch
TierSchG	Tierschutzgesetz
TierSG	Tierseuchengesetz
u. a.	unter anderem
UHRL	Umwelthaftungsrichtlinie
USchadG	Umweltschadensgesetz
USV	Umweltschadensversicherung
u. U.	unter Umständen
Urt. v.	Urteil vom
UStG	Umsatzsteuergesetz
VerglO.	Vergleichsordnung
VG	Verwaltungsgericht
vgl.	vergleiche
VIZ	Zeitschrift für Vermögens- und Immobilienrecht
VO	Verordnung
Vorb.	Vorbemerkungen
VwVfG	Verwaltungsverfahrensgesetz
WHG	Wasserhaushaltsgesetz
WM	Wertpapier-Mitteilungen, Zeitschrift für Wirtschafts-und Bankrecht
z. B.	zum Beispiel
ZfW	Zeitschrift für Wasserrecht
ZInsO	Zeitschrift für das gesamte Insolvenzrecht
ZIP	Zeitschrift für Wirtschaftsrecht
ZPO	Zivilprozessordnung
ZUR	Zeitschrift für Umweltrecht
ZVG	Gesetz über die Zwangsversteigerung und die Zwangsverwaltung

A. Einführung

I. Einleitung

Aufgrund der immer komplexeren Unternehmensstrukturen und der hohen Investitionsvolumina ist in vielen Fällen eine Betriebsaufgabe nicht mehr ausreichend, um eine vollständige Befriedigung der Gläubiger herbeizuführen. Bislang haben verschuldete Landwirte immer wieder versucht, durch die Veräußerung von Grundeigentum die wirtschaftliche Situation zu verbessern.[1] Neben den erheblichen Preisschwankungen landwirtschaftlicher Produkte ist auch die Abhängigkeit von staatlichen Subventionen für mögliche wirtschaftliche Krisen ursächlich. Mit einer Veränderung der Subventionspolitik muss allerdings gerechnet werden. So ist das Auslaufen der Milchquote in ihrer jetzigen Ausgestaltung für das Jahr 2015 vorgesehen, die Höhe der Zahlungsansprüche als Direktbeihilfen wird bereits bis 2013 abgeschmolzen. Eine Änderung dieser Faktoren, unter Umständen noch in Verbindung mit anderen Krisenursachen, kann erhebliche Liquiditätseinbußen und letztlich auch die Insolvenzreife des Landwirts zur Folge haben.

Aus diesem Grund gewinnt die Insolvenzordnung auch für landwirtschaftliche Unternehmen zunehmend an Bedeutung.[2] Im Rahmen der Insolvenzordnung bestehen für den Landwirt mehrere Handlungsmöglichkeiten. Neben der Liquidation ist auch die Fortführung mit dem Zweck der Sanierung des Landwirtschaftsunternehmens möglich. Das Instrument der Eigenverwaltung bietet zudem die Möglichkeit, dass der Landwirt seinen Betrieb unter Erhalt der eigenen Verwaltungs- und Verfügungsbefugnis mit Hilfe der Schutzmechanismen der Insolvenzordnung fortführt. Auch die übertragende Sanierung, bei der das Landwirtschaftsunternehmen oder Teile davon veräußert werden, stellt einen gangbaren Weg im Rahmen des Insolvenzverfahrens dar. Vor dem Hintergrund, dass auch im Agrarsektor mit einer steigenden Anzahl von Insolvenzfällen zu rechnen ist, drängen sich die Fragen und die Problemstellungen im Hinblick auf den Umgang mit Landwirtschaftsinsolvenzen auf.

---

1 *Hartmann*, Die Insolvenz als Chance für landwirtschaftliche Unternehmen, S. 34.
2 *Kolbe/Bart/Brückner/Günther/Preiß*, Insolvenzrecht und Landwirtschaft, S. 5.

II. Ziel der Untersuchung

Es ist das Ziel der vorliegenden Arbeit, einen kompakten Überblick über die landwirtschaftsspezifischen Frage- und Problemstellungen im Rahmen eines Insolvenzverfahrens zu verschaffen, wobei diese Arbeit nicht den Anspruch erhebt, abschließende Darstellungen vorzulegen. Diese Einschränkung ist darin begründet, dass der Umfang der Arbeit auf die landwirtschaftliche Urproduktion beschränkt ist, so dass der Urproduktion vor- und nachgelagerte Bereiche sowie Nebenbetriebe nicht Gegenstand der Betrachtung sind. Auch die Forstwirtschaft, die Fischerei und die Imkerei, die nach einigen Definitionen auch als Landwirtschaft anzusehen sind, werden aufgrund der Komplexität der damit verbundenen und notwendigen Darstellungen nicht berücksichtigt.

Die Arbeit soll dem Insolvenzverwalter, dem Landwirt sowie Beratern in der Landwirtschaft die für eine Landwirtschaftsinsolvenz erforderlichen Kenntnisse verschaffen und die Sensibilität in diesem Bereich fördern. Zu diesem Zwecke sollen typische landwirtschaftliche Sachverhalte in das System des materiellen Insolvenzrechts und das Insolvenzverfahrensrecht eingeordnet werden.

Die Untersuchungen sollen zudem zeigen, welche Möglichkeiten der Insolvenzverwalter und die Gläubiger haben, das Verfahren zu gestalten und welche Risiken, Haftungsprobleme und Vorschriften in diesem Zusammenhang zu beachten sind. Es wird im Rahmen dieser Arbeit nicht der Versuch unternommen, einen allgemeingültigen Weg herauszuarbeiten, der die bestmögliche Verfahrensgestaltung aufzeigt. Eine auf den Einzelfall zugeschnittene Entscheidung ist aufgrund der unterschiedlichen Unternehmensstrukturen unumgänglich. Allerdings wird das Eigenverwaltungsverfahren durch seine Chancen im Bereich der Landwirtschaft als besonders geeignete Verfahrensart angesehen. Das Argument, den Sachverstand des Schuldners nutzen zu wollen, nimmt im Bereich der Landwirtschaft einen besonderen Stellenwert ein. Dies gilt sowohl für die Liquidation als auch für die Sanierung unter Anordnung der Eigenverwaltung.

III. Gang der Untersuchung

Zunächst wird in Kapitel B anhand einer Statistik gezeigt, dass die Anzahl der landwirtschaftlichen Insolvenzen im Verhältnis zu den insgesamt eröffneten Insolvenzverfahren bislang keine große Bedeutung haben, wobei einschränkend darauf hingewiesen werden soll, dass die Zahlen keine verlässliche Aussage über die tatsächliche wirtschaftliche Situation in der Landwirtschaft machen können. So sind Einzelzwangsvollstreckungsmaßnahmen und Betriebsaufgaben ebenso Ausdruck einer wirtschaftlichen Schieflage. Aus diesem Grunde ist es auch entscheidend, die verschiedenen Krisenursachen und -indikatoren herauszuarbeiten, die im Einzelnen erläutert werden.

In Kapitel C folgt eine Untersuchung, was eigentlich unter dem Begriff „Landwirtschaft" zu verstehen ist. Aufgrund der nicht einheitlichen Definitionen in verschiedenen Gesetzen kann es in diesem Zusammenhang zu ganz unterschiedlichen Ergebnissen kommen. Um den Rahmen dieser Arbeit abgrenzen zu können, wurden die Darstellungen auf den herausgearbeiteten Begriffskern, nämlich die Urproduktion in Form der unmittelbaren Bodennutzung zur Erzeugung pflanzlicher und tierischer Produkte begrenzt. Ergänzt wird der Begriffskern und damit der Untersuchungsgegenstand der vorliegenden Arbeit um den Bereich der Biogaserzeugung, da die Erzeugung von Biogas bzw. daraus gewonnener Energie ebenso auf der unmittelbaren Bodennutzung beruht. Dieses Kapitel stellt weiterhin die Strukturen eines Landwirtschaftsbetriebs vor. Hauptaussage ist, dass neben dem Einzellandwirt auch alle möglichen Gesellschaftsformen genutzt werden, wobei die Motive der Gesellschaftsgründungen in gebotener Kürze Erwähnung finden, weil es sich bei Gesellschaftsgründungen häufig um Maßnahmen handelt, die bereits als Sanierungsinstrumente eingesetzt werden oder den Eintritt von Krisen verhindern sollen.

Im Rahmen des Kapitels D bildet die Insolvenzmasse in der Landwirtschaftsinsolvenz den Schwerpunkt. Die Ausführungen beschränken sich auf Wirtschaftsgüter, über deren Insolvenzzugehörigkeit bzw. deren Pfändbarkeit keine Einigkeit besteht, wobei mittlerweile höchstrichterliche Rechtsprechung ergangen ist, die ebenfalls dargestellt und ausgewertet wird.

In Kapitel F werden schließlich die verschiedenen Gläubigergruppen in der Landwirtschaftsinsolvenz beschrieben. Nach einem allgemeinen Überblick folgt eine Darstellung derjenigen Gläubiger, die aufgrund der Bestellung von Sicherheiten an landwirtschaftsspezifischen Sicherungsgegenständen oder an landwirtschaftsspezifischen Pfandrechten eine Berechtigung zur Absonderung haben. Wegen des Sachzusammenhangs zum schuldrechtlichen Altenteilsvertrag erfolgt eine mögliche Absonderungsberechtigung aufgrund eines dinglich eingetragenen Altenteils an späterer Stelle. Da die Landwirtschaft durch ein hohes Subventionsniveau gekennzeichnet ist, wird auch die Rechtsstellung der öffentlichrechtlichen Gläubiger als Zuwendungsgeber erläutert.

In Kapitel F werden schließlich besondere Verträge in der Landwirtschaft dargestellt, wobei der Schwerpunkt auf dem Landpachtvertrag liegt. In diesem Zusammenhang werden sowohl die Möglichkeiten für den Verpächter als auch für den Pächter und die jeweiligen Ansprüche in der Insolvenz beleuchtet, die vor allem bei Rückgabe der Pachtsache von Bedeutung sind. Auch das „Schicksal" des Jagdpachtvertrages wird in diesem Kapitel beschrieben, obwohl weder der Jagdverpächter noch der Jagdpächter zwingend der Berufsgruppe der Landwirte angehören müssen. Weil die Jagd überwiegend auf landwirtschaftlich genutzten Flächen stattfindet, wird insofern ein Sachzusammenhang gesehen.

In Kapitel G wurden besondere Fallkonstellationen herausgearbeitet, die in der Landwirtschaftsinsolvenz zur Anfechtung berechtigen können, wobei die Ausführungen keinen abschließenden Charakter haben. Sie beschränken sich auf die Anfechtung möglicher Rechtshandlungen in den Bereichen Milchquotenübertragung und vertragliche Hofübergabe.

Letztlich findet in Kapitel H eine Erklärung der Verfahrensgestaltungsmöglichkeiten unter Berücksichtigung der landwirtschaftsspezifischen Besonderheiten statt. Differenziert wird zunächst zwischen der Fortführung im Insolvenzeröffnungsverfahren und im Insolvenzverfahren. Ein besonderes Augenmerk wird auf die umweltrechtlichen Haftungstatbestände unter Berücksichtigung des Umweltschadensgesetzes gelegt. Als weitere insolvenzspezifische Verpflichtung, deren Verletzung die Haftung des Insolvenzverwalters zur Folge haben kann, wird die Pflicht zur handels- und steuerrechtlichen Rechnungslegung angesehen. In diesem Zusammenhang folgt eine kurze Beschreibung der Besonderheiten im Bereich des Einkommens- und Umsatzsteuerrechtes. Die Verwertung einzelner Vermögensgegenstände als auch die Unternehmensveräußerung „im Ganzen" wird an dieser Stelle zusammen betrachtet, wobei es sich bei der Unternehmensveräußerung „im Ganzen" auch um eine „übertragende Sanierung" handeln kann, die im Bereich der Sanierungsmöglichkeiten erörtert werden könnte. Da aber die zu berücksichtigenden rechtlichen Vorschriften grundsätzlich bei Veräußerungsgeschäften zu beachten sind, erfolgt die Darstellung an dieser Stelle. Schließlich werden das Insolvenzplan-, das Eigenverwaltungsverfahren und eine Kombination beider Verfahren als taugliche Sanierungsinstrumente in der Insolvenz untersucht, wobei zu beachten ist, dass beide Verfahrensarten auch zum Zwecke der Liquidation eingesetzt werden können.

B. Zahlen und Ursachen

I. Statistiken

Dass Insolvenzen auch in der Landwirtschaft vorkommen, verdeutlicht der Blick auf die Statistik der Jahre 2005–2010. Aus der Tabelle ergibt sich die Anzahl der beantragten Insolvenzen in den jeweiligen Jahren, aufgegliedert in die einzelnen Betriebszweige, und der Vergleich zu gewerblichen Unternehmen, wobei Forstwirtschaft, Fischerei und Fischzucht in die Statistik einbezogen und insgesamt als Agrarbereich erfasst wurden.

Tabelle 1: Insolvenzen im Agrarbereich und in der übrigen Wirtschaft
(Quelle: Statistisches Bundesamt, BMELV (123)

Wirtschaftsbereich	2005	2006	2007	2008	2009	2010
Landwirtschaft davon	585	503	447	443	492	486
Pflanzenbau	72	79	59	43	39	39
Tierhaltung	49	25	37	25	28	28
Gemischte Landwirtschaft	53	45	31	27	27	39
Landwirtschaftliche Dienstleistung	411	354	320	348	398	380
Forstwirtschaft	35	31	13	37	28	31
Fischerei und Fischzucht	9	3	8	15	3	9
Agrarbereich zusammen	**629**	**537**	**468**	**495**	**523**	**526**
Übrige Unternehmen	36.214	33.600	28.692	28.797	32.164	31.472
Sonstige Schuldner	99.711	127.293	135.437	125.911	130.220	136.460
Insgesamt	**136.554**	**161.430**	**164.597**	**155.202**	**162.907**	**168.458**

Es kann festgestellt werden, dass die Anzahl der Insolvenzen bei landwirtschaftlichen Betrieben im Vergleich zu anderen Unternehmenszweigen gering ausfällt.

Die Frage ist aber, ob und inwieweit die Anzahl der Insolvenzen im Verhältnis zu der Anzahl aufgegebener Betriebe einen Rückschluss auf die wirtschaftliche Situation in der Landwirtschaft zulässt. In diesem Zusammenhang ist es auch von Interesse, welche Struktur die Betriebe aufweisen, die in ihrer Existenz gefährdet sind.

Anhand der vorläufigen Ergebnisse der Landwirtschaftszählung ist zu erkennen, dass in Deutschland im Jahr 2010 ca. 300.700 landwirtschaftliche Betriebe bestanden.[3] Das bedeutet einen Rückgang landwirtschaftlicher Betriebe um 22.900 im Vergleich zur vorangegangenen Agrarstrukturerhebung im Jahre 2007.[4] In der Konsequenz wäre daher die Annahme gerechtfertigt, dass bei nicht wesentlicher Veränderung der Situation mit weiteren Betriebsaufgaben oder Kooperationen zu rechnen ist.

Unterstellt, die Anzahl der Insolvenzen hätte sich im Jahr 2010 entsprechend der Vorjahre nicht wesentlich verändert, würde das bedeuten, dass die 526 insolventen Betriebe nur einen Prozentsatz von 2,3 der aufgegebenen Betriebe ausmachen. Die Aussage dieses Ergebnisses weiter einschränkend kommt hinzu, dass aus der Statistik nicht hervorgeht, ob die landwirtschaftlichen Betriebe im Rahmen des Insolvenzverfahrens liquidiert, saniert oder übertragen wurden. Auffallend ist die Anzahl der insolventen Betriebe, die landwirtschaftliche Dienstleistung anbieten.

Das Bundeslandwirtschaftsministerium erläutert die Statistik insoweit, als sie Zwangsversteigerungen und andere Formen von Zwangsverwertungen, die in der Landwirtschaft vorherrschend sind, nicht erfasst.[5] Aus diesem Grunde erscheint es fraglich, ob die Statistik eine verlässliche Aussage über die wirtschaftliche Situation in der Landwirtschaft treffen kann. Überschuldete oder zahlungsunfähige Landwirte versuchen meist, ihre finanzielle Situation mit Veräußerungen von Fläche zu verbessern.[6] Nach den Erfahrungen der Beratungsstellen sind viele Landwirtschaftsbetriebe deshalb in ihrer Existenz gefährdet, weil die Krisen von den Betriebsleitern zu spät erkannt und nicht mehr gelöst werden können.[7] Im Folgenden werden daher die externen und internen Ursachen, die in einem landwirtschaftlichen Betrieb typischerweise auftreten, beschrieben.

II. Externe Krisenursachen

1. Volatile Märkte

Als erste Krisenursache ist die Volatilität der Agrarmärkte zu benennen. Die Marktpreise wirken sich unmittelbar auf der Ertragsseite der landwirtschaftlichen Betriebe aus. Die meisten Betriebszweige sind von Preisschwankungen stark

---

3 Agrarpolitischer Bericht der Bundesregierung 2011 (330) S. 36, www.bmelv.de/SharedDocs/Downloads/Broschueren/agrarbericht2011.pdf.
4 Agrarpolitischer Bericht der Bundesregierung 2011 (330) S. 36, www.bmelv.de/SharedDocs/Downloads/Broschueren/agrarbericht2011.pdf.
5 BMELV, Statistisches Jahrbuch über Ernährung, Landwirtschaft und Forsten 2010, S. 53.
6 *Hartmann*, (vgl. Fn. 1), S. 34.
7 *Annen*, Punktwertverfahren in einem Frühwarnsystem für existenzgefährdete Betriebe, S. 103.

betroffen. Beispielsweise waren über einen langen Zeitraum steigende Gewinne bei Ackerbaubetrieben zu beobachten. Im Wirtschaftsjahr 2009/10 folgte ein Gewinnrückgang von 24,8 % aufgrund stark gesunkener Getreidepreise.[8] Auch die Milcherzeugungsbetriebe sind aufgrund schwankender Erzeugerpreise den Märkten ausgeliefert. So führte die Entwicklung des Milchpreises im Wirtschaftsjahr 2010 von 29,44 Ct/kg Milch auf 38,89 Ct/kg Milch auf wiederum 27,85 Ct/kg zu bislang nicht bekannten Einkommensschwankungen.[9] Die Erlöseinbußen haben bei gleichzeitig hohen Betriebsmittelpreisen zu erheblichen Liquiditätsschwierigkeiten in den Betrieben geführt.

Auch die Veredelungsbetriebe mit dem Schwerpunkt Schweine- und Geflügelhaltung sind den zyklischen Preisänderungen unterworfen. Gerade in diesem Bereich mussten schon in der Vergangenheit große Einkommensschwankungen hingenommen werden. Wurden in diesem Bereich im Wirtschaftsjahr 2006/07 durchschnittliche Gewinne in Höhe von 45.929 Euro pro Betrieb erzielt, war dies im Wirtschaftsjahr 2007/08 nur noch in Höhe von EUR 15.247 der Fall. Im Wirtschaftsjahr 2009/10 konnten dann wiederum Gewinne in Höhe von EUR 53.134 erzielt werden.[10] Zusätzliche Kostensteigerungen bei der Futtermittelbeschaffung können nur von wenigen Betrieben über Mehrerlöse in anderen Wirtschaftsbereichen kompensiert werden. Vor allem bei Veredelungsbetrieben mit Schweine- und Geflügelhaltung wurden aufgrund in der Vergangenheit lang anhaltender Gewinne große Summen investiert. Bei sich verschlechternden Gewinnen können in vielen Fällen Kapitaldienste nicht mehr erbracht werden.

Zusammengefasst wird deutlich, dass sich das Absinken der Erzeugerpreise und der damit verbundene Rückgang der Einnahmen unmittelbar auf die Liquidität niederschlagen. Die stärksten Auswirkungen hat dieser Effekt für die Entwicklung von Betrieben, die in der Vergangenheit viel Fremdkapital aufnehmen mussten, um Investitionen in das Betriebswachstum zu tätigen. Die Tilgungsverpflichtungen stellen insoweit ein großes Problem dar. Vor allem große Betriebe, die zusätzlich zu den hohen Fremdkapitalanteilen auch Lohnkosten durch die Beschäftigung familienfremder Arbeitnehmer zu tragen haben, sind von den volatilen Märkten stark betroffen.

---

8 Agrarpolitischer Bericht der Bundesregierung 2011 (330) S. 30, www.bmelv.de/SharedDocs/Downloads/Broschueren/agrarbericht2011.pdf, Stand 30. 6. 2012. Vgl. Fn. 3/4.
9 Vgl. Fn. 8.
10 Vgl. Fn. 8. Vgl. Fn. 3/4.

2. Abhängigkeit von Marktordnungsinstrumenten

Die Landwirtschaft ist ein Wirtschaftszweig, der in seiner agrarpolitisch gewünschten Erscheinungsform ohne staatliche Förderung nicht bestehen könnte.[11] Die Ziele der Förderung ergeben sich auf nationaler Ebene unter anderem aus § 1 Landwirtschaftsgesetz (LAG).[12] Dass die Landwirtschaft auch auf europäischer Ebene als ein besonders förderbedürftiger Wirtschaftszweig angesehen wird, zeigt sich bereits durch die Vorschriften der Gemeinsamen Agrarpolitik (GAP) im Rahmen des Art. 33 EG-Vertrag (EGV)[13]. Ziel der GAP ist die Steigerung der Produktivität, die Gewährleistung einer angemessenen Lebenshaltung der landwirtschaftlichen Bevölkerung, die Stabilisierung der Märkte, die Sicherstellung der Versorgung, die Belieferung der Verbraucher zu angemessenen Preisen sowie der Umweltschutz (vgl. Art. 32 EGV). Die Mittel zur Umsetzung dieser Ziele finden sich in den Art. 34–36 EGV. Für die Einkommenswirksamkeit sind die Gemeinsamen Europäischen Marktordnungen (GMO) von erheblicher Bedeutung. Sie dienen der Stabilisierung der Märkte, um den Landwirten ein gesichertes Einkommen zu garantieren und eine kontinuierliche Versorgung der Verbraucher sicherzustellen. Derzeit stehen die an die Landwirte gewährten Direktzahlungen, die weitestgehend unabhängig von der produzierten Menge gewährt werden und zur Kompensation von Preissenkungen für bestimmte Produkte eingeführt wurden, im Mittelpunkt.[14]

Es besteht allerdings ein grundsätzliches politisches Anliegen, landwirtschaftliche Produkte dem freien Markt zu überlassen. Zwar wird man sich kurzfristig nicht auf eine Landwirtschaft ohne Ausgleichs- und Direktzahlungen einstellen müssen, allerdings sind Betriebe mittel- und langfristig so aufzustellen, dass eine gewisse Robustheit im Hinblick auf den Ausgleichszahlungsabbau entsteht.[15] So werden beispielsweise die gerade genannten Direktzahlungen empfindlich gekürzt. War die Direktzahlung ursprünglich als Ausgleich für die massive Reduktion landwirtschaftlicher Erzeugerpreise gedacht, so soll sie nunmehr dazu die-

---

11 *Grimm*, Agrarrecht, Rn. 373.
12 Landwirtschaftsgesetz (LwG) vom 5. 9. 1955 (BGBl. I S. 565), zuletzt geändert durch Art. 1 G. v. 13. 12. 2007 (BGBl. I S. 2936).
13 Vertrag zur Gründung der EG (EG-Vertrag-EGV) in der Fassung vom 2. 10. 1997, zuletzt geändert durch den Vertrag über den Beitritt der Republik Bulgarien und Rumänien zur EU vom 25. 4. 2005 (Abl. EG Nr. L 157/11).
14 Vgl. *Turner/Böttger/Wölfle*, Agrarrecht, 3. Aufl., S. 329 f.
15 *Wagner/Heinrich/Hank*, Landwirtschaft ohne Ausgleichszahlungen? Mögliche Folgen für Einzelbetriebe und Regionen, S. 5.

nen, die Landschaftspflege und die Lebensmittelsicherheit zu fördern sowie die Produktion der Landwirte mehr an der Marktlage zu orientieren.[16]

Aufgrund der geplanten weiteren Kürzungen und dem teilweisen Wegfall der staatlichen Unterstützung wie es beispielsweise für 2015 mit der Milchquote geplant ist, wird es zu einem deutlichen Einnahmerückgang in der Landwirtschaft kommen. Viele Betriebe haben sich hinsichtlich der Gewährung von Prämien „optimal" aufgestellt, sind aber in ihrem konkreten Produktionszweig bereits seit längerer Zeit latent gefährdet.[17] So betrug im Wirtschaftsjahr 2009/10 der Anteil der staatlichen Zahlungen durchschnittlich 69 % des Einkommens.[18]

3. Einfluss der Bioenergieerzeugung

Erträge aus der Gewinnung erneuerbarer Energien stellen neben der Nahrungsmittelproduktion eine der wichtigsten Einnahmequellen für die Landwirte dar. Dadurch ist die Nachfrage nach nachwachsenden Rohstoffen erheblich gestiegen. Aufgrund des damit verbundenen erhöhten Bedarfs an landwirtschaftlichen Flächen haben sich die Pacht- und Grundstückspreise erheblich verteuert. Bislang wurden auf den Flächen Nahrungs- und Futtermittel produziert. Hinzu kommen nunmehr die sogenannten „Energiewirte". Die Konkurrenz um die Flächen wirkt sich in der Folge auf die Preise aus. Landwirte, die weiterhin auf die Nahrungs- und Futtermittelproduktion abstellen, haben nur eingeschränkte Möglichkeiten, ihre Betriebe zu erweitern, da weder die Zupachtung weiterer Flächen noch deren Erwerb rentabel ist. Denn wenn die Grundstücks- und Pachtpreise sich weit von den jeweiligen Ertragswerten entfernen, wird es zunehmend schwieriger, positive wirtschaftliche Ergebnisse zu erzielen.

Das geplante und geförderte Wachstum ist daher durch die tatsächlichen Gegebenheiten eingeschränkt. Aus einem Vergleich der Betriebe in einer Betriebsgrößenklasse bis zu 100 Hektar landwirtschaftliche Fläche ergibt sich ein erheblicher Rückgang, wobei 72 % der Betriebe über weniger als 50 Hektar landwirtschaftlicher Fläche verfügen.[19] An diesen Zahlen wird deutlich, wie wichtig ein Betriebswachstum für die Zukunft der Landwirtschaftsunternehmen ist. Darin liegt auch eine wachsende Kooperationswilligkeit einzelner Betriebe begründet.

---

16 *Wagner/Heinrich/Hank*, (vgl. Fn. 15), S. 5.
17 *Hartmann*, (vgl. Fn. 1), S. 53.
18 Agrarpolitischer Bericht der Bundesregierung 2011 (323) S. 35.
19 Agrarpolitischer Bericht der Bundesregierung 2011 (331) S. 26, insbes. Übersicht 15.

4. Abfindungsansprüche ausscheidender Gesellschafter

Landwirtschaftliche Unternehmen werden in unterschiedlichen Gesellschaftsformen betrieben. Der Austritt von Gesellschaftern und damit verbundene Abfindungsverpflichtungen können Grund für Liquiditätsengpässe sein, die eine Krise und schließlich die Insolvenz herbeiführen können. Gesellschaften, die in der Landwirtschaft gegründet werden, zeichnen sich durch einen kleinen Gesellschafterkreis aus. Um die für eine Anschaffungsfinanzierung erforderliche Kapitaldeckung zu erreichen, sind die Einlagen der einzelnen Gesellschafter dementsprechend hoch. Das gilt sowohl für Bioenergieanlagenbetreibergesellschaften als auch für Betriebsgemeinschaften, Maschinengemeinschaften und ähnliche Zusammenschlüsse. Aus diesem Grunde enthalten die Verträge oft gesellschaftsfreundliche Abfindungszahlungsregelungen, indem beispielsweise jährliche Raten vorgesehen sind oder die Berechnung der Abfindung auf Grundlage von Buchwerten statt zu Verkehrswerten zu erfolgen hat. Dementsprechend selten sollte dieser Punkt als Insolvenzursache in Frage kommen.

5. Abfindungs- und Nachabfindungsansprüche weichender Erben

Abfindungs- und Nachabfindungszahlungen an weichende Erben nach §§ 12, 13 Höfeordnung (HöfeO)[20] können zu einer Schwächung des Unternehmens bis hin zur Liquiditätskrise führen. Zwar sind im Rahmen des § 12 HöfeO grundsätzlich die betrieblichen Verbindlichkeiten bei der Bemessung der Höhe des Anspruchs in Abzug zu bringen, dennoch sieht das Gesetz zum Schutz des weichenden Erben eine Mindestabfindung gemäß § 12 Abs. 3 S. 2 HöfeO von einem Drittel des Hofwertes vor. Dieser Wert beträgt gemäß Absatz 2 das Eineinhalbfache des zuletzt festgesetzten Einheitswertes im Sinne des § 48 BewG. Anderes gilt nur, wenn Hofüberlassungsvertrag oder Testament anderweitige Regelungen enthalten.

---

20 Höfeordnung (HöfeO) in der Fassung der Bekanntmachung vom 26. 7. 1976 (BGBl. I S. 1933).

6. Ansprüche gemäß § 44 Landwirtschaftsanpassungsgesetz

a) Zielsetzung des Landwirtschaftsanpassungsgesetzes

Die Zielsetzung des Landwirtschaftsanpassungsgesetzes (LwAnpG)[21] besteht darin, in den neuen Bundesländern Privateigentum an Grund und Boden und die Bewirtschaftung zu gewährleisten und wiederherzustellen (§ 1 LwAnpG). Darüber hinaus sollen leistungs- und wettbewerbsfähige Landwirtschaftsbetriebe geschaffen werden (§ 3 LwAnpG). Dies hat somit zwingend auch die Neuordnung der Eigentumsverhältnisse zur Folge. Unter diesen Prämissen regelt das Landwirtschaftsanpassungsgesetz die Vermögensentflechtung in den Landwirtschaftlichen Produktionsgenossenschaften (LPG), die in Form von Teilung, Zusammenschluss, Umwandlung oder Auflösung erfolgen kann. Gemäß § 69 LwAnpG tritt das LPG-Gesetz mit Ablauf des 31. 12. 1991 außer Kraft. Unternehmen, die auf der Grundlage des LPG-Gesetzes weiter existieren, befanden sich ab dem 1. 1. 1992 in Auflösung (Liquidation), wenn sie nicht vorher ihre Rechtsform durch o. g. Maßnahmen gewechselt hatten. Eine weitere Möglichkeit bestand gemäß § 41 LwAnpG darin, die LPG durch eine Mitgliedervollversammlung aufzulösen. Nach § 34 Nr. 1 LwAnpG besteht die LPG nach Umwandlung und Registereintragung in der neuen Rechtsform fort.

Da vor allem auch die Bildung von Einzelbetrieben beabsichtigt war, wurde den LPGs eine Unterstützungspflicht gegenüber ausscheidenden und wiedereinrichtenden Mitgliedern auferlegt. Dazu wurden auch die Rückübertragungen eingebrachter Flächen sowie andere Vermögensansprüche ausscheidender Mitglieder dezidiert geregelt.

b) Ansprüche aus § 44 Landwirtschaftsanpassungsgesetzes

Aus § 44 Abs. 1 S. 1 LwAnpG ergibt sich ein Abfindungsanspruch, der grundsätzlich auf die Auszahlung von Geld gerichtet ist und allen Mitgliedern der LPG zusteht. Dies gilt unabhängig von der Tatsache, ob ein landwirtschaftlicher Betrieb eingerichtet wird. Unerheblich ist der Grund der Beendigung der Mitgliedschaft. Die Ermittlung des Abfindungsanspruches findet nach den Vorgaben des § 44 Abs. 1 Nr. 1–3 LwAnpG statt.[22]

---

21 Gesetz über die strukturelle Anpassung der Landwirtschaft an die soziale und ökologische Marktwirtschaft in der Deutschen Demokratischen Republik (Landwirtschaftsanpassungsgesetz – LwAnpG) vom 29. 6. 1990 (GBl. DDR 1990 I. S. 642).

22 Vgl. hierzu ausführlich: *Schweizer*, Das Recht der landwirtschaftlichen Betriebe nach dem LwAnpG: Eigentumsentflechtung, Umstrukturierung, Vermögensauseinandersetzung, Rn. 283 ff.

In § 44 Abs. 2 LwAnpG ist geregelt, dass der Anspruch aus Nummer 1 nur gegen die LPG gerichtet werden kann, mit der ein Mitgliedschaftsverhältnis bestand. Für den Fall der Auflösung oder Liquidierung der LPG richtet sich der Anspruch gegen die LPG in Liquidation oder das LPG-Nachfolgeunternehmen.

Fraglich ist, ob Ansprüche nach § 44 LwAnpG derzeit bereits der Einrede der Verjährung unterliegen.

c) Eintritt der Verjährung

Abfindungsansprüche gemäß § 44 LwAnpG werden allerdings nur noch ausnahmsweise für eine Insolvenz ursächlich sein, da die Ansprüche in den meisten Fällen zwischenzeitlich aufgrund der eingetretenen Verjährung einredebehaftet sind. Gemäß § 3 b LwAnpG verjähren Ansprüche nach § 44 LwAnpG nach zehn Jahren. Die Verjährung beginnt mit dem Schluss des Jahres, in dem die Ansprüche entstanden, also fällig geworden sind. Der Anspruch ist gemäß § 49 Abs. 1 LwAnpG einen Monat nach Ausscheiden des Mitglieds aus der LPG als Abschlagszahlung fällig, falls das ausscheidende Mitglied einen landwirtschaftlichen Betrieb wiedereinrichtet. Im Übrigen besteht der Anspruch nach Feststellung der Jahresbilanz, wobei die Feststellung durch die Vollversammlung erfolgt. Jahresbilanz in diesem Zusammenhang ist eine Bilanz im Sinne des § 44 Abs. 6 LwAnpG.

Die Verjährung begann allerdings in vielen Fällen wesentlich später, da die Umwandlungen in zahlreichen Fällen fehlerhaft und aus diesem Grunde eine Vielzahl von Rechtsstreitigkeiten im Hinblick auf fehlerhafte Umwandlungen anhängig waren.[23] Der Bundesgerichtshof hat festgestellt, dass die Verdrängung von LPG-Mitgliedern, die Wahl einer nicht zulässigen Rechtsform, die Verletzung des Identitätsgrundsatzes und das Fehlen eines Vollversammlungsbeschlusses, in dem zum Ausdruck gebracht wird, dass die Mitglieder diese neue Rechtsform durch Teilung, durch Zusammenschluss oder durch Umwandlung gewollt haben, zur Nichtigkeit der Rechtsformänderung führe.[24] Viele Mängel der Umwandlung konnten durch entsprechende Registereintragungen geheilt werden. Der Bundesgerichtshof entschied jedoch mehrfach, dass gewisse Fehler bei der Umwandlung nicht heilbar seien, da sie dem Gesetzeszweck des Landwirtschaftsanpassungsgesetz widersprechen mit der Folge, dass trotz Registereintragung das Unternehmen in alter Rechtsform, nämlich als LPG, fortbestehe und sich demzufolge seit

---

23 Vgl. hierzu, *Böhme*, Wenn Geister geweckt werden – zur Bewältigung nicht erkannter Liquidationen, NL-BzAR 10/2001, S. 76 f.

24 Vgl. hierzu, *Böhme*, Wenn Geister geweckt werden – zur Bewältigung nicht erkannter Liquidationen, NL-BzAR 10/2001, S. 76 f.

dem 1. 1. 1991 unerkannt in Liquidation befinde.[25] Das wiederum führte zur Unwirksamkeit der Vermögensübertragung von der LPG auf das neue Unternehmen

Da der Anspruch aus § 44 LwAnpG auch im Falle der Liquidation als Folge einer fehlerhaften Umwandlung der LPG greift, wobei sich die Höhe in diesem Fall nach dem Liquidationsüberschuss richtet, kann er auch gegenwärtig noch als Insolvenzgrund in Betracht kommen. Denn die Frage, wann der Mangel der fehlgeschlagenen Rechtsnachfolge ans Tageslicht tritt, ist nicht vorhersehbar, und die Verjährungsfristen beginnen aufgrund der Nichtigkeit nicht zu laufen. Es kann daher auch im Jahre 2012 nicht ausgeschlossen werden, dass Insolvenzanträge auf Abfindungsansprüchen gemäß § 44 LwAnpG beruhen. Da sich die meisten Nachfolgeunternehmen allerdings nach Bekanntwerden der Anzahl unwirksamer Umwandlungsbeschlüsse rechtlichen Rat eingeholt haben, wurden die Fehler durch ein notarielles Veräußerungsgeschäft zwischen LPG i. L. und Nachfolgeunternehmen geheilt. Darin wurde die Veräußerung des gesamten Vermögens aus der Liquidation gegen die Gewährung von Anteilsrechten an dem neuen Unternehmen vereinbart unter der Prämisse der Zustimmung der Mitgliederversammlung. Diese Vorgehensweise, die dazu diente, die Fehler auszuräumen, hat der Bundesgerichtshof als zulässig angesehen.[26] Die Insolvenzantragstellung aufgrund von Ansprüchen nach dem Landwirtschaftsanpassungsgesetz wird daher die Ausnahme sein.

7. Altkreditverbindlichkeiten in der Insolvenz landwirtschaftlicher Unternehmen in den neuen Bundesländern

Die von der staatseigenen Bank für Landwirtschaft und Nahrungsgüterwirtschaft (BLN) der ehemaligen DDR an die LPGs ausgereichten Kredite dienten der Finanzierung von landwirtschaftlichen Produktionsmitteln. Es handelte sich zum einen um Grundmittelkredite für investive Zwecke, zum anderen um Umlaufkredite, welche die finanzielle Liquidität der Betriebe sichern sollte.[27] Mit der Umwand-

---

25 BGH, Beschl. v. 28. 11. 2008 – AZ.: BLw 4/08 –; eine ausführliche Darstellung des Problemkreises findet sich in *Czub*, Gescheiterte Strukturänderungen ehemaliger Landwirtschaftlicher Produktionsgenossenschaften – Voraussetzungen, Rechtsfolgen und Möglichkeiten der Abhilfe, VIZ 2003, S. 105 ff.
26 BGH, Beschl. v. 28. 11. 2008 – AZ.: BLw 4/08 –, BeckRS 2009, 03913.
27 Die Kreditvergabe erfolgte aufgrund der Bestimmungen der Kreditverordnung nebst 1. Durchführungsbestimmungen vom 28. 12. 1982. Nach § 2 Abs. 2 S. 2 KreditVO waren die ausgereichten Kredite sowohl zurückzuzahlen als auch zu verzinsen. Die Kreditverordnung wurde durch § 13 der DDR- Verordnung über die Änderung und Aufhebung von Rechtsvorschriften vom 28. 6. 1990

lung der BLN gingen die Kredite der LPGs auf die Genossenschaftsbank Berlin (GBB) über und wurden dann von der DG Bank bzw. von Volks- und Raiffeisenbanken übernommen.[28]

Da die LPGs, wie bereits dargestellt, aufgefordert wurden, sich entweder in eine neue und zugelassene Rechtsform umzuwandeln oder aber die Liquidation zu beginnen, musste jede LPG ihre Entscheidung aufgrund einer wirtschaftlichen Zukunftsprognose treffen, bei welcher regelmäßig auch die Frage des Umgangs mit den Altkreditverbindlichkeiten eine Rolle spielte. Die Betriebsmittelkredite wurden wegen der nur unzureichenden Kapitalausstattung der LPGs in beachtlicher Höhe valutiert, so dass nach der Anpassung der Kreditzinsen in marktüblicher Höhe allein schon der laufende Tilgungsdienst zu einer existenzbedrohenden Belastung der LPG-Nachfolgeunternehmen führte.[29] Die Berücksichtigung der Verbindlichkeiten hätte in der Regel eine sofortige Verpflichtung zur Antragstellung auf Eröffnung des Gesamtvollstreckungsverfahrens zur Folge gehabt, so dass eine Lösung gefunden werden musste, um das Fortbestehen der Wirtschaftseinheit und den Erhalt der Arbeitsplätze sicherzustellen.[30] Der Bundesgerichtshof hat allerdings die Altkreditverträge in ihrer Wirksamkeit bestätigt und in der Folge entschieden, dass die Bank als Insolvenzgläubigerin im Rahmen eines Gesamtvollstreckungsverfahrens ihre Forderung zur Insolvenztabelle anmelden und an der Gläubigerversammlung teilnehmen könne, da Altkreditverbindlichkeiten eine zur Tabelle anzumeldende Forderung begründen.[31] Um den LPG-Nachfolgeunternehmen die wirtschaftliche Überlebensfähigkeit sicherzustellen, wurden von der Bundesregierung Maßnahmen getroffen, die ein massenhaftes Auftreten von Liquidationen bzw. Gesamtvollstreckungsverfahren verhindern sollten. Es handelte sich um Teilentschuldungen durch die Treuhandanstalt sowie Rangrücktrittserklärungen der Gläubigerbanken. Darüber hinaus sollte die Höhe des Kapitaldienstes für die Altverbindlichkeiten von der wirtschaftlichen Entwicklung des jeweiligen Unternehmens abhängig gemacht werden.[32]

---

sowie durch § 4 des Gesetzes über die Änderung oder Aufhebung von Gesetzen der DDR vom 28. 6. 1990, und damit vor dem Wirksamwerden des Beitritts der DDR zum Grundgesetz, ohne Übergangsregelungen außer Kraft gesetzt, Vgl. hierzu Lorenz, DtZ 1995, S. 165 ff.

28 *Böhme*, Stand und offene Fragen bei der Ablösung der Landwirtschafts-Altschulden, NL-BzAR 4/2005, S. 154.

29 *Lorenz*, Das Fortbestehen von „Altkreditverbindlichkeiten" landwirtschaftlicher Produktionsgenossenschaften bei Eintritt in die Marktwirtschaft, DtZ 1994, S. 165 ff. (165).

30 *Forstner/Hirschhauer*, Wirkungsanalyse der Altschuldenregelung in der Agrarwirtschaft, S. 7.

31 BGH, Urt. v. 11. 1. 1999 – AZ.: II ZR 247/97 –, NZI 1999, S. 147.

32 Vgl. Fn. 30, S. 7 ff.

Im Frühjahr 1994 wurde trotz dieser Hilfsprogramme Beschwerde gegen die grundsätzliche Rückzahlungspflicht der Altschulden vor dem Bundesverfassungsgericht eingelegt. Die Verfassungsbeschwerde wurde vom ersten Senat des Bundesverfassungsgerichtes am 8. 4. 1997 als unbegründet zurückgewiesen.[33] Seitens des Gerichtes vertrat man den Standpunkt, dass es sich bei dem Sanierungsmodell in Form des Teilschuldenerlasses sowie bei den Rangrücktrittsvereinbarungen mit den Gläubigerbanken um Maßnahmen handele, die geeignet seien, die Verfassungsmäßigkeit der bestehenden Altschuldenregelung zu sichern.[34] Dem Gesetzgeber wurde gleichsam eine Beobachtungspflicht im Hinblick auf den mit den Altschuldenregelungen bezweckten Entlastungseffekt aufgegeben, der über einen Zeitraum von 20 Jahren andauern sollte.[35]

Über den Beobachtungszeitraum konnte zwar festgestellt werden, dass die bisherigen Entschuldungsmaßnahmen zu einer partiellen Entlastung geführt haben, diese jedoch nicht ausreichten, um das Überleben vieler Betriebe zu sichern. Um dieses Ziel zu erreichen, hat das Bundeskabinett am 25. 6. 2004 das Landwirtschafts-Altschuldengesetz[36] (LwAltSchG) beschlossen. Danach konnten die landwirtschaftlichen Unternehmen bei den Gläubigerbanken einen Antrag auf Ablösung der Altschulden stellen. Die Ablösung sollte im Wege einer Einmalzahlung auf Grundlage einer betriebsindividuell zu erstellenden Gewinnprognose erfolgen, nach welcher der Barwert der Rangrücktrittsvereinbarung als Bemessungsgrundlage ermittelt wird. Die Verordnung zur Durchführung des LwAltSchG vom 19. 11. 2004[37] enthielt eine neunmonatige Ausschlussfrist, binnen derer die Unternehmen ihre Anträge einreichen konnten. Die Entscheidung über die Anträge

---

33 BVerfGE v. 8. 4. 1997 – AZ.: 1 BvR 48/94 –, NJW 1997, S. 1975.

34 Das BVerfG führt hierzu aus: „ Die vom Gesetzgeber gewählte Lösung stellt unter der Voraussetzung, dass die bilanzielle Entlastung ihr Ziel erreicht, keine unzumutbare Belastung der LPGen und ihrer Rechtsnachfolger dar. Aus der Grundsatzentscheidung des Gesetzgebers, die unter planwirtschaftlichen Bedingungen ausgereichten Kredite auch unter marktwirtschaftlichen Bedingungen aufrechtzuerhalten ergaben sich aber Belastungen, die die Lebensfähigkeit vieler LPG en bedrohten, ohne dass diese die Möglichkeit gehabt hätten, die Schwierigkeiten aufgrund eigener Anstrengungen zu überwinden. Der Gesetzgeber war daher zu einer gewissen Kompensation verpflichtet. Beim Fehlen jeglicher Entlastung wäre die Beschränkung der wirtschaftlichen Handlungsfreiheit unverhältnismäßig gewesen."

35 Das BVerfG führt hierzu aus: „Wegen der Ungewissheit der intendierten und verfassungsrechtlich gebotenen Zielerreichung muss der Gesetzgeber die weitere Entwicklung beobachten und ggf. Nachbesserung der Regelungen vornehmen."

36 Gesetz zur Änderung der Regelungen über Altschulden landwirtschaftlicher Unternehmen (Landwirtschafts-Altschuldengesetz – LwAltSchG) vom 25. 4. 2004 (BGBl. I S. 1383), zuletzt geändert durch Art. 4 der Verordnung vom 31. 10. 2006 (BGBl. I S. 2407).

37 Verordnung zur Durchführung des Landwirtschafts-Altschuldengesetzes (Landwirtschafts-Altschuldenverordnung – LwAltSchV) vom 19. 11. 2004 (BGBl. I S. 2861).

oblag der Gläubigerbank im Zusammenwirken mit der Bundesanstalt für Verwertung und Verwaltung GmbH (BVVG). Die Anträge sind zwischenzeitlich vollständig bearbeitet und die Ablösesummen festgesetzt. In vielen Fällen kam es naturgemäß zu Rechtsstreitigkeiten über die Höhe der Ablösesummen.

Im Ergebnis sind die Auswirkungen der Altkreditverbindlichkeiten auf derzeitige Insolvenzanträge nicht mehr von entscheidender Bedeutung, da aufgrund der Rettungsmaßnahmen entweder viele Betriebe gar nicht erst in Liquiditätsengpässe geraten sind oder anderenfalls Rangrücktrittsvereinbarungen mit den Gläubigern getroffen wurden.

8. Krisenursachen bei Biogasanlagen

Biogasanlagen werden häufig von eigens dafür gegründeten Gesellschaften errichtet und betrieben. Die Betreibergesellschaft einer Biogasanlage kann Insolvenzreife erlangen und damit die Krise des gesamten landwirtschaftlichen Betriebes auslösen. Biogasanlagen haben ein erhebliches Finanzierungsvolumen, weshalb die Betreiber überwiegend auch in haftungsbeschränkten Rechtsformen in Erscheinung treten. Zwar bietet die feste Vergütung für den erzeugten Strom nach dem Erneuerbare-Energien-Gesetz (EEG)[38] die Möglichkeit einer zuverlässigen Liquiditätsplanung, da sie für 20 Jahre garantiert wird. Dennoch können Probleme bei Mängeln an der Anlage, bei Betriebsausfall oder auch bei Problemen zwischen den Gesellschaftern auftreten, die die Wirtschaftlichkeit senken können. Insgesamt sind Biogasanlagen aus folgenden Gründen sehr risikobehaftet.

a) Betriebsrisiken

Ertragsausfälle bei Anlagenabschaltung aufgrund von technischen Mängeln, Verschleiß, Reparaturen, Wartung und Fehlbedienungen können wie auch mangelnde Verfügbarkeit von Substraten bei Transportverzögerungen, Missernten oder Betriebsaufgaben der Zulieferer zu erheblichen Liquiditätsausfällen und schließlich zur Insolvenzreife führen. Daneben spielen auch Probleme bei Bauzeit- und Baukostenüberschreitung mit der Folge eines ungeplanten weitergehenden Finanzierungsbedarfes der Gesellschaft für eine drohende Insolvenz bereits vor Inbetriebnahme eine erhebliche Rolle.

---

38 Gesetz für den Vorrang Erneuerbarer Energien (Erneuerbare-Energien-Gesetz – EEG) vom 25. 10. 2008 (BGBl. I S. 2074), zuletzt geändert durch Art. 5 d. Gesetzes vom 20. 12. 2012 (BGBl. I S. 2730).

b) Absatzrisiken

Neben der Möglichkeit, Strom an die Netzbetreiber zu liefern, fördert der Gesetzgeber immer mehr die Direktvermarktung des Stroms, weshalb die Anlagenbetreiber von der Bonität der Stromabnehmer abhängig sind (§ 33 a EEG). Darüber hinaus
müssen die Anlagenbetreiber fortwährend sicherstellen, dass die Vergütungsfä-
higkeit des produzierten Stroms erhalten bleibt. Neben den formellen Anforderungen spielen hier auch der Einsatz besonderer Substrate, das Wärmekonzept und
ähnliche Faktoren eine Rolle, die maßgeblich für die Höhe der Vergütung sind.

c) Veränderung der gesetzlichen Rahmenbedingungen

Aufgrund der erheblichen staatlichen Förderung von Anlagen, die erneuerbare
Energien produzieren, besteht eine erhebliche Abhängigkeit vom Fortbestand
dieser Rahmenbedingungen. Dabei spielen neben steuerrechtlichen Vergüns-
tigungen und Parametern auch Gesetzesänderungen im Erneuerbare-Energien-
Gesetz, eine mögliche mengenmäßige Begrenzung sowie eine andere Kostenver-
teilung bei der Voraussetzung für die Einspeisung von Strom eine Rolle.

III. Interne Krisenursachen

Neben den externen Krisenursachen können auch innerbetriebliche Umstände zur
Krise und schließlich zur Insolvenz des Landwirtschaftsunternehmens führen.

1. Aufrechterhaltung unrentabler Betriebszweige

Zunächst ist als interne Krisenursache die Aufrechterhaltung unwirtschaftlicher
Betriebszweige zu nennen, was vielfach auf mangelnde Erkenntnis, nicht zuletzt
auch auf die Subventionierung zurückzuführen ist. Betriebe, die ohnehin unterschiedliche Produktionszweige bedienen, sind über einen gewissen Zeitraum
dazu in der Lage, die Verluste des unrentablen Betriebszweiges über positive
Ergebnisse in anderen Betriebszweigen auszugleichen. Eine Beeinträchtigung des
gesamten Betriebes ist erst bei zu langer Dauer dieser Maßnahme zu befürchten.[39]
Stärker sind Betriebe betroffen, die lediglich einen Betriebszweig haben wie es
beispielsweise an den Milchwirtschaftsbetrieben bei Rückgang der Milchpreise zu
beobachten war.

---

39 *Hartmann*, (vgl. Fn. 1), S. 54.

2. Mangelnde Fähigkeiten des Betriebsleiters

Gerade in der Landwirtschaft kommt es besonders auf die Fähigkeiten und die Ausbildung des Betriebsleiters an, da die Ertragszahlen und die tierischen Leistungen in erster Linie davon abhängen, dass profundes Wissen eingesetzt wird. In diesem Zusammenhang spielt die Mentalität vieler Landwirte eine große Rolle. So ist häufig kein Wille erkennbar, in wirtschaftlich erforderliche Neuerungen zu investieren, da mancher Landwirt sinnbildlich „auf seiner Scholle sitzt" und seinen Betrieb so führt, wie es die Vorgängergenerationen auch bereits getan haben.[40] Solche Betriebe sind in der Konsequenz nicht konkurrenzfähig und auf Dauer gezwungen, entweder aufzugeben oder zu fusionieren.

3. Fehlendes oder unausgeschöpftes Kosteneinsparungspotential

Hohe und starre Kostenblöcke können auch für Zahlungsschwierigkeiten bis hin zur Insolvenzreife ursächlich sein. So werden häufig unwirtschaftliche Investitionen in Maschinen getätigt, obwohl alternativ die Inanspruchnahme von Lohnunternehmen oder die Einbringung der Maschinen in einen Maschinenring eine deutlich weniger kapitalintensive Maßnahmen wären. Gleiches gilt für den Erwerb landwirtschaftlicher Flächen. Mangels möglichen Kapitaleinsatzes ist die Pacht in vielen Fällen die rentablere Entscheidung.

IV. Ergebnis und Zusammenfassung zu B.

Die Statistiken weisen darauf hin, dass viele landwirtschaftliche Unternehmen in ihrer Existenz gefährdet sind, was unterschiedliche Gründe haben kann. Branchentypisch ist allerdings die starke Abhängigkeit von staatlichen Subventionen, so dass sich die Frage stellt, wie sich die Landwirtschaftsunternehmen nach Wegfall bzw. Einschränkung dieser liquiditätsstützenden Maßnahmen am Markt etablieren können. Die Analyse der Krisenursachen ist für die Frage der Verfahrensgestaltung von erheblicher Bedeutung. Der Insolvenzverwalter oder der Sachwalter müssen sich daher hinreichende Kenntnisse in diesem Bereich verschaffen und die Entwicklungen fortwährend beobachten.

---

40 *Ders.*, S. 54.

C. Begriff des Landwirtschaftsunternehmens und mögliche Rechtsformen

I. Begriff der Landwirtschaft

Bevor auf die insolvenzrechtlichen Problemstellungen eingegangen wird, ist die Frage voranzustellen, was unter dem Begriff „Landwirtschaft" eigentlich zu verstehen ist. Zu klären ist, welche der zahlreichen im Gesetz vorhandenen Definitionen zugrunde gelegt werden soll und an welchen Stellen eine Abgrenzung zu einer nichtlandwirtschaftlichen Tätigkeit vorzunehmen ist.

1. Traditioneller Landwirtschaftsbegriff

Legt man zunächst den traditionellen Landwirtschaftsbegriff zugrunde, so ist darunter die „Land-Bewirtschaftung" zu verstehen. Darunter versteht man die wirtschaftliche Nutzung der Bodenfruchtbarkeit zur Erzeugung pflanzlicher Produkte wie Nahrungsmittel, Futtermittel und technische Rohstoffe. Dies wird sowohl als Primärproduktion bezeichnet als auch – im Falle der Erzeugung tierischer Produkte – als Sekundärproduktion.[41] Die pflanzliche Erzeugung erfasst die Produktionsbereiche Ackerbau, einschließlich der Saatgutproduktion, die Grünlandwirtschaft sowie den Anbau von Sonderkulturen.[42] Der tierische Produktionsbereich wird in die Tierhaltung und die Tierzucht, jeweils betrieben auf eigener Futtergrundlage, unterteilt.[43]

2. Betriebswirtschaftlicher Landwirtschaftsbegriff

Aus betriebswirtschaftlicher Sicht werden über den traditionellen Landwirtschaftsbegriff hinausgehend auch nichtlandwirtschaftliche Bereiche der Landwirtschaft zugerechnet. So wird der landwirtschaftliche Nebenbetrieb als land-

---

41 *Hötzel* in: Götz/Kroeschell, HAR II, Sp. 120.

42 Z.B. Obst, Wein, Feldgemüse, Hopfen, Heil- und Arzneimittelpflanzen, Baumschulerzeugnisse, Blumen u. a.

43 Aufgrund der modernen Produktionsabläufe ist nur noch maßgeblich, dass das Futter auf eigenen Flächen erzeugt werden kann. Es soll dem Landwirt aber überlassen bleiben, ob er eigenerzeugtes Futter oder von Futtermittelbetrieben zugekauftes Futter verwendet.

wirtschaftliche Unternehmung angesehen.[44] Von einem Nebenbetrieb wird gesprochen, wenn Betriebseinheiten vorhanden sind, die technisch und organisatorisch unabhängig vom landwirtschaftlichen Hauptbetrieb bestehen, hinsichtlich der Verwendung ihrer Produktionsmittel jedoch sehr wohl in einer Abhängigkeit zum landwirtschaftlichen Hauptbetrieb stehen, wobei sich die eigene Leistung des Nebenbetriebes von der des landwirtschaftlichen Hauptbetriebes unterscheidet.[45] Ebenfalls fallen unter den Begriff der landwirtschaftlichen Nebenbetriebe etwaige Beteiligungen an Genossenschaften oder Kapitalgesellschaften.[46]

3. Rechtlicher Landwirtschaftsbegriff

Der rechtliche Landwirtschaftsbegriff umfasst sowohl die allgemeine als auch die betriebswirtschaftliche Begriffsbestimmung, kann aber je nach Rechtsgebiet eine nochmalige Weiterung erfahren.[47]

Legaldefinitionen der Landwirtschaft finden sich in sehr unterschiedlichen Rechtsmaterien, die aber allesamt gesetzesspezifisch geprägt sind; beispielhaft finden sich folgende Definitionen:

§ 1 Abs. GrdstVK lautet: *„Landwirtschaft im Sinne dieses Gesetzes ist die Bodenbewirtschaftung und die mit der Bodennutzung verbundene Tierhaltung um pflanzliche und tierische Erzeugnisse zu gewinnen, besonders der Ackerbau, die Wiesen- und Weidewirtschaft, der Erwerbsgartenbau, der Erwerbsobstbau und der Weinbau sowie Fischerei im Binnengewässer."*

Die Definition des § 201 BauGB lautet:

Landwirtschaft im Sinne dieses Gesetzbuches ist insbesondere der Ackerbau, die Wiesen- und Weidewirtschaft einschließlich Tierhaltung auf überwiegend eigener Futtergrundlage, die gartenbauliche Erzeugung, der Erwerbsobstbau, der Weinbau, die berufsmäßige Imkerei und die berufsmäßige Binnenfischerei."

Die Definition des § 585 Abs. 1 S. 2 BGB lautet:

„Landwirtschaft sind die Bodenbewirtschaftung und die mit der Bodennutzung verbundene Tierhaltung, um pflanzliche und tierische Erzeugnisse zu gewinnen, sowie die gartenbauliche Erzeugung."

---

44 *Grimm*, (vgl. Fn. 11), Rn. 5.
45 *Grimm*, (vgl. Fn. 11), Rn. 5.
46 *Hötzel* in: Götz/Kroeschell, HAR II, Sp. 120; *Grimm*, (vgl. Fn. 11), Rn. 5.
47 *Grimm*, (vgl. Fn. 11), Rn. 7.

1982 gab es in Gesetzen des Bundes und der Länder ca. vierzig verschiedene Definitionen der Landwirtschaft.[48] Es kann sich daher ergeben, dass ein bestimmter Wirtschafts- oder Produktionszweig in einem Rechtsgebiet zur Landwirtschaft gezählt wird, in einem anderen aber nicht.[49] Grund für die Diversifikation des Landwirtschaftsbegriffes ist das stete Anpassungsbedürfnis an die strukturellen Marktanforderungen. Vergleicht man die verschiedenen Definitionen und möchte man diese auf einen Kernbereich reduzieren, so ist allerdings die unmittelbare Bodenbewirtschaftung und die mit der Bodennutzung verbundene Tierhaltung, um pflanzliche und tierische Erzeugnisse zu gewinnen, wesentliches gemeinsames Merkmal des Landwirtschaftsbegriffes.

4. Sonderfall Biogasanlagen

Der Betrieb von Biogasanlagen ist mittlerweile eine in der Landwirtschaft etablierte Einkommensquelle, so dass sich die Frage stellt, ob der Betrieb einer Biogasanlage der Landwirtschaft zuzurechnen sei. Aufgrund des Strukturwandels erhoffen sich viele Landwirte mit der Errichtung einer Biogasanlage ein zusätzliches Standbein zu schaffen. Landwirte oder Anlagenbetreiber erhalten durch das Erneuerbare-Energien-Gesetz (EEG) Planungssicherheit, weil das Entgelt für die in das Stromnetz eingespeiste Energie gemäß § 21 Abs. 2 EEG auf zwanzig Jahre festgeschrieben ist.

Für den Betrieb einer Biogasanlage sind Biogassubstrate notwendig, die durch Fermentation der Erzeugung des Gases dienen. Es werden dabei sowohl nachwachsende Rohstoffe, Rückstände aus Tierhaltung sowie biogene Abfälle als Substrat verwendet. Aufgrund der Tatsache, dass Biogasanlagen, die nachwachsende Rohstoffe verwenden, neben der gesicherten Vergütung gemäß § 27 EEG eine zusätzliche Erhöhung der Vergütung erhalten, wird der Anbau von Energiepflanzen gefördert. Insbesondere eignen sich Mais, Zuckerrüben und Grassilage als Energiepflanzen. Da die Biogaserzeugung auch in Form von landwirtschaftlichen Nebenbetrieben erfolgen kann, handelt es sich unter Zugrundelegung des betriebswirtschaftlichen Landwirtschaftsbegriffs um Landwirtschaft. Darüber hinaus erfordert die Biogaserzeugung im Unterschied zur Energiegewinnung aus Windkraft- und Photovoltaik überwiegend die Nutzung der Bodenfruchtbarkeit und/oder der Tierhaltung, so dass sie in die Untersuchungen dieser Arbeit einbezogen wird.

---

48 *Hötzel* in: Götz/Kroeschell, HAR II, Sp. 121.
49 *Grimm*, (vgl. Fn. 11), Rn. 6.

5. Abgrenzung Landwirtschaft – Gewerbe

Aufgrund der in der Landwirtschaft stetigen Strukturverschiebung wird die Abgrenzung zwischen einem landwirtschaftlichen und einem gewerblichen Betrieb immer schwieriger. Ein politisches Ziel besteht in der Schaffung einer „tier- und umweltgerechten Erzeugung landwirtschaftlicher Produkte durch wettbewerbsfähige Unternehmen".[50] Trotz dieses Zieles bleibt die Abgrenzung zwischen einer gewerblichen und landwirtschaftlichen Unternehmung in wichtigen Bereichen wie beispielsweise dem Steuerrecht, dem Gewerberecht und dem Bauplanungsrecht akut.[51] Die Abgrenzung ist bereits deshalb von Bedeutung, da mit der Zuordnung zur Landwirtschaft Privilegien einhergehen, die im Folgenden beleuchtet werden.

a) Handelsrechtliche Abgrenzung

Ein landwirtschaftlicher Betrieb ist zivilrechtlich als Gewerbe gemäß § 1 Abs. 2 Handelsgesetzbuch (HGB) und damit als eine planmäßige, auf Dauer angelegte, selbständige und auf Gewinnerzielung ausgerichtete oder wirtschaftliche Tätigkeit am Markt unter Ausschluss freiberuflicher, wissenschaftlicher oder künstlerischer Tätigkeit einzuordnen. Dies ergibt sich aus § 3 Abs. 2 HGB in Verbindung mit § 2 HGB.

Gleichwohl ist der land- oder forstwirtschaftliche Betrieb nicht gemäß § 1 HGB automatisch als Handelsgewerbe anzusehen. Vielmehr nimmt § 3 HGB Bezug auf § 2 HGB, der die Definition des „Kann-Kaufmanns" enthält. So kann ein landwirtschaftlicher Betrieb in Form eines Handelsgewerbes betrieben werden, wenn der Betrieb nach Art und Umfang einen in kaufmännischer Weise eingerichteten Geschäftsbetrieb erfordert. Nach der Vermutung des § 1 Abs. 2 HGB ist jedes Gewerbe grundsätzlich auch Handelsgewerbe. Diese Vermutung gilt aber für landwirtschaftliche Unternehmen gerade nicht, da § 3 Abs. 1 HGB die Anwendung des § 1 HGB ausschließt. Somit betreiben Landwirte grundsätzlich kein Handelsgewerbe, auch wenn es sich um ein Unternehmen handelt, das eine kaufmännische Einrichtung erfordert.

Nach § 3 Abs. 2 HGB enthalten die Landwirte jedoch die Möglichkeit, die Kaufmannseigenschaft zu erlangen. Dies erfordert die entsprechende Eintragung im Handelsregister, die konstitutiv wirkt und die damit einhergehenden handels-

---

50 Ernährungs- und Agrarpolitischer Bericht der Bundesregierung 2003, Teil A, Tz. 1.
51 Vgl. *Grimm*, (vgl. Fn. 11), Rn. 8.

rechtlichen Verpflichtungen nach sich zieht.[52] § 3 HGB, der im Ergebnis eine Privilegierung des landwirtschaftlichen Unternehmens darstellt, hat eine historische Bedeutung. Er sollte die Landwirte vor den Anforderungen des Handelsrechts entbinden. Ursprünglich enthielt das HGB keinerlei Regelungen für die Landwirtschaft, was auch einen Ausschluss für die Gründung von Personenhandelsgesellschaften zur Folge hatte.[53]

b) Steuerrechtliche Abgrenzung

Die Abgrenzung des landwirtschaftlichen Betriebes von einem gewerblichen Betrieb im Bereich des Steuerrechts ist im Rahmen des Insolvenzverfahrens vor allem bedeutsam für die betriebswirtschaftliche und steuerrechtliche Beurteilung von Sachverhalten. Die Einkünfte aus Landwirtschaft stellen eine eigene Einkunftsart dar, die in vielen Bereichen einer für sie günstigen Sonderbehandlung unterliegt (§§ 13 Abs. 3, 13 a, 14 a, 34 b, 37 Abs. 2).

Da die Agrarpolitik wettbewerbsfähige Unternehmen anstrebt und somit die Privilegierung der Landwirtschaft immer weiter in den Hintergrund tritt, ist kein tatsächlicher Unterschied zwischen einem gewerblichen und einem landwirtschaftlichen Unternehmen ersichtlich.[54]

Subsumiert man einen landwirtschaftlichen Betrieb unter die gewerblichen Merkmale des § 15 Abs. 2 EStG, so sind diese meist eindeutig erfüllt, es sei denn, es liegt ein Fall der ertragsteuerlichen Unerheblichkeit vor, etwa bei geringfügiger landwirtschaftlicher Tätigkeit oder einer nachhaltigen Unwirtschaftlichkeit.[55] Der wesentliche steuerrechtliche Unterschied zwischen der landwirtschaftlichen und der gewerblichen Bodenbewirtschaftung liegt in der Urproduktion – der natürlichen und nicht baulichen, spekulativen oder industriellen Bewirtschaftung des Bodens und der Verwertung der dadurch gewonnenen Erzeugnisse pflanzlicher oder tierischer Art.[56] Aufgrund des Zusammenhangs zum landwirtschaftlichen Hauptbetrieb sind auch Einkünfte aus Nebenbetrieben, d. h. aus Betrieben, die dem Hauptbetrieb zu dienen bestimmt sind, solche aus Landwirtschaft im Sinne des § 13 Abs. 2 Nr. 1 Satz 2 EStG. Übt allerdings ein Landwirt neben seiner origi-

---

52 *Hopt* in: Baumbach/Hopt, HGB, § 3 Rn. 6.

53 *Ders.*, § 3 Rn. 1.

54 Ernährungs- und Agrarpolitischer Bericht 2003 der Bundesregierung, Teil A, Tz. 1.

55 Durch die ertragsteuerliche Grenze der Geringfügigkeit und der nachhaltigen Unwirtschaftlichkeit soll verhindert werden, dass Verluste aus Liebhaberei durch Verrechnung mit positiven Einkünften anderer Art zu einer Steuerminderung führen, vgl. *Köhne/Wesche*, Landwirtschaftliche Steuerlehre, 3. Auflage, S. 56 ff.

56 Vgl. BFH, BStBl. 1979, S. 246, 247.

när landwirtschaftlichen Tätigkeit eine gewerbliche Tätigkeit aus oder überschreitet er bestimmte Grenzen im Rahmen seiner landwirtschaftlichen Tätigkeit, so sind gemäß der Einkommensteuer-Richtlinie (EStR)[57] R 15. 5 Abs. 2 immer die Strukturwandelgrundsätze heranzuziehen, die die Grenze zwischen landwirtschaftlicher und gewerblicher Tätigkeit definieren.[58]

Darüber hinaus findet eine steuerrechtliche Abgrenzung zwischen Landwirtschaft und Gewerbe über das Kriterium der Rechtsform statt. Wird das landwirtschaftliche Unternehmen in der Rechtsform einer GmbH betrieben, so liegt steuerrechtlich bereits ein Gewerbebetrieb vor.

6. Zwischenergebnis

Innerhalb der Rechtsordnung findet man keine allgemeine Begriffsbestimmung für die Landwirtschaft. Es handelt sich vielmehr um ein juristisches „Patchwork" mit völlig unterschiedlichen Normen und unterschiedlichen Definitionsversuchen. Da der Insolvenzverwalter immer auf einen tatsächlichen Lebenssachverhalt trifft, wäre es an dieser Stelle sowohl verfehlt, einen einheitlichen Landwirtschaftsbegriff anzuwenden als auch unter Anwendung der allgemeinen Auslegungsmethoden einen für das Insolvenzrecht eindeutigen Landwirtschaftsbegriff prägen zu wollen. Für die Insolvenz eines landwirtschaftlichen Unternehmens ist es entscheidend, ein Bewusstsein für den Umstand der verschiedenen Definitionen und der Abgrenzungskriterien zu bekommen, um den jeweiligen Sachverhalt unter die jeweils richtige Definition subsumieren zu können. Im Rahmen dieser Arbeit schränkt die Verfasserin die Untersuchungen auf die landwirtschaftliche Urproduktion ein, wobei die Forstwirtschaft, die Imkerei und die Fischerei aufgrund der Komplexität der Materie unberücksichtigt bleiben. Aufgrund der Brisanz der Entwicklung im Agrarsektor ist die Biogaserzeugung ebenfalls Gegenstand der Untersuchungen.

---

57 Einkommensteuer-Richtlinien 2008 (EStR 2008), vom 16. 12. 2005 (BStBl. I Sondernummer 1), in der Fassung der EStÄR 2008 v. 18. 12. 2008 (BStBl. I 2008, S. 1017).
58 *Stephany*, die Verflechtung landwirtschaftlicher und gewerblicher Betriebe, S. 18.
Tatbestände, die zu einer steuerrechtlichen Gewerblichkeit führen, sind insbesondere:
– Überschreitung der Viehdichte, die sich aus §§ 51 Abs. 1 BewG, 13 Abs. 1 EStG ergibt.
– Dienstleistungen im Bereich der Pferdezucht, der Pferdehaltung und des Betreibens von Reitbetrieben, soweit sie über eigentliche landwirtschaftliche Tätigkeit hinausgehen,
– Beherbergung von Feriengästen über einer bestimmten quantitativen oder qualitativen Intensitätsgrenze,
– Überbetriebliche oder außerlandwirtschaftliche Maschinenverwendung.

II. Der Einzellandwirt

Charakteristisch ist für eine Einzelunternehmung, dass ein Unternehmer seinen Betrieb ohne Fremdbeteiligung betreibt. Alle Bereiche der Unternehmung wie Unternehmensführung und -organisation sowie die Haftung und Kontrolle obliegen dem Unternehmer.

1. Haupt- und Nebenerwerbslandwirtschaft

Es gibt verschiedene Möglichkeiten, einen landwirtschaftlichen Betrieb als Einzellandwirt zu führen. Differenziert wird zwischen dem Vollerwerbslandwirt und dem Nebenerwerbslandwirt. Abgrenzungskriterium ist das Erwerbseinkommen und der Umfang der Erwerbstätigkeit. Vollerwerbslandwirte sind solche, deren Einkommen zu mehr als 50 % aus dem landwirtschaftlichen Betrieb stammt. Bei Nebenerwerbslandwirten beträgt das betriebliche Einkommen unter 50 % des gesamten Einkommens.[59] Sollte diese Grenze nicht erreicht sein, so spricht man von „Liebhaber-", „Hobby-" und „Feierabendlandwirtschaft" mit der Folge, dass die für die Landwirtschaft bestehenden gesetzlichen Privilegien wegfallen.[60]

2. Regel- oder Verbraucherinsolvenzverfahren

Aus insolvenzrechtlicher Sicht ist entscheidend, ob in der Insolvenz des Landwirts die Vorschriften des Verbraucher- oder des Regelinsolvenzverfahrens anzuwenden sind. Insbesondere die Beantragung der Eigenverwaltung oder die Sanierungsmöglichkeit im Rahmen eines Insolvenzplanverfahrens kommen nur dann in Betracht, wenn es sich um ein Regelinsolvenzverfahren handelt. Nach § 304 InsO finden die Vorschriften über das Verbraucherinsolvenzverfahren nur noch dann Anwendung, wenn der Schuldner eine natürliche Person ist, die keine selbstständige, wirtschaftliche Tätigkeit ausübt oder ausgeübt hat oder deren Vermögensverhältnisse überschaubar sind. Da der zum Zeitpunkt der Insolvenzantragsstellung aktive Landwirt eindeutig selbständig tätig ist und einer wirtschaftlichen Tätigkeit nachgeht, wird als richtige Verfahrensart in der Literatur das Regelinsolvenzverfahren angenommen.[61] Danach sind aktiv tätige Landwirte aus

---

59 *Doluschitz/Schwenninger*, Nebenerwerbslandwirtschaft, S. 16.
60 *Grimm*, (vgl. Fn. 11), Rn. 16.
61 *Vallender* in: Uhlenbruck, InsO, § 304 Rn. 1.; *Hess* in: Hess/Weis/Wienberg, InsO, § 304 Rn. 13.

dem Anwendungsbereich des Verbraucherinsolvenzverfahrens ausgeschlossen.[62] Auch nach der Rechtsprechung ist ein zum Zeitpunkt der Antragstellung selbstständiger Landwirt stets einem Regelinsolvenzverfahren zuzuordnen.[63] Als natürliche Person hat der Landwirt nach Maßgabe der §§ 286 ff. InsO die Möglichkeit, Restschuldbefreiung zu erlangen. Ein Verbraucherinsolvenzverfahren kommt somit nur dann in Frage, wenn der Schuldner seinen Landwirtschaftsbetrieb bereits eingestellt hat wie beispielsweise der Altenteiler.

III. Landwirtschaftsunternehmen in Gesellschaftsformen

Zwar herrscht in Westdeutschland nach wie vor die Betriebsform des Einzelunternehmers vor, aber es zeichnet sich eine zunehmende Tendenz zur Kooperationswilligkeit und auch -notwendigkeit ab. In den neuen Bundesländern wurden bereits viele der ehemaligen Kollektivbetriebe nach der Wende in eingetragene Genossenschaften oder Kapitalgesellschaften umgewandelt.[64] Grund hierfür waren die Unsicherheiten nach der Wende und der damit verbundene Wunsch der Verantwortlichen, eine Haftungsbeschränkung für den weiteren landwirtschaftlichen Betrieb zu erreichen.[65] Landwirtschaftliche Unternehmen weisen im Vergleich zu Handels- und Verarbeitungsunternehmen überwiegend eine geringe Größe auf, was in der Regel zu einer schwachen Marktstellung des einzelnen landwirtschaftlichen Unternehmens sowie zu einer Zersplitterung des Angebotes in Bezug auf Mengen und Qualitäten führt.[66] Durch Kooperationen und Gesellschaftsgründungen kann somit die Marktstellung des einzelnen Landwirts gestärkt werden.

1. Die Gesellschaft bürgerlichen Rechts

Die Gesellschaft bürgerlichen Rechts (GbR) ist der Grundtyp der Personengesellschaften. Es handelt sich dabei gemäß § 704 BGB um einen auf einem Gesellschaftsvertrag beruhenden Zusammenschluss mehrerer Personen mit dem Ziel, durch gemeinsame Leistung auf der Grundlage persönlichen Zusammenwirkens einen gemeinsamen Zweck zu erreichen. Das Gesamthandsvermögen der Gesell-

---

62 *Vallender* in: Uhlenbruck, InsO, § 304 Rn. 1.
63 BGH, Beschl. v.14. 11. 2002 – AZ. IX ZB 152/02 –, ZInsO 2002, S. 1181.
64 Vgl. *Glas* in: Dombert/Witt, MAH-Agrarrecht, § 7 Rn. 8.
65 Vgl. Fn. 64.
66 Vgl. hierzu ausführlich: Doluschitz, Unternehmensführung in der Landwirtschaft, S. 25 ff.

schaft bildet ein vom Vermögen der Gesellschafter zu trennendes Sondervermögen, wobei für Verbindlichkeiten der Gesellschaft nicht nur das Gesellschaftsvermögen als Gesamthandsvermögen, sondern auch das Privatvermögen der einzelnen Gesellschafter haftet und der Zugriffsmöglichkeit der Gläubiger unterliegt.[67] Die Anzahl der landwirtschaftlichen Unternehmen, die in der Rechtsform der GbR betrieben wird, zeigt, dass sich diese Gesellschaftsform einer großen Beliebtheit erfreut. Im Jahr 2008 betrug die Anzahl der als GbR betriebenen Landwirtschaftsbetriebe 15.672 bei einer durchschnittlichen Betriebsgröße von 120 ha.[68] In der Landwirtschaft hat die GbR in den Bereichen Familiengesellschaft und horizontale Kooperation eine hohe Bedeutung erlangt.

a) Familiengesellschaften

Familiengesellschaften entstehen in der Regel, wenn der bisherige Alleinunternehmer Familienangehörige als Gesellschafter aufnimmt, um sie an seinem Unternehmen zu beteiligen.[69] Die Gründung von landwirtschaftlichen Familiengesellschaften ist eine beliebte Übergangslösung bis zur endgültigen Hofübergabe, wenn ein noch relativ junger „Altbauer" den Betrieb noch nicht vollständig an den „Jungbauern" übergeben will, dieser aber bereits mit unternehmerischer Verantwortung an der Betriebsleitung beteiligt werden soll. Diese Art der Einbindung des „Jungbauern" wird auch als „gleitende Hofübergabe" bezeichnet.[70] Nach Maßgabe des § 706 BGB muss der Hofnachfolger kein eigenes Kapital aufbringen, da die Einbringung der Arbeitskraft als ausreichend angesehen wird. Auch zwischen Ehegatten werden Gesellschaften gegründet. Insbesondere wenn beide Ehegatten über einen landwirtschaftlichen Betrieb verfügen und eine künftige gemeinsame Bewirtschaftung beabsichtigt ist, bietet sich die Gründung einer GbR an.

---

67 Vgl. *Gummert* in: MAH-Gesellschaftsrecht, Band 2, § 18 Rn. 35.
68 Statistik 32.: Landwirtschaftliche Betriebe nach Rechtsformen, berichte.bmelv-statistik.de/SJT-3010500-0000.pdf. Stand: 30. 6. 2012.
69 *Bünz/Heinsius*, Familiengesellschaften in Recht und Praxis, Band 2, Gruppe 5, Rn. 1.
70 *Upmeier zu Belzen*, die landwirtschaftliche Familiengesellschaft, S. 1ff.; *Neumann*, Gesellschaftsverträge zur Hofbewirtschaftung, RdL 1962, S. 9f.; *ders.*, Gesellschaftsverträge zwischen dem Bauern und seinem Sohn, S. 1ff.

b) Horizontale gesellschaftsrechtliche Kooperationen

Die Rechtsform der GbR wird in der Landwirtschaft vielfach auch für die Kooperation mehrerer landwirtschaftlicher Einzelbetriebe verwendet.[71] Unter einer Kooperation versteht man die freiwillige, vertraglich vereinbarte Zusammenarbeit selbstständig wirtschaftender Unternehmen.[72] Eine horizontale Kooperation bedeutet den Zusammenschluss von Partnern aus der gleichen Wirtschaftsstufe. Der Begriff der horizontalen Kooperation setzt nicht zwingend einen gesellschaftsrechtlichen Zusammenschluss voraus, vielmehr sind auch schuldrechtliche Abreden möglich. Die zunehmende Kooperationswilligkeit hat ihre Ursache nicht zuletzt auch in der Abhängigkeit des Einkommens von staatlichen Zuwendungen, die meist an Auflagen gebunden sind. Sind z. B. Ausgleichszahlungen nur bis zu einer bestimmten Obergrenze vorgesehen, so gewinnen Betriebsteilungen an Bedeutung.[73] Werden Subventionen an den Einsatz bestimmter Faktoreinsatzrelationen gebunden, so kann ein Tausch dieser Faktoren unter grundsätzlicher Einhaltung der herkömmlichen Betriebsstruktur ein geeigneter Weg sein.[74]

Die sozialen Zielsetzungen liegen in der Arbeitsentlastung durch das Ausnutzen von Degressionseffekten sowie in der Möglichkeit von Urlaubs- und Wochenendvertretungen.[75] Auch das Krankheits- und Invaliditätsrisiko wird entsprechend auf die Gesellschafter verteilt. Die sozialen Gesichtspunkte stellen vor allem eine hohe Motivation im Bereich der Viehhaltungskooperationen dar, da bei Milchvieh- und Schweinezuchtbetrieben der Betreuungsbedarf erheblich ist, so dass der Mangel an Freizeit und Urlaub eine hohe Belastung des Betriebsinhabers darstellen kann.[76] Bei Ackerbaukooperationen sind die wirtschaftlichen Motive ausschlaggebend, da gerade nach der Wende den Landwirten der alten Bundesländer der Vorteil der großflächigen Bearbeitung und die damit verbundenen Degressionseffekte deutlich wurden.[77]

---

71 *Schwerdtle*, Betriebsgesellschaften in der Landwirtschaft – Chancen und Grenzen im Strukturwandel, S. 31.

72 Vgl. *Brüggemann*, Die Gesellschaft bürgerlichen Rechts als Organisationsform für Agrarunternehmen, S. 75.

73 *Ders.*, S. 75.

74 *Augustin*, Rechtsformen für Kooperationen in der Landwirtschaft unter besonderer Berücksichtigung steuerrechtlicher Aspekte, S. 7.

75 Vgl. umfassende Darstellung der sozialen und psychologischen Aspekte von Kooperationen in der Landwirtschaft bei *Zickfeld*, Besonderheiten und Probleme im Bereich der landwirtschaftlichen Zusammenarbeit.

76 Vgl. *Mann/Muziol*, Darstellung erfolgreicher Kooperationen und Analyse der Erfolgsfaktoren, S. 62.

77 Vgl. hierzu ausführlich *Brüggemann*, Die Gesellschaft Bürgerlichen Rechts als Organisationsform für Agrarunternehmen, S. 75 ff.

aa) Maschinengesellschaften

Der überbetriebliche Einsatz von Maschinen hat eine große Bedeutung erlangt, da viele Einzelbetriebe große Maschinen, wie selbstfahrende Rübenroder oder Mähdrescher nicht mehr selbst anschaffen, sondern die entsprechenden Arbeiten an Lohnunternehmer vergeben.[78] Im Rahmen von Maschinengemeinschaften schließen sich Landwirte zusammen, um gemeinsam Maschinen anzuschaffen, zu halten und ihren Betrieb individuell zum Einsatz zu bringen.[79] Maschinengemeinschaften sind vor allem in Gegenden mit relativ geringen Betriebs- und Schlaggrößen und hoher Viehdichte vorzufinden, da in diesen Gebieten der Ackerbau an hohen Arbeitskosten bei sinkenden Erlösen leidet.[80] Das gemeinsame Anschaffen von Großmaschinen bietet vor diesem Hintergrund die Möglichkeit, die Maschinenkosten im Ackerbau auf eine wettbewerbsfähige Größenordnung zu senken sowie durch leistungsfähige Maschinen Arbeitszeit einzusparen.[81]

Davon abzugrenzen sind Maschinenringe, die als Vermittler von im Individualeigentum der beteiligten Landwirte stehenden Maschinen auftreten.[82] In diesen Fällen bilden mehrere Landwirte einen Zusammenschluss, um eine überbetriebliche Auslastung ihrer Maschinen zu erreichen.

Maschinengemeinschaften können in der Rechtsform einer GbR oder einer Bruchteilsgemeinschaft gegründet werden. Die Unterscheidung ist insoweit von Bedeutung, als bei Vorliegen einer Bruchteilsgemeinschaft jeder Bruchteilseigentümer gemäß § 747 BGB gesondert über seinen Bruchteil verfügen kann, während bei der GbR Gesamthandseigentum vorliegt und eine Verfügung des Einzelnen über seinen Gesamthandsanteil nicht möglich ist.[83] Entscheidendes Abgrenzungskriterium für diese Beurteilung ist die Frage, ob ein gemeinsamer Zweck verfolgt wird, der über den Kauf der Maschine hinausgeht, da eine Bruchteilsgemeinschaft als eine „Interessengemeinschaft ohne Zweckgemeinschaft" charakterisiert wird.[84]

Größere Maschinengemeinschaften werden überwiegend als GbR betrieben. Im Gegensatz zur Bruchteilsgemeinschaft verfügen die Mitgesellschafter und Gesamthandseigentümer gemäß § 719 BGB nur gemeinsam über das Gesellschaftsvermögen, da bei Gründung der GbR die Maschinen in das Gesamthandsver-

---

78 Vgl. *Schwerdtle*, (vgl. Fn.71), S. 24.
79 *Grimm*, (vgl. Fn. 11), Rn. 356.
80 Vgl. *Brüggemann*, (vgl. Fn. 77), S. 82.
81 Vgl. *Ders.*, S. 82.
82 Vgl. *Doluschitz*, (vgl. Fn. 66), S. 53.
83 *Bassenge* in: Palandt, § 903 Rn. 3.
84 *Sprau* in: Palandt, § 741, Rn. 1.

mögen der Gesellschaft übertragen werden und neue Maschinen direkt von der GbR gekauft werden.[85]

bb) Dienstleistungsgesellschaften

Eine Dienstleistungsgesellschaft ist dadurch charakterisiert, dass neben der bloßen Vermietung von Maschinen auch zusätzlich Arbeitsleistungen angeboten werden, die auf dienst- oder werkvertraglicher Basis beruhen.[86]

Landwirtschaftliche Dienstleistungsgesellschaften werden überwiegend als GbR geführt.[87] Die Gründung einer solchen Gesellschaft hat vor allem den Vorteil, dass Maschinenkosten erheblich gesenkt werden können.

cc) Betriebszweiggemeinschaften (Teilkooperationen)

Bei den Betriebszweiggemeinschaften werden Teilbereiche zweier oder mehrerer landwirtschaftlicher Betriebe zusammengeführt und gemeinsam bewirtschaftet.[88] Landwirtschaftliche Betriebszweiggemeinschaften werden regelmäßig in der Betriebsform der GbR geführt.[89]

Überwiegend kommt die Gründung von Betriebszweiggemeinschaften bei viehhaltenden Betrieben vor, während der Ackerbau und andere Formen der Tierproduktion weiterhin eigenständig von den Gesellschaftern betrieben werden.[90]

Im Bereich der Milchviehhaltung kann die Kooperation zu einer deutlichen Entlastung der Betriebsleiter und der mitarbeitenden Familienangehörigen bei der täglichen Melkarbeit führen. Darüber hinaus war in der Vergangenheit ein einzelbetriebliches Wachstum aufgrund fehlender Milchquoten und des lange Zeit eingeschränkten Quotenhandels nicht möglich, so dass in der Kooperation die einzige Möglichkeit der Produktivitätssteigerung gesehen wurde.[91]

Ein weiterer Betriebszweig, der häufig in Kooperation betrieben wird, ist die Direktvermarktung in Form von Gemeinschaftshofläden und Marktständen.[92]

---

85 Vgl. *Brüggemann*, (vgl. Fn. 77), S. 83.
86 Vgl. *Augustin*, (vgl. Fn. 74), S. 34.
87 Vgl. *Schwerdtle*, (vgl. Fn. 71), S. 28.
88 *Doluschitz*, (vgl. Fn. 66), S. 53.
89 *Meister*, Kooperative Unternehmen in der Landwirtschaft: Planung, Gründung, Führung, S. 15.
90 *Brüggemann*, (vgl. Fn. 77), S. 85.
91 *Mann/Muziol*, (vgl. Fn. 76), S. 71 ff.
92 *Meyer/Dorsch*, Direktvermarktung – gemeinsam fällt der Einstieg leichter, Top Agrar 06/2001, S. 96.

dd) Betriebsgesellschaften (Vollkooperationen)

Die Betriebsgesellschaft setzt einen Zusammenschluss von Wirtschaftseinheiten unter vollständiger Aufgabe der Selbständigkeit voraus.[93] In der landwirtschaftlichen Praxis erfolgt jedoch in der Regel nur die Bewirtschaftung gemeinsam. Zivilrechtlich bleiben gewöhnlich zwei oder mehr Betriebe erhalten, da das Land fast ausschließlich im Eigentum der Betriebe verbleibt und auch die Hofeigenschaft erhalten bleibt.[94] Die Fusion geschieht dergestalt, dass die einzelbetrieblichen Maschinen gemeinsam genutzt und der Ein- und Verkauf der Betriebsmittel und Feldfrüchte gemeinsam durchgeführt werden.[95] Regelmäßig werden Maschinen, Feldinventar, Vieh und Vorräte in das Gesamthandseigentum der GbR eingebracht.[96]

c) Das Gesellschaftsvermögen in der landwirtschaftlichen GbR

Die verschiedenen Möglichkeiten, das Gesamthandsvermögen zu gestalten, werden in der Landwirtschaft vollständig genutzt. Gewöhnlich werden die beweglichen Wirtschaftsgüter, bestehend aus dem toten und lebenden landwirtschaftlichen Inventar in das Gesamthandsvermögen übertragen, während die Grundstücke lediglich zur Nutzung eingebracht werden.[97] Eine Einbringung von Grundflächen findet allerdings dann statt, wenn die Gesellschaft Flächen braucht, um diese einem Kreditinstitut als Kreditsicherheiten für die Gewährung von Darlehen zur Verfügung zu stellen.[98]

Liefer- und Subventionsrechte wie beispielsweise die Milchquote werden gegen Zahlung eines Entgeltes zur Nutzung überlassen. Die Milchquote kann allerdings auch in das Gesamthandsvermögen eingebracht werden.

d) Die landwirtschaftliche GbR in der Insolvenz

Seit Inkrafttreten der Insolvenzordnung regelt § 11 Abs. 2 Nr. 1 InsO die Insolvenzfähigkeit der GbR. Dabei stellt das Vermögen der GbR insolvenzrechtliches Sondervermögen dar, so dass sich ein Insolvenzverfahren nur auf dieses und nicht

---

93 Vgl. *Doluschitz*, (vgl. Fn. 66), S. 55.
94 Vgl. *Brüggemann*, (vgl. Fn. 77), S. 88.
95 *Ders.*, S. 89.
96 *Ders.*, S. 89.
97 Vgl. *Timm/Schöne* in: Bamberger/Roth, BGB, Band 1, § 706 Rn. 10; *Ulmer* in MüKO-BGB, Bd. 5, §§ 705–853, § 706 Rn. 11, 18.
98 Vgl. *Brüggemann*, (vgl. Fn. 77), S. 107.

gleichzeitig auf das Vermögen der Gesellschafter erstreckt.[99] Allerdings gilt dies nur für die GbR als Außengesellschaft, da die Durchführung eines Insolvenzverfahrens gemäß § 35 InsO das Vorhandensein einer Insolvenzmasse voraussetzt. Die GbR als Innengesellschaft ist deswegen gerade nicht insolvenzfähig im Sinne des § 11 Abs. 2 Nr. 1 InsO. Das Insolvenzverfahren über das Vermögen der GbR wird eröffnet, wenn die Gesellschaft zahlungsunfähig (§ 17 InsO) ist bzw. unter Umständen auch schon bei drohender Zahlungsunfähigkeit (§ 18 InsO). Der Insolvenzgrund der Überschuldung (§ 19 InsO) kommt grundsätzlich nur bei Kapitalgesellschaften in Betracht. Eine Verpflichtung zur Antragstellung existiert nicht, kann sich allerdings aus den Maßstäben der allgemeinen Sorgfaltspflichten ergeben.[100] Da die Vorschrift des § 728 Abs. 1 BGB zwingendes Recht darstellt, kann bei einer Insolvenz über das Vermögen der Gesellschaft auch durch eine vertragliche Fortsetzungsklausel eine Fortführung der GbR nicht erreicht werden.[101] Gemäß § 728 Abs. 1 S. 2 BGB ist eine Fortsetzung nur bei Einstellung oder Aufhebung des Insolvenzverfahrens möglich.

Da die Abwicklung der GbR nach insolvenzrechtlichen Grundsätzen erfolgt, können die Gesellschaftsverbindlichkeiten nicht von den Insolvenzgläubigern gegen die einzelnen Gesellschafter durchgesetzt werden. Gemäß § 93 InsO können die Gesellschafter nur durch den Insolvenzverwalter über das Vermögen der Gesellschaft in Anspruch genommen werden.[102]

e) Die Insolvenz über das Vermögen der Gesellschafter

In vielen Fällen ist die Insolvenz der Gesellschafter die Folge der Gesellschaftsinsolvenz, da die Gesellschafter bei der GbR akzessorisch haften.[103] In der Insolvenz des Gesellschafters gibt es keinen rechtlich abgrenzbaren Anteil an den einzelnen Gegenständen des Gesamthandsvermögens. Zur Insolvenzmasse gehört daher der Gesellschaftsanteil des insolventen Gesellschafters. Der Gesellschaftsvertrag kann für den Fall der Insolvenz eines Gesellschafters aber abweichende Regelungen enthalten (§ 736 BGB).

Führt die Insolvenz zur Auflösung der Gesellschaft, gelten die §§ 729 ff. BGB. Durch eine vertragliche Fortführungsklausel kann die Auflösung der Gesellschaft allerdings vermieden werden mit der Folge, dass der Anteil des insolventen Schuldners den übrigen Gesellschaftern anwächst. Das zu ermittelnde Abfin-

---

99 *Wehr* in: Hamburger Kommentar zur InsO, § 11 Rn. 21.
100 *Ulmer/Schäfer* in: MüKO-BGB, Band 5, §§ 705–853, § 728 Rn.12.
101 *Habermeier* in: Staudinger, Buch 2 Recht der Schuldverhältnisse, § 728 Rn. 3.
102 *Stürner* in: Jauernig, § 728 Rn. 15
103 *Ulmer/Schäfer* in: MüKo-BGB, Band 5, §§ 705–853, § 728 Rn. 32.

dungsguthaben (§ 738 BGB) fällt dann in die Insolvenzmasse.[104] Sollte der Gesellschaftsvertrag eine solche Klausel nicht enthalten, können die übrigen Gesellschafter nur mit Zustimmung des Insolvenzverwalters die Weiterführung der Gesellschaft beschließen.[105]

Wenn die Gesellschaft nur aus zwei Gesellschaftern besteht, findet sich in den Gesellschaftsverträgen statt der Fortführungsklausel regelmäßig eine Übernahmeklausel, damit das Unternehmen durch den nicht insolventen Gesellschafter fortgeführt werden kann.[106] Für eine landwirtschaftliche GbR ist es ratsam, ein solches Übernahmerecht vertraglich zu regeln, da der ausscheidende Gesellschafter nach Verwertung aller dinglichen Sicherheiten meist ohnehin über keinen Betrieb mehr verfügt, so dass eine Rückgewähr seiner Einlagen im Hinblick auf eine spätere Wiederbewirtschaftung nicht erforderlich ist.[107] Der andere Gesellschafter hat dann die Möglichkeit, das Gesellschaftsvermögen als Gesamtrechtsnachfolger gegen Zahlung der in die Insolvenzmasse fallenden Abfindung zu übernehmen.[108]

Bei Familiengesellschaften, die regelmäßig aus zwei Gesellschaftern bestehen, nämlich dem Jung- und dem Altbauern, kann sich die Abfindung ganz unterschiedlich auswirken. Regelmäßig ist der Jungbauer nur zu einem geringen Anteil an dem Kapital der Gesellschaft beteiligt, so dass das landwirtschaftliche Unternehmen die Abfindung im Falle seiner Insolvenz problemlos leisten kann, ohne selbst in eine die Existenz gefährdende Lage zu gelangen.[109] Umgekehrt wird die Insolvenz des Altbauern, in dessen Eigentum sich regelmäßig auch die Flächen befinden, weitreichende existenzielle Folgen nach sich ziehen, da der Insolvenzverwalter eine beträchtliche Auseinandersetzungsforderung geltend machen kann.

f) Zwischenergebnis

In fast allen Bereichen der landwirtschaftlichen Kooperation ist die GbR die bedeutendste Rechtsform. Wurde diese Rechtsform ursprünglich fast ausschließlich als Organisationsform für Familiengesellschaften verwendet, hat sie inzwischen auch eine große Bedeutung für Kooperationen unter Fremden gewonnen. Landwirten ist daher zu raten, die Gesellschaftsverträge dringend in Schriftform

---

104 *Kuleisa* in: Hamburger Kommentar zum Insolvenzrecht, § 84 Rn. 7.
105 *Ulmer* in: MüKo-BGB, Band 5, §§ 705–853, § 728 Rn. 43.
106 *Timme/Schöne* in: Bamberger/Roth, Band 1, § 728 Rn. 10.
107 *Brüggemann*, (vgl. Fn. 77), S. 292 ff.
108 *Ders.*, S. 292 ff.
109 *Ders.*, S. 293.

abzufassen und Regelungen für den Fall der Insolvenz zu treffen, um den Erhalt des landwirtschaftlichen Unternehmens zu sichern.

2. Die Kommanditgesellschaft

Die wichtigste Alternative zur GbR stellt in der Landwirtschaft die Kommanditgesellschaft (KG) dar, da diese die personengesellschaftsrechtlichen Gestaltungen mit der Möglichkeit der Haftungsbeschränkung für einen Teil der Gesellschafter verbindet.[110] Es handelt sich dabei gemäß § 161 HGB um eine Gesellschaft, deren Zweck auf den Betrieb eines Handelsgewerbes gerichtet ist und bei der die Haftung eines oder mehrerer Gesellschafter auf den Betrag einer bestimmten Vermögenseinlage beschränkt ist. Landwirtschaftlichen Betrieben steht gemäß § 2 HGB die Möglichkeit offen, kraft Eintragung den Status eines Handelsgewerbes zu erlangen, so dass ein Zusammenschluss in der Rechtsform einer KG unproblematisch möglich ist. Die Rechtsform der KG wird oft dann gewählt, wenn im Rahmen eines größeren Gesellschafterkreises erhebliche Unterschiede in der Höhe der Kapitalbeteiligung und in dem Umfang der aktiven Mitarbeit in der Gesellschaft bestehen.[111]

Die KG, die nach § 162 Abs. 2 HGB in Verbindung mit § 124 HGB parteifähig ist, ist mit Eintragung in das Handelsregister gemäß § 11 Abs. 2 Nr. 1 InsO selbstständig insolvenzfähig.

3. Die Gesellschaft mit beschränkter Haftung

Die Rechtsform der Gesellschaft mit beschränkter Haftung (GmbH) hat sich inzwischen für landwirtschaftliche Unternehmen etabliert. In den neuen Bundesländern wurde im Rahmen der Umwandlung von LPGen oft die Rechtsform der GmbH für die Nachfolgeunternehmen gewählt. Die GmbH hat den Vorteil, zu jedem erlaubten Zweck gegründet werden zu dürfen und das Haftungsrisiko auf das Gesellschaftsvermögen beschränken zu können, so dass eine persönliche Gesellschafterhaftung ausgeschlossen ist.[112]

Die GmbH als Kapitalgesellschaft ist eine juristische Person, deren Insolvenzrechtsfähigkeit sich aus § 11 Abs. 1 S. 1 InsO ergibt. Die Insolvenzrechtsfähigkeit

---

110 Vgl. *Domröse*, Wenn Bauern zu Kommanditisten werden, Top Agrar 03/2005, S. 44 ff.
111 *Brüggemann*, (vgl. Fn. 77), S. 328 ff.
112 *Ders.*, S. 331.

ist gemäß § 11 Abs. 3 InsO auch noch gegeben, wenn sich die GmbH bereits in Liquidation befindet.

4. Die GmbH & Co. KG

Bei der GmbH & Co. KG hat die GmbH zumeist die Rolle der alleinigen Komplementärin inne. Die GmbH haftet mit ihrem Vermögen uneingeschränkt und unmittelbar. In der Landwirtschaft findet man diese Gesellschaftsform häufig für LPG-Nachfolgeunternehmen und im Bereich der erneuerbaren Energien. Biogasanlagen werden überwiegend in der Rechtsform der GmbH & Co. KG gegründet, da aufgrund der großen Investitionsvolumina eine Haftungsbeschränkung und oft ein großer Kreis von investierenden Gesellschaftern gewollt ist.

Obwohl die GmbH & Co. KG keine juristische Person, sondern eine Personenhandelsgesellschaft darstellt, ist sie insolvenzrechtsfähig, da die KG über eigenes Vermögen im Sinne des §§ 124, 161 Abs. 2 HGB verfügt, welches sich von dem Vermögen der Gesellschafter unterscheidet.

5. Die eingetragene Genossenschaft

Eine Sonderrolle im Gesellschaftsrecht und im Insolvenzrecht nehmen die Genossenschaften ein. Die eingetragene Genossenschaft ist ein Zusammenschluss von mindestens drei Gründern, die zwecks Förderung gemeinsamer wirtschaftlicher Interessen ihrer Mitglieder einen gemeinschaftlichen Geschäftsbetrieb unter einer gemeinsamen Firma führen.[113] Ihre Rechtspersönlichkeit erlangt die Genossenschaft durch Eintragung in das Genossenschaftsregister, sofern die Voraussetzungen des Genossenschaftsgesetzes (GenG)[114] erfüllt sind. Die Genossenschaft kann aufgrund dessen unter ihrem Namen klagen und verklagt werden, Inhaberin dinglicher Rechte sein und ist als juristische Person steuerpflichtig.[115] Obwohl die Genossenschaft als solche nicht bezeichnet wird, hat sie gemäß § 17 Genossenschaftsgesetz (GenG)[116] die Rechtsstellung einer juristischen Person mit Kauf-

---

113 *Beuthien*, GenG, § 4 Rn. 1 ff.

114 Gesetz betreffend die Erwerbs- und Wirtschaftsgenossenschaften (Genossenschaftsgesetz-GenG) in der Fassung der Bekanntmachung vom 16. 10. 2006 (BGBl. I S. 2230), zuletzt geändert durch Art. 10 des Gesetzes vom 25. Mai 2009 (BGBl. I S. 1102).

115 *Beuthien*, GenG, § 17 Rn. 1 ff.

116 Genossenschaftsgesetz (GenG) in der Bekanntmachung vom 16. 10. 2006 (BGBl. I S. 2230), zuletzt geändert durch Art. 10 des Gesetzes vom 25. 5. 2009, BGBl. I S. 1102.

mannseigenschaft, da sie alle für eine juristische Person maßgeblichen Merkmale enthält.[117] Aus diesem Grunde ist sie auch gemäß § 11 Abs. 1 S. 1 InsO insolvenzrechtsfähig.

Wie alle Gesellschaften verfolgen auch die Genossenschaften einen gemeinsamen Zweck, der in § 1 GenG mit der „Förderung des Erwerbs oder der Wirtschaft der Mitglieder mittels gemeinschaftlichen Geschäftsbetriebs" umschrieben ist. Die Genossenschaft ist zwar eine juristische Person und körperschaftlich strukturiert, in Abgrenzung zu den üblichen Kapitalgesellschaften verfügt sie allerdings über kein festes Grundkapital.

Nach der Wiedervereinigung hat die eingetragene Genossenschaft (e. G.) als Rechtsform für landwirtschaftliche Betriebe in den neuen Bundesländern eine erhebliche Bedeutung erlangt.

Das Insolvenzverfahren über das Vermögen einer eingetragenen Genossenschaft wird durch zahlreiche Abweichungen von dem in der Insolvenzordnung vorgesehenen Verfahren geprägt. §§ 98 ff. GenG enthalten Sondervorschriften, die den rechtlichen Besonderheiten dieser Rechtsform Rechnung tragen sollen. Folglich treten die insolvenzrechtlichen Grundsätze dann zurück, wenn das Genossenschaftsgesetz Spezialregelungen enthält, die diese Grundsätze ergänzen oder gar abändern.[118]

IV. Ergebnis und Zusammenfassung zu C.

Wie die Darstellungen gezeigt haben, haben sich Landwirtschaftsunternehmen mittlerweile zu wettbewerbsfähigen Unternehmen gewandelt, die sich auch in Gestalt aller im Gesetz möglichen Rechtsformen zeigen. Dabei ist die Motivation zur Gesellschaftsgründung branchenspezifisch in der Landwirtschaft sehr unterschiedlich und kann ihre Gründe im persönlichen, betriebswirtschaftlichen und im öffentlich-rechtlichen Bereich haben.

Entsprechend schwierig ist es, eine allgemeine Begriffsbestimmung für die „Landwirtschaft" und das „Landwirtschaftsunternehmen" zu Grunde zu legen, da insoweit der Wandel, der sich in diesem Bereich vollzieht, stete Gesetzesänderungen zur Folge hat. Eine einheitliche Begriffsbestimmung ist in der Folge nur mehrstufig möglich, indem zunächst ein Begriffskern definiert wird, der Landwirtschaft als die unmittelbare Bodennutzung zur Erzeugung pflanzlicher und

---

117 *Lang/Weidmüller/Schaffland*, GenG, § 17 Rn. 1.
118 Eine umfangreiche Darstellung findet sich bei *Terbrack*, Die Insolvenz der eingetragenen Genossenschaft.

tierischer Produkte festhält und sodann eine Erweiterung um die legislativen Begriffserweiterungen sowie um die Tätigkeiten mit Beziehung zum landwirtschaftlichen Betrieb und mit Beziehung zum ländlichen Raum vorgenommen wird.[119]

---

119 Vgl. hierzu ausführlich: *Grimm*, (vgl. Fn. 11), S. 8.

D. Der Insolvenzbeschlag und der Umfang der Insolvenzmasse

I. Der Insolvenzbeschlag

Da das Insolvenzverfahren die gleichmäßige und bestmögliche Befriedigung der Gläubiger voraussetzt, ist die Beschlagnahme des insolvenzbefangenen Vermögens Grundlage jeden Insolvenzverfahrens. Die Beschlagnahme beruht auf dem Eröffnungsbeschluss als Hoheitsakt. Infolge des Insolvenzbeschlages bleibt der Schuldner zwar Rechtsträger der Insolvenzmasse, er verliert jedoch für die Dauer des Insolvenzverfahrens die Verwaltungs- und Verfügungsbefugnis, die nach § 80 Abs. 1 S. 1 InsO auf den Schuldner übergeht.[120] Der Insolvenzbeschlag führt zu einer Trennung von Insolvenzmasse und insolvenzfreiem Vermögen.

II. Die Insolvenzmasse

Gemäß § 35 InsO umfasst das Insolvenzverfahren das gesamte Vermögen, welches dem Schuldner zur Zeit der Eröffnung des Verfahrens gehört und welches er während des Verfahrens erlangt, den so genannten Neuerwerb. Erfasst sind demnach gemäß § 36 Abs. 1 InsO die gemäß §§ 811, 850 ff. ZPO pfändbaren Teile des Schuldnervermögens sowie die durch § 36 Abs. 2 InsO explizit für pfändbar erklärten Gegenstände. Insolvenzfrei sind demgegenüber die nicht der Zwangsvollstreckung unterliegenden Gegenstände. Insolvenzfreies Vermögen kann darüber hinaus auch durch die Freigabe eines an sich massezugehörigen Gegenstandes herbeigeführt werden. Durch die Freigabe gemäß § 35 Abs. 2 InsO wird der Gegenstand aus dem Insolvenzbeschlag gelöst, und der Schuldner erlangt die Verwaltungs- und Verfügungsbefugnis über diesen Gegenstand zurück.[121]

III. Der Umfang des Insolvenzbeschlages in der Landwirtschaftsinsolvenz

Sowohl die Frage der Liquidation als auch die der Fortführbarkeit hängen davon ab, welche Gegenstände vom Insolvenzbeschlag erfasst sind.

---

120 *Uhlenbruck* in: Uhlenbruck, InsO, § 35 Rn. 2.
121 *Bäuerle* in: Braun, InsO, § 35 Rn. 84.

§ 36 Abs. 1 InsO führt einschränkend die Gegenstände auf, die nicht in die Insolvenzmasse fallen, sondern aufgrund der Pfändungsschutzvorschriften der Zivilprozessordnung (ZPO) von der Pfändung ausgenommen sind. Sinn und Zweck dieser Regelung besteht darin, den Gläubigern im Rahmen des Insolvenzverfahrens nicht mehr Vermögen zur Verteilung zuzuweisen, als ihnen im Rahmen der Einzelzwangsvollstreckung zustünde.[122] § 36 Abs. 2 InsO enthält wiederum Ausnahmen im Bereich der Landwirtschaft von diesem grundsätzlichen Pfändungsschutz. Denn gerade im Bereich der Landwirtschaft hat der Gesetzgeber den Grundsatz, wonach unpfändbares Vermögen auch kein Bestandteil der Insolvenzmasse sein kann, wieder relativiert. Dabei geht es zum einen um Besonderheiten aus dem Bereich der Sachpfändung und zum anderen aus dem Bereich der Pfändbarkeit von Arbeitseinkommen.

1. Unpfändbare Gegenstände in der Landwirtschaft

§ 811 Abs. 1 Nr. 4 ZPO regelt den Pfändungsschutz für Personen, die Landwirtschaft betreiben. Die Vorschrift stellt im Rahmen der Einzelzwangsvollstreckung ein Pfändungsverbot dar. Danach sind das zum Wirtschaftsbetrieb erforderliche Gerät und Vieh nebst dem nötigen Dünger sowie die landwirtschaftlichen Erzeugnisse, die zur Sicherung des Unterhaltes des Schuldners, seiner Familie und seiner Arbeitnehmer oder zur Fortführung der Wirtschaft bis zur nächsten Ernte gleicher oder ähnlicher Erzeugnisse erforderlich sind, der Pfändung nicht unterworfen. Unpfändbare Geräte sind alle landwirtschaftlichen Maschinen.[123] Das von Nummer 4 geschützte Vieh kann Arbeitsvieh, Zucht-, Feder- oder Milchvieh oder auch Mastvieh sein.[124]

Geräte, Vieh und Dünger sind nur insoweit nicht der Pfändung unterworfen, als sie zum Wirtschaftsbetrieb erforderlich sind. Als landwirtschaftliche Erzeugnisse gelten nur die natürlichen Tier- und Bodenprodukte im Sinne des § 99 Abs. 1 Alt. 1 BGB. In der Konsequenz fallen Erzeugnisse, Maschinen oder Vieh, die bereits zum Verkauf bestimmt sind, nicht unter den Pfändungsschutz des § 811 Abs. 1 Nr. 4 ZPO.[125]

Aus § 36 Abs. 2 Nr. 2 InsO ergibt sich die Unanwendbarkeit dieser Vorschrift im Insolvenzverfahren, so dass die Vermögenswerte, die nach § 811 Abs. 1 Nr. 4 ZPO nicht der Zwangsvollstreckung unterliegen, dennoch zur Insolvenzmasse

---

122 Vgl. *Schumacher* in: FK-InsO, § 36 Rn. 34.
123 *Gruber* in: MüKo-ZPO, Band 2, §§ 811–945, § 811 Rn. 31.
124 RGZ 142, S. 397, 380.
125 Vgl. Fn. 123.

gehören und vom Insolvenzverwalter verwertet werden können. Die Vorschrift ist für die Durchführung einer Landwirtschaftsinsolvenz erforderlich. Gesetzgeberisches Ziel ist der Erhalt des Inventars, das für die Fortführung des landwirtschaftlichen Betriebes notwendig ist.[126] Der für die Unpfändbarkeit im Rahmen der Einzelzwangsvollstreckung maßgebliche Grund, dem Schuldner die Fortführung seiner geschäftlichen Tätigkeit zu ermöglichen, entfällt in der Insolvenz, da der landwirtschaftliche Betrieb in seiner Gesamtheit zur Insolvenzmasse gehört.[127] Alle wesentlichen Betriebsmittel sind massezugehörig, wobei nicht entscheidend ist, ob die Landbewirtschaftung in Form eines Haupt- oder Nebenbetriebes betrieben wird.[128]

2. Unpfändbare Gegenstände bei Arbeitnehmern in landwirtschaftlichen Betrieben

Eine weitere Pfändungsschutzvorschrift enthält § 811 Abs. 1 Nr. 4 a ZPO, wonach Vergütungen in Form von Naturalien, die landwirtschaftliche Arbeitnehmer erhalten, nicht der Pfändung unterliegen, soweit der Schuldner diese für seinen Lebensunterhalt oder den seiner Familie benötigt. Aus § 36 Abs. 2 Nr. 2 InsO ergibt sich nicht, dass § 811 Nr. 4 a ZPO im Rahmen des Insolvenzverfahrens anders als im Einzelzwangsvollstreckungsrecht zu beurteilen ist. Folglich findet die Pfändungsschutzvorschrift auch im Rahmen des Insolvenzverfahrens über das Vermögen des landwirtschaftlichen Arbeitnehmers Anwendung, so dass es sich bei den Deputaten nicht um Insolvenzmasse handelt, solange der Schuldner diese für die eigene Versorgung oder die der Familie einsetzt.

3. Unpfändbare Tiere und Unpfändbarkeit der zur Fütterung erforderlichen Vorräte

Eine weitere Pfändungsschutzvorschrift zugunsten des landwirtschaftlichen Unternehmens findet sich in § 811 Abs. 1 Nr. 3 ZPO. Kleintiere in beschränkter Anzahl sowie eine Milchkuh oder nach Wahl des Schuldners anstatt einer solchen insgesamt zwei Schweine, Ziegen oder Schafe unterliegen nicht der Pfändung, wenn diese Tiere für die Ernährung des Schuldners, seiner Familie oder Hausangehöri-

---

126 Vgl. *Becker* in: Musielak, ZPO, § 811 Rn. 15.
127 *Hirte* in: Uhlenbruck, InsO, § 36 Rn. 49 f.
128 *Holzer* in: Kübler/Prütting/Bork, InsO, § 36 Rn. 33.

gen, die ihm im Haushalt, in der Landwirtschaft oder im Gewerbe helfen, erforderlich sind. Ferner sollen die zur Fütterung und zur Streu auf vier Wochen erforderlichen Vorräte oder, soweit solche Vorräte nicht vorhanden sind und ihre Beschaffung für diesen Zeitraum auf anderem Wege nicht gesichert ist, der zu ihrer Beschaffung erforderliche Geldbetrag nicht der Pfändung unterliegen. Der Pfändungsschutz dieser Norm setzt voraus, dass die Tiere für die Ernährung der genannten Personen erforderlich sind, wobei es nicht ausreicht, dass die Tiere zur Ernährung des Schuldners bestimmt sind.[129] In diesem Zusammenhang ist es unerheblich, ob die Tiere aufgrund ihrer Frucht oder als Schlachtvieh dazu bestimmt sind.[130] Die Vorschrift erfährt keine Einschränkung durch § 36 Abs. 2 InsO, so dass § 811 Abs. 1 Nr. 3 ZPO im Rahmen des Insolvenzverfahrens zu beachten ist.

4. Der bedingte Pfändungsschutz für Landwirte

Nach § 851a ZPO ist die Pfändung von Forderungen, die einem Landwirtschaft betreibenden Schuldner aus dem Verkauf von landwirtschaftlichen Erzeugnissen zustehen, auf Antrag durch das Vollstreckungsgericht insoweit aufzuheben, als die Einkünfte zum Unterhalt des Schuldners, seiner Familie und seiner Arbeitnehmer oder zur Aufrechterhaltung einer geordneten Wirtschaftsführung unentbehrlich sind. § 851a ZPO bezweckt einen über § 811 Nr. 4 ZPO hinausgehenden Pfändungsschutz für Landwirte, indem auch die Verkaufserlöse unter den Pfändungsschutz fallen, um im öffentlichen Interesse an der Stützung landwirtschaftlicher Betriebe deren Belastung zu minimieren.[131]

Die Vorschrift enthält einen bedingten Pfändungsschutz mit der Folge, dass der Gläubiger zunächst berechtigt ist, das gesamte Einkommen zu pfänden, aber bei rechtmäßigem Verlangen des Schuldners den Teil wieder freigeben muss, den der Schuldner benötigt, um seinen Unterhalt und denjenigen bestimmter Dritter zu sichern.[132] Einen Schutz genießen nur Forderungen aus dem Verkauf der Erzeugnisse des landwirtschaftlichen Betriebes.[133] Die Regelung umfasst allerdings keine Pachtzinsen.

§ 851a ZPO geht zwar über den Regelungsgehalt des § 811 Nr. 4 ZPO hinaus, enthält aber die strengeren Maßstäbe für die Beurteilung der Frage, ob unpfänd-

---

129 *Stöber* in: Zöller, ZPO, § 811 Rn. 18.
130 *Ders.* § 811 Rn. 18.
131 *Baumbach/Lauterbach/Albers/Hartmann*, ZPO, § 851a Rn. 1.
132 *Kemper* in: Saenger, ZPO, 2. Auflage, § 851a Rn. 1.
133 *Smid* in: MüKo-ZPO, Band 2, §§ 811–945, § 851a Rn. 3.

bare Einkünfte zur Unterhaltssicherung oder zur geordneten Wirtschaftsführung unentbehrlich sind. Unentbehrlich ist eine Forderung nur dann, wenn anderweitig keine Mittel zu beschaffen sind.[134] Der beantragte Pfändungsschutz gemäß § 851a ZPO ist in Erweiterung des § 811 Abs. 1 Nr. 4 ZPO bei der Frage der Insolvenzzugehörigkeit nicht zu berücksichtigen, da insoweit § 36 Abs. 1 ZPO eine abschließende Aufzählung der im Insolvenzverfahren anwendbaren Pfändungsschutzvorschriften enthält und der bedingte Pfändungsschutz für Landwirte gemäß § 851a ZPO keine Erwähnung findet.

IV. Die Pfändbarkeit und Massezugehörigkeit der Milchquote

Mit den zunehmenden wirtschaftlichen Schwierigkeiten in der Landwirtschaft stellte sich immer wieder die Frage, wie die Milchquote im Rahmen der Zwangsvollstreckung oder eines Insolvenzverfahrens verwertet werden kann. Durch Beschluss des Bundesgerichtshofes und durch den neu eingeführten § 26 Milchquotenverordnung ist dieser Streit nunmehr gegenstandslos geworden. Aufgrund der immer wieder auftretenden Argumentationen aus diesem in der Literatur geführten Streit, sollen die für und gegen die Pfändbarkeit der Milchquote vertretenen Argumente im Rahmen dieser Arbeit Erwähnung finden. Vorab erfolgt eine Darstellung der Grundzüge des Milchquotenrechtes, welches auch im Fortgang der Arbeit von Relevanz ist.

1. Die Grundlage der Milchquote

Im Jahre 1984 führte die Europäische Union (EU) eine Quotenregelung ein, um die Milchproduktion innerhalb der EU zu beschränken. Im Rahmen der Milch-Garantiemengen-Verordnung (MGV) vom 25. 5. 1984[135] wurden den EU-Mitgliedstaaten feste Produktionsquoten zugewiesen, die innerhalb der jeweiligen Mitgliedsstaaten auf die einzelnen Milch erzeugenden Betriebe verteilt wurden. Liefert der Milchproduzent seither mehr Milch als gemäß seiner Milchquote zulässig ist, wird er über die Zahlung der so genannten „Superabgabe" sanktioniert.

Die Milchabgabe ist grundsätzlich auf jedes Kilogramm vermarkteter Milch von dem Ersterzeuger zu erheben. Von ihr befreit nur die Inhaberschaft einer

---

134 *Ders.*, § 851a Rn. 5.
135 Verordnung über die Abgaben im Rahmen von Garantiemengen im Bereich der Marktorganisation für Milch und Milcherzeugnisse – Milch-Garantiemengen-Verordnung vom 25. 5. 1984 (BGBl. I S. 720) –, zuletzt geändert durch die VO vom 25. 3. 1996, BGBl. I S. 535.

Milchquote. Maßgebliches Berechnungsjahr für die Abgabe ist nach Art. 66 Abs. 1 VO (EG) Nr. 1234/2007 (GMO-VO)[136] der sogenannte Zwölfmonatszeitraum, der jeweils vom 1. 4. bis zum 31. 3. des Folgejahres läuft und allgemein als Milchquotenjahr bezeichnet wird.

Gestützt auf Art. 74 Abs. 1 Nr. 17 GG und dem Marktorganisationsgesetz (MOG)[137], finden sich derzeit die deutschen Vorschriften zur EU-Milchquotenregelung in der Milchquotenverordnung (MilchQuotV).[138]

2. Die Rechtsnatur der Milchquote

Gemäß ständiger Rechtsprechung des Bundesgerichtshofes ist die Milchquote als öffentlich-rechtliche Abgabenbefreiung zu qualifizieren.[139] Häufig wird die Milchquote auch als abgabenfreies Lieferrecht bezeichnet, was der wirtschaftlichen Bedeutung der Quote entspricht, denn aufgrund der Eigenschaft der Milchabgabe als prohibitive Zusatzabgabe stellt diese faktisch ein Vermarktungsverbot für Milch und Milcherzeugnisse dar.[140] Der Bundesfinanzhof (BFH) charakterisiert die Milchquote ebenfalls als das „Recht zur abgabenfreien Lieferung von Milch".[141] Auch das Bundesverfassungsgericht (BVerfG) beurteilt die Milchquote als „das Recht auf abgabenfreie Milchlieferung".[142] Obwohl es sich um ein Lieferrecht handelt, liegt kein dinglich wirkendes Recht vor, welches vom Schutzbereich der Eigentumsgarantie gemäß Art. 14 GG erfasst ist.[143] Vielmehr hat die Milchquote einen beabsichtigten Subventionscharakter, der dem Änderungsvorbehalt unter-

---

136 Verordnung (EG) Nr. 1234/2007 über eine gemeinsame Organisation der Agrarmärkte und mit Sondervorschriften für bestimmte landwirtschaftliche Erzeugnisse vom 22. 10. 2007 (ABl. L 299 S. 1).

137 Gesetz zur Durchführung der Gemeinsamem Marktorganisation und der Direktzahlungen (Marktorganisationsgesetz – MOG –) neu gefasst durch Beschluss vom 24. 6. 2005 (BGBl. I S. 1847), zuletzt geändert durch Art. 24 G. vom 9. 12. 2010, (BGBl. I S. 1934).

138 Milchquotenverordnung vom 4. 3. 2008 (BGBl. S. 359), zuletzt geändert durch Verordnung vom 8. 3. 2011 (BGBl. I S. 379), Neufassung vom 3. 5. 2011 (BGBl. I S. 775).

139 BGH, Urt. v. 26. 4. 1991 – AZ. V ZR 53/90 –, BGHZ 114, S. 277 (282); BGH, Beschl. v. 29. 4. 2008 – AZ. VIII ZB 61/07 –, BGHZ 176, S. 222 (226).

140 Vgl. *Lhotzky* in: Faßbender/Hötzel/Lukanow, Landpachtrecht, 2. Teil, A. Landpacht- und Milchmarktordnungsrecht Rn. 11.

141 BFH, Beschl. v. 25. 3. 1986 – AZ. VII B 164/85 –, BFHE 146, S. 188 (192).

142 BVerfG, Beschl. v. 22. 11. 2007 – AZ.: 1 BvR 2628/04 –, AUR 2008, S. 118 (119).

143 Vgl. *Lhotzky* in: Faßbender/Hötzel/Lukanow, Landpachtrecht, 2. Teil, A. Landpacht- und Milchmarktordnungsrecht Rn. 12.

liegt und somit eine subventionsähnliche persönliche Abgabenvergünstigung darstellt.[144]

3. Aufgabe der Flächenbindung und freie Handelbarkeit der Milchquote

Bei der Einführung der Milchquote nach Maßgabe der Regelungen der Milch-Garantiemengen-Verordnung, damals als Milchkontingent, in der Folge als Milch-referenzmenge und schließlich als Milchquote bezeichnet, wurde die einzel-betriebliche Milchquote an die Fläche und an die Person des am 2. 4. 1984 wirt-schaftenden Milcherzeugers gebunden, somit auch an die Betriebs- und Stücklandpächter, was bei Pachtrückgaben auch heute noch erhebliches Konflikt-potential in sich birgt.

Die Flächenbindung wurde erst vollständig mit Wirkung zum 1. 4. 2000 auf-gehoben. Die seit diesem Zeitpunkt zunächst geltende Milchabgabenverordnung (MilchAbgV)[145] hat damit einen vollständigen Systemwechsel mit sich gebracht. Die Flächenbindung wurde abgeschafft und der freie Handel der Milchquote zu-gelassen, welcher nach den Vorgaben des § 11 MilchQuotV stattfindet. Die freie Handelbarkeit gilt allerdings seither nicht für solche Quoten, die bereits zum Zeitpunkt der Flächenbindung zugeteilt wurden, und auch dann nicht, wenn Pachtbetriebe, deren zugrunde liegenden Pachtverträge vor diesem Zeitpunkt abgeschlossen wurden, zurückgegeben werden.

In den neuen Bundesländern waren an die Milcherzeuger aufgrund von EG-Sonderregelungen[146] nur vorläufige Anlieferungs-Referenzmengen zugeteilt wor-den, welche nicht flächengebunden und im Wege von Verpachtung, Verkauf und Schenkung nicht zu übertragen waren. Seit dem 1. 4. 2000 wird die Referenzmen-ge grundsätzlich und vorbehaltlich vertraglicher Abreden nach Beendigung eines Pachtvertrages dem Pächter zugeordnet, weil eine gesetzliche Rückübertragungs-verpflichtung an den Verpächter nicht vorgesehen ist, und zwar unabhängig davon, ob der Pächter noch aktiver Milcherzeuger ist.[147]

---

144 BGH, Urt. v. 25. 4. 1997 – AZ. LwZR 4/96 –, AgrarR 1997, 7, 214; BVerwG, Urt. v. 17. 6. 1993 – AZ. 3 L 25. 90 –, RdL 1993, S. 298 ff.; RdL 1995, S. 137.

145 Milchabgabenverordnung – MilchAbgV – vom 12. 1. 2000 (BGBl. I S. 27), letzte Neufassung durch B. vom 9. 8. 2004 (BGBl. I S. 2143).

146 VO (EWG) Nr. 3577/90 des Rates vom 4. 12. 1990, zuletzt bis 31. 31. 3. 2000 verlängert durch VO (EG) Nr. 551/98 des Rates.

147 Dies ergibt sich aus § 48 MilchAbgV, der nur vorsieht, dass Referenzmengen nach § 7 MGV auf den Verpächter übergehen, diese Vorschrift gemäß § 16 g S. 1 MGV aber nicht auf Pachtver-träge in den neuen Bundesländern anzuwenden ist.

4. Die Milchquote in der Insolvenz

a) Allgemeines

Ob die Milchquote eines Milcherzeugers grundsätzlich der Pfändung unterliegt, war umstritten, ist allerdings mittlerweile höchstrichterlich geklärt. Unstreitig ist allerdings, dass Gegenstand der Diskussion nur die flächenungebundene Milchquote seit dem 1. 4. 2000 sein kann, da nur diese ohne dazugehörige Fläche übertragen werden und damit der Zwangsvollstreckung in sonstige Rechte unterliegen kann. Unselbstständige Vermögensrechte, die nicht vom Gegenstand getrennt werden können, können kein Objekt einer eigenen Rechtsausübung sein. Dies gilt vor allem für akzessorische Rechte.[148]

aa) Die Unpfändbarkeit der Milchquote nach früherer Ansicht

Nach einer Entscheidung des Landgerichtes Aurich[149] und einigen Literaturmeinungen[150] wurde die Pfändbarkeit der Milchquote verneint. Vom Landgericht Aurich wurde zunächst die Auffassung vertreten, bei der Milchquote handele es sich um eine bloße öffentlich-rechtliche Handlungsbefugnis für den Milcherzeuger, Milch abgabenfrei anzuliefern. Insoweit wird Bezug genommen auf ein Urteil des Bundesgerichtshofes[151], in welchem die Milchquote als öffentlich-rechtliche Befugnis bezeichnet wurde. Weiterhin ließe sich aus der öffentlich-rechtlichen Erscheinungsform der Milchquote ein Argument gegen die Pfändbarkeit ableiten, da die Milchquote aufgrund ihrer Rechtsnatur grundsätzlich nicht der Pfändung nach zivilprozessualen Grundsätzen unterliegen dürfe. So müsse das zu pfändende Recht dem Gebiet des Privatrechts angehören.[152]

Darüber hinaus sei eine Pfändbarkeit bereits deshalb ausgeschlossen, weil es sich bei der Milchquote um ein unveräußerliches höchstpersönliches Recht handele und solche Rechte nach § 857 Abs. 3 ZPO nur insoweit pfändbar seien, als ihre Ausübung einem anderen überlassen werden könne. Da die Milchquote ausschließlich durch einen Milcherzeuger genutzt werden kann, stellen die Vertreter

---

148 *Ahrens* in: Prütting/Gehrlein, § 857 Rn. 8.

149 LG Aurich, Beschl. v. 24. 1. 1997 – AZ. 1 T 18/97 –; Rechtspfleger 1997, S. 268 f. (269).

150 *Stöber* in: Zöller, ZPO, 26. Aufl., § 829 Rn. 33; *Nies*, Zur Gestaltung des Milchmarktes seit dem 1. 4. 2000 und Aspekte des Milchreferenzhandels, Agrarrecht 2001, S. 4 (9); *Busse*, Zur Frage der Pfändbarkeit von Milchquoten und der Rechtsnatur der Milchquotenübertragung, AUR 2006, S. 153 ff.

151 BGH, Urt. v. 26. 4. 1991 – AZ.: V ZR 53/90 –, NJW 1991, S. 3280.

152 *Smid* in: MüKo-ZPO, § 857 Rn. 8.

dieser Auffassung eine Parallele zu Brennrechten und Arzneimittelzulassungen her und siedeln die Milchquote auch in diesem Bereich an.[153]

Ferner wurde der Pfändbarkeit der Milchquote entgegengehalten, es handele sich hierbei um ein unübertragbares Recht, so dass sich über die Verweisung des § 857 ZPO auf § 851 Abs. 1 ZPO der Rückschluss auf die Unpfändbarkeit ergebe.[154] Nach § 851 ZPO unterliegen Forderungen nur insoweit der Pfändung, als sie übertragbar seien. Da die Milchquote, zumindest während der Geltungsdauer der Milch-Garantiemengen-Verordnung, ein flächenakzessorisches Recht dargestellt habe, welches nicht selbständig übertragbar sei, stünde dieser Umstand auch nach dem Systemwechsel der Pfändbarkeit entgegen. Ferner sei die freie Handelbarkeit nach jetziger Rechtslage auch zusätzlich dadurch eingeschränkt, dass die Milchquote nicht auf jeden beliebigen Gläubiger, sondern nur an Milcherzeuger zu übertragen sei.[155] Die Tatsache, dass eine Veräußerung nur an den regionalen Verkaufsstellen und auch nur an einen aktiven Milcherzeuger veräußert werden könne, schränke die Übertragbarkeit und damit die Pfändbarkeit ein.[156]

bb) Pfändbarkeit der Milchquote nach früherer Ansicht

Andere Gerichtsentscheidungen sowie Literaturstimmen[157] gehen von der grundsätzlichen Pfändbarkeit der Milchquote aus.

So charakterisieren *Düsing* und *Schnekenburger* die Milchquote eindeutig als ein pfändbares Vermögensrecht gemäß § 857 Abs. 1 ZPO, das dem Milcherzeuger die Rechtsposition verleihe, im Rahmen der ihm zugeteilten Erzeugungs- oder Ablieferungsquote Milch abgabenfrei zu liefern. Seit Einführung des § 8 Abs. 1 S. 1 in Verbindung mit § 10 MilchAbgV[158] könne die Milchquote an den von den Ländern eingerichteten Übertragungsstellen zu einem von diesen ermittelten „Gleichgewichtspreis" übertragen werden, womit sie frei handelbar sei und ihr ein Marktwert innewohne.[159] Darüber hinaus erfolge die Veräußerung von Milchquote entgeltlich, weshalb nichts dagegen spreche, die Milchquote als Vermögensrecht im Sinne des § 857 Abs. 1 ZPO einzustufen.

---

153 Vgl. *Busse*, (vgl. Fn. 150), S. 153 ff.

154 So LG Aurich, Rechtspfleger 1997, S. 268 (269).

155 So LG Aurich, Rechtspfleger 1997, S. 268 (269).

156 Vgl. *Busse*, (vgl. Fn. 150), S. 160.

157 OLG Celle, OLGR 2005, S. 476, (477); *Schnekenburger*, Zur Pfändbarkeit und zur Insolvenzzugehörigkeit der Milchreferenzmenge, AUR 2003, S. 133 f.; *Düsing/Kauch*, Die Zusatzabgabe im Milchsektor, S. 156.

158 Entspricht § 8 der derzeit geltenden MilchQuotV.

159 *Düsing/Kauch*, (vgl. Fn. 157), S. 104, *Schnekenburger*, (vgl. Fn 157), S. 134.

Schnekenburger ergänzt die Argumentation von *Düsing* noch, indem er einen Blick auf die bilanzielle Situation der Milchquote wirft. So handele es sich bei der Milchquote unstreitig um ein immaterielles Wirtschaftsgut gemäß § 140 Bewertungsgesetz, was bei der Einordnung als bloße Befugnis nicht möglich wäre, da eine bloße Befugnis nicht geeignet wäre, zu der Bewertung eines landwirtschaftlichen Betriebes beizutragen.[160]

Dass die Innehabung der Milchquote eine Rechtsposition darstelle, wird für *Schnekenburger* darüber hinaus dadurch deutlich, dass sowohl Feststellung als auch Übertragung durch staatliche Hoheitsakte in Form von Verwaltungsakten im Sinne des § 38 Abs. 1 S. 2 Verwaltungsverfahrensgesetz erfolge.

In der Folge handele es sich also um einen Vermögenswert, der von dem Gläubiger nach Maßgabe des § 857 Abs. 5 ZPO realisiert werden könne.

Dem Argument der Unpfändbarkeit aufgrund der beschränkten Übertragbarkeit begegnen *Düsing* und *Schnekenburger*, indem sie einen generellen Grundsatz, wonach beschränkt übertragbare Rechte grundsätzlich nicht der Pfändung unterliegen, verneinen. Nach der Meinung von *Düsing* soll durch § 851 Abs. 1 ZPO nur die Pfändung grundsätzlich nicht übertragbarer Rechte ausgeschlossen werden, nicht jedoch die Pfändung solcher Rechte, die zumindest unter gewissen Einschränkungen übertragen werden können.[161]

Auch die Einschränkung, dass der Erwerber die Milcherzeugereigenschaft nachweisen müsse, ändere nach *Schnekenburger* nichts an der Möglichkeit der Pfändung der Milchquote.

Danach sei es für die Zulässigkeit der Pfändung nicht erforderlich, dass der zu pfändende Vermögensgegenstand unmittelbar an den Pfandgläubiger übertragen werden kann, da die der Pfändung unterliegenden Rechte nicht dazu geeignet sein müssen, unmittelbar durch Pfändung und Verwertung zur Befriedigung des Gläubigers zu führen. Aufgrund der Pfändung sei der Schuldner nicht mehr befugt, die Milchquote an der Verkaufsstelle zum Verkauf anzubieten. Auf Antrag des Gläubigers könne das Vollstreckungsgericht dann gemäß § 857 Abs. 5 ZPO den Verkauf an der Verkaufsstelle anordnen. Der Verkaufserlös sei an den Gläubiger abzuführen.[162]

---

160 *Schnekenburger*, (vgl. Fn. 157), S. 134.
161 *Düsing/Kauch*, (vgl. Fn. 157), S. 105.
162 *Schnekenburger*, (vgl. Fn. 157), S. 136.

cc) Beschluss des BGH vom 20. 12. 2006

Mit Beschluss vom 20. 12. 2006 hat der Bundesgerichtshof[163] diesen Streitstand entschieden.

Überwiegend folgt er in seiner Argumentation den Literaturstimmen, die eine Pfändbarkeit der Milchquote bejaht haben. So geht auch der Bundesgerichtshof bei der Milchquote von einem vermögenswerten Recht aus, welches grundsätzlich der Pfändung unterliege und bejaht damit die Möglichkeit, die Milchquote im Rahmen des § 857 Abs. 5 ZPO verwerten zu können.

Die Möglichkeit der Pfändung trotz der eingeschränkten Übertragbarkeit nach Maßgabe der Vorschriften der Milchquoten-Verordnung bejaht der Bundesgerichthof aufgrund einer Auslegung des beschränkenden Gesetzes. Im Ergebnis liege demnach der Grund für die eingeschränkte Übertragbarkeit darin, dass die Milchquote immer nur Milcherzeugern zustehen, sie also an einen milcherzeugenden Betrieb gebunden sein solle. Dieses gesetzgeberische Ziel werde auch durch die Pfändung der Milchquote nicht beeinträchtigt, da die Verwertung des Pfandes erfolge, indem das Vollstreckungsgericht nach § 857 Abs. 5 ZPO den Verkauf an der Verkaufsstelle anordne. Damit ist garantiert, dass die Milchquote grundsätzlich nur Milcherzeugern zum Kauf angeboten werde.

Auch der öffentlich-rechtliche Charakter der Milchquote stehe der Pfändbarkeit nicht entgegen, da ein allgemeiner Grundsatz, aus dem sich die Unpfändbarkeit öffentlich-rechtlicher Vermögenswerte ergeben könne, nicht existiert.[164]

dd) Schlussfolgerungen aus der Entscheidung des BGH

Der Bundesgerichtshof hat zutreffend entschieden, dass die Milchquote einen Vermögenswert darstellt, der im Wege der Einzelzwangsvollstreckung zur Befriedigung des Gläubigers verwertet werden kann. Es kann nicht übersehen werden, dass an den Verkaufsstellen ein reger Handel mit Milchquoten betrieben wird, der aber immer nur dazu führen kann, dass Milchquoten von Milcherzeugern an Milcherzeuger übertragen werden. Damit ist die Milchquote vielleicht nur eingeschränkt übertragbar, was den Kreis der potentiellen Abnehmer anbelangt. Es handelt sich aber gerade nicht um eine „Milchbörse", an der spekulative Geschäfte unternommen werden können. Dennoch ist die Milchquote im Rahmen der gesetzlichen Möglichkeiten uneingeschränkt zwischen aktiven Milcherzeugern handelbar. Durch den Wandel von der flächenakzessorischen Milchquote zur

---

163 BGH, Beschl. v. 20. 12. 2006 – AZ.: VII ZB 92/05 –, WM 2007, S. 2156.
164 *Brehme* in: Stein/Jonas, ZPO, Band 8, §§ 828–954, § 857 Rn. 8; *Schnekenburger*, (vgl. Fn. 157), S. 133 (135).

flächenungebundenen und handelbaren Milchquote wurde das Ziel verfolgt, die Wettbewerbsfähigkeit der Milchbetriebe zu stärken und den Strukturwandel durch Ausstieg zu fördern.[165] Ergebnis sollte eine Umstrukturierung hin zu größeren Betrieben sein, was dazu führte, dass der Milchbörsenhandel zunächst durch eine große Nachfrage geprägt war. Es erscheint daher notwendig, die Milchquote als einen Vermögenswert anzusehen, der im Rahmen der hierfür gesetzlich vorgesehenen Regelungen übertragbar und damit auch pfändbar ist.

b) Insolvenzzugehörigkeit der Milchquote

Nach der gerade genannten Entscheidung des Bundesgerichtshofes, wonach die Pfändbarkeit der Milchquote höchstrichterlich angenommen wurde, erschien die Rechtslage aufgrund des Wortlauts des § 26 MilchQuotV immer noch nicht eindeutig. Insbesondere wurde durch den Verordnungsgeber der Versuch unternommen, trotz Annahme der Pfändbarkeit der Milchquote einen Ausnahmetatbestand für die grundsätzlich der Pfändbarkeit folgende uneingeschränkte Insolvenzmassezugehörigkeit zu konstruieren.

aa) § 26 MilchQuotV in der bis zum 31. 3. 2011 geltenden Fassung

Die Aussage des Bundesgerichtshofes in seinem Beschluss vom 20. 12. 2006 und die konsequenten Schlussfolgerungen für die Behandlung der Milchquote in der Insolvenz des Milcherzeugers wurden bei Einführung der §§ 8, 26 MilchQuotV zum 1. 4. 2006 noch nicht berücksichtigt, da der Beschluss erst zeitlich später erging. Gemäß § 8 MilchQuotV richten sich die Übertragungsmöglichkeiten der Milchquote ausschließlich nach den Bestimmungen der Milchquotenverordnung. Diese Bestimmungen sehen eine Übertragung im Wege der Zwangsvollstreckung gerade nicht vor, so dass ein Rückgriff auf die zivilrechtlichen Vollstreckungsvorschriften auch nicht möglich sein sollte. Grundsätzlich schied daher nach allgemeinen Grundsätzen auch die Zugehörigkeit der Milchquote zur Insolvenzmasse aus, es sei denn ein Ausnahmetatbestand des § 26 liegt vor.[166]

Aus § 26 MilchQuotV a. F. ergab sich nunmehr die Besonderheit, dass im Rahmen eines Insolvenzverfahrens über das Vermögen des Inhabers einer Quote diese durch den Insolvenzverwalter oder das für das Insolvenzverfahren zuständige Gericht nach Maßgabe der in der Milchquotenverordnung vorgesehenen Möglichkeiten übertragen werden konnte, soweit der Inhaber der Quote entweder

---

165 BR-Drucks. 577/99, S. 24.
166 Verordnungsbegründung zur MilchQuotV, BR-Drucks. 935/06, S. 48.

über keinen Milcherzeugungsbetrieb verfügt oder dieser im Rahmen des Insolvenzverfahrens aufgelöst oder zusammen mit der Quote gemäß § 22 Abs. 1 MilchQuotV übertragen werden sollte.

Bei genauer Betrachtung dieser Vorschrift fällt allerdings auf, dass die Milchquote in allen denkbaren Konstellationen bei der Durchführung eines Insolvenzverfahrens der Liquidation unterliegt. Lediglich im Falle der Fortführung durch den Insolvenzverwalter oder bei Anordnung der Eigenverwaltung zu demselben Zwecke stellt die Insolvenzmasse keinen Massegegenstand dar. Es kann aber davon ausgegangen werden, dass in diesen Fällen der Insolvenzverwalter bzw. der Sachwalter an einer Verwertung der Milchquote nicht interessiert sein wird, da er oder der Schuldner die Milchquote benötigt, um weiterhin abgabenfrei Milch liefern zu können.

Grundsätzlich ergab sich daher das Ergebnis, dass die Milchquote trotz Unpfändbarkeit im Rahmen des Einzelzwangsvollstreckungsverfahrens in den Fällen des § 26 MilchQuotV im Insolvenzverfahren verwertbar sein sollte.

bb) Das Urteil des VG Freiburg

Dass dennoch Konstellationen auftreten können, bei denen der § 26 a. F. MilchQuotV zu Anwendungsproblemen führen sollte, zeigt eine dazu ergangene Entscheidung.

Das Verwaltungsgericht Freiburg hatte zu der bis zum 31. 3. 2011 geltenden Rechtslage der Milchquotenverordnung einen Sachverhalt zu entscheiden, bei dem es um die Frage der Veräußerung der Milchquote im Übertragungsstellenverfahren durch den Insolvenzverwalter nach Beschluss der Gläubigerversammlung, den landwirtschaftlichen Betrieb einzustellen, ging.[167] Der zu beurteilende Sachverhalt wies allerdings einige Besonderheiten auf. Trotz der Einstellungsentscheidung durch die Gläubigerversammlung war es dem Schuldner mit Hilfe Dritter, die ihm Ländereien und Tiere zur Verfügung stellten, sowie mit aus der Insolvenzmasse freigegebenen Massegegenständen möglich, einen Milcherzeugungsbetrieb fortzuführen. Das für das Übertragungsstellenverfahren zuständige Regierungspräsidium wies das Milchquotengebot des Insolvenzverwalters mit der Begründung zurück, dass der Schuldner nach wie vor über einen Milcherzeugungsbetrieb verfüge. Der § 26 MilchQuotV sei nicht so zu verstehen, dass es sich um ein bestimmtes Unternehmen handeln müsse, sondern vielmehr ginge es um die Tätigkeit der Milcherzeugung generell.

---

[167] VG Freiburg, Urt. v. 12. 10. 2010 – AZ.: 3 K 1198/09 –, ZInsO 2011, S. 141–147.

Das Verwaltungsgericht vertrat zudem die Auffassung, dass § 26 MilchQuotV a. F. nicht von der Ermächtigungsgrundlage gedeckt sei und daher die Milchquote uneingeschränkt unter den Insolvenzbeschlag falle. Gesetzliche Grundlage im Sinne des Art. 80 Abs. 1 GG ist § 8 Abs. 1 Marktorganisationsgesetz (MOG).[168] Danach wird das Bundeslandwirtschaftsministerium für Ernährung, Landwirtschaft und Verbraucherschutz zum Erlass von Vorschriften über das Verfahren bezüglich Mengen und Zuordnung von Mengen ermächtigt, und zwar hinsichtlich Garantiemengen, Referenzmengen, Referenzbeträgen, Quoten, Obergrenzen, Zahlungsansprüchen und sonstigen Mindest- oder Höchstmengen oder -beträgen. Nach § 8 Abs. 1 S. 2 Nr. 3 a MOG kann insbesondere die Übertragung von Mengen geregelt werden, wobei persönliche, örtliche und zeitliche Übertragungsbeschränkungen vorgesehen werden können.

Die Anordnung der Unpfändbarkeit in der Milchquotenverordnung stelle jedoch keine persönliche Übertragungsbeschränkung dar, was sich bereits aus dem Regelungszweck des § 8 Abs. 1 MOG ergebe, wonach Anordnungen in der Rechtsverordnung zur Durchführung von Regelungen im Sinne des § 1 Abs. 2 MOG erforderlich seien. Die Verordnung diene nicht dem Schuldnerschutz, sondern der Schaffung einer gemeinsamen Agrarpolitik und einer gemeinsamen Organisation der Agrarmärkte. Ferner solle das Ungleichgewicht zwischen Angebot und Nachfrage auf dem entsprechenden Markt und die daraus resultierenden strukturellen Überschüsse verringert und damit ein besseres Marktgleichgewicht erreicht werden.

Allerdings hat der Bundesgerichtshof festgestellt (dazu oben bb), dass die Pfändbarkeit der Milchquote nicht den marktorganisatorischen Zielsetzungen widerspreche, da es unerheblich sei, ob der Insolvenzverwalter oder der Schuldner selbst die Quote im Rahmen des Übertragungsstellenverfahrens veräußere.

Im Ergebnis gelangt das Verwaltungsgericht zu der Auffassung, dass originär zwangsvollstreckungsrechtliche und insolvenzrechtliche Regelungen ohne marktordnungsrechtliche Relevanz von Inhalt, Zweck und Ausmaß der gesetzlichen Ermächtigungsgrundlage nicht gedeckt und damit unwirksam seien. Das bedeutet, dass die Milchquote uneingeschränkt der Pfändung unterliege und damit auch im Falle der Insolvenz ohne Einschränkung massezugehörig sei.

---

168 Gesetz zur Durchführung der gemeinsamen Marktorganisation (Marktorganisationsgesetz – MOG) vom 24. 6. 2005 (BGBl. I S. 1874), zuletzt geändert durch Art. 2 Abs. 95 des Gesetzes vom 22. 12. 2011 (BGBl. I S. 3044).

cc) § 26 MilchQuotV in der ab dem 1. 4. 2011 geltenden Fassung

Durch die Dritte Verordnung zur Änderung der Milchquotenverordnung vom 8. 3. 2011[169] hat der Verordnungsgeber den Wortlaut insoweit geändert, als dass die zwangsweise Übertragung einer Quote zur wirtschaftlichen Verwertung, insbesondere im Rahmen einer Zwangsvollstreckung oder eines Insolvenzverfahrens, nach Maßgabe der in dieser Verordnung vorgesehenen Übertragungsarten möglich ist, soweit der Inhaber der Quote diese nicht mehr zur Milcherzeugung benötigt. Die Quote wird insbesondere nicht mehr zur Milcherzeugung benötigt, wenn ihr Inhaber über keinen Milcherzeugungsbetrieb verfügt oder sein Milcherzeugungsbetrieb im Rahmen der wirtschaftlichen Verwertung aufgelöst oder zusammen mit der Quote nach § 22 Absatz 1 Satz 1 übertragen wird.

Damit wird die Regelung des § 26 MilchQuotV auf sämtliche Fälle einer zwangsweisen Übertragung erweitert, so dass die Milchquote nunmehr auch der Verwertung im Einzelzwangsvollstreckungsverfahren unterliegt. Allerdings soll eine Verwertung der Milchquote nur unter der Voraussetzung möglich sein, dass der Milcherzeuger die Milcherzeugung eingestellt hat. Hintergrund ist das Ziel des Verordnungsgebers die Milcherzeugung an die gleichzeitige Inhaberschaft einer Milchquote zu binden.[170] Die in § 26 MilchQuotV aufgeführten Fällen sind nunmehr als Regelbeispiele ausgestaltet, so dass vergleichbare Fälle auch erfasst werden können.[171]

c) Stellungnahme zur neuen Gesetzeslage

Der Verordnungsgeber ist nunmehr der Rechtsprechung gefolgt und hat die Milchquote für die Fälle, in denen die Milcherzeugung eingestellt wurde oder die Gläubigerversammlung eine Einstellung des Milchviehbetriebes beschließt, für pfändbar und massezugehörig erklärt. Soweit die Pfändbarkeit verneint wird, weil der Milchviehbetrieb fortgeführt wird, ist diese Einschränkung vom Sinn und Zweck der Ermächtigungsgrundlage gedeckt und erforderlich im Sinne des § 8 Abs. 1 S. 2 MOG, da die Milchproduktion ohne entsprechende Quote den marktordnungsrechtlichen Vorgaben widersprechen würde. Für den Fall der Insolvenz wirkt sich die Einschränkung in den überwiegenden Fällen nicht aus. Sollten der Insolvenzverwalter und die Gläubigerversammlung den Betrieb fortführen oder eine Sanierung durchführen wollen, würden sie die Milchquote benötigen, um produzieren zu können. Gleiches gilt für den Fall der Eigenverwaltung.

---

169 BGBl. I, S. 379 (Nr. 10).
170 Verordnungsbegründung zur Dritten Verordnung zur Änderung der MilchQuotV, BR-Drucks. 712/10, S. 20.
171 Vgl. Fn. 170.

Im Ergebnis ist der Streit um die Pfändbarkeit und die Massezugehörigkeit der Milchquote mit der letzten Gesetzesänderung zugunsten der Gläubiger entschieden.

d) Fortführung der selbständigen landwirtschaftlichen Tätigkeit und Freigabe des Milcherzeugungsbetriebes

Im Rahmen des dem Verwaltungsgericht Freiburg vorliegenden Sachverhaltes war darüber hinaus noch über die Auswirkungen der Fortführung der Milcherzeugung mit massefremden Mittel sowie der Freigabe der selbständigen Tätigkeit im Sinne des § 35 Abs. 2 InsO im Hinblick auf die Anwendbarkeit des § 26 MilchQuotV zu entscheiden.

Der Schuldner befand sich in dieser Konstellation in der seltenen Situation, dass ihm Verpächter die Pachtflächen trotz Insolvenz weiterhin für die Bewirtschaftung zur Verfügung stellten. Auch über weitere gepachtete Produktionsmittel konnte der Schuldner verfügen. Letztlich war es ihm mit Hilfe dieser Betriebsmittel möglich, einen Milchviehbetrieb weiter zu betreiben.

Der Schuldner vertrat daher die Auffassung, dass der Insolvenzverwalter zur Verwertung der Milchquote nicht berechtigt gewesen sei, da eine Aufgabe der Milchwirtschaft zu keinem Zeitpunkt stattgefunden habe. Die Entscheidung der Gläubigerversammlung, den Betrieb einzustellen, sei insoweit nicht entscheidend, als dass der Betriebsbegriff aus dem Marktorganisationsgesetz und den entsprechenden Verordnungen abzuleiten sei und es danach ausreichend wäre, wenn grundsätzlich noch irgendwie Milch erzeugt würde. Das Verwaltungsgericht folgt dieser Auffassung nicht. Denn die Verwertbarkeit der Milchquote könne nicht von derartigen Zufälligkeiten abhängig gemacht werden, dass dem Schuldner Produktionsmittel von Dritter Seite zur Verfügung gestellt werden. Ausreichend sei insoweit der Einstellungsbeschluss der Gläubigerversammlung über den insolvenzbefangenen Betrieb.

Gleiches solle auch für den Fall der insolvenzrechtlichen Freigabe gelten. Insoweit stellt das Verwaltungsgericht auf den Sinn und Zweck der Freigabe ab, der darin bestehe, insolvenzrechtliche Probleme zu vermeiden, die daraus resultieren können, dass ohne Freigabe der Neuerwerb in die Masse fallen würde, während die Neugläubiger aus der Insolvenzmasse keine Befriedigung erlangen können. Es sei zwar richtig, wenn der Schuldner vortrage, dass jeder milcherzeugende Betrieb über eine Milchquote verfügen müsse; allerdings bestehe kein Grund für eine Privilegierung des landwirtschaftlichen Betriebsinhabers. Ebenso wie sich ein Insolvenzschuldner auch sonst um neue Produktionsmittel bemühen müsse, wenn er durch die Neueröffnung eines Betriebes seine bisherige Tätigkeit weiterführen möchte, müsse auch der Landwirt eine neue Milchquote erwerben.[172] Maßgeblich sei somit der Beschluss der Gläubigerversammlung, den schuldnerischen landwirtschaftlichen Betrieb einzustellen. Eine andere Möglichkeit der Betriebsauflösung gebe es für den Insolvenzverwalter nicht.

e) Pfändbarkeit der Milchquote bei „Altpachtverträgen"

Gemäß § 48 Abs. 1 MilchQuotV, der den § 7 MGV für Pachtverträge, die vor dem 1. 4. 2000 abgeschlossen worden sind, weiterhin für anwendbar erklärt, ist die Milchquote in diesen Fällen immer noch flächengebunden und bei Beendigung des Pachtverhältnisses an den Verpächter zu übertragen. Da Landpachtverträge häufig über lange Zeiträume vereinbart werden, existieren noch viele flächenakzessorische Milchquoten, die unabhängig von diesem Meinungsstreit mangels ihrer freien Übertragbarkeit nicht der Pfändung unterliegen und damit auch keine Insolvenzmasse in der Insolvenz des Pächters darstellen. Im Falle der flächengebundenen Milchquote vollzieht sich der Übergang der Milchquote kraft Gesetzes.

f) Zwischenergebnis

In der nunmehr geltenden Milchquotenverordnung findet sich in § 26 eine der Rechtsprechung des Bundesgerichtshofes entsprechende Regelung, wonach im Rahmen eines Insolvenzverfahrens und im Rahmen des Einzelzwangsvollstreckungsverfahrens die Milchquote zugunsten der Gläubiger verwertet werden kann. Die Vorschrift führt dazu, dass im Falle der Insolvenz der Verwalter zunächst die Quote im Rahmen der Fortführung weiternutzen kann, sie aber auch zugunsten der Insolvenzmasse mit Beschluss der Gläubigerversammlung verwerten darf.

V. Die Pfändbarkeit der Direktzahlungen in Form von Zahlungsansprüchen

1. Hintergrund und rechtliche Grundlagen

In der EU-Agrarpolitik (GAP) sind die staatlichen Beihilfen in der Landwirtschaft nicht mehr wegzudenken. Die Direktzahlungen an die landwirtschaftlichen Er-

---

172 VG Freiburg, (vgl. Fn. 167).

zeuger stehen dabei im Mittelpunkt, da sie aufgrund ihrer einkommensstützenden Wirkung für den einzelnen landwirtschaftlichen Betrieb eine hohe Bedeutung haben. Bis 2004 wurden die Direktzahlungen produktionsgebunden in Form von Tier- und/oder Flächenprämien gewährt.

a) Entkoppelung der Direktzahlungen von der Produktion

Mit der Verordnung (EG) Nr. 1782/2003 vom 29. 9. 2003, welche mit Wirkung zum 1. 1. 2009 von der Verordnung (EG) Nr. 73/2009 abgelöst wurde, wurde die Entkopplung der Direktzahlungen von der Produktion vorgenommen.[173] Damit entfiel erstmals der Zusammenhang zwischen finanziellen Zuwendungen und Erzeugung. Der Systemwechsel wurde vollzogen, um dafür Sorge zu tragen, dass die Produktion in einem stärkeren Maße an den Gewinnmöglichkeiten des Marktes und weniger an den Vorgaben eines gekoppelten Prämiensystems ausgerichtet wird.[174] Die Umsetzung der Betriebsprämienregelung in nationales Recht erfolgte durch das Betriebsprämiendurchführungsgesetz vom 9. 7. 2004, aktuell in der Neufassung vom 30. 6. 2006.[175] Dieses Gesetz wurde um drei Durchführungsverordnungen ergänzt.[176]

Die Direktzahlungen wurden in einer sog. „einheitlichen Betriebsprämie" zusammengefasst. Die Bemessungsgrundlage für die einmalige Zuteilung der dem Betriebsinhaber zustehenden Zahlungsansprüche erfolgte auf Grundlage einer einmaligen Antragstellung zum Stichtag 17. 5. 2005. Seit dieser Zuteilung bleiben die Zahlungsansprüche dauerhaft bestehen und stellen ein handelbares Recht dar, da sie verkauft oder verpachtet werden können.[177]

Um in den Genuss der Betriebsprämie zu kommen, muss der Betriebsinhaber in dem jeweiligen Kalenderjahr über einen Zahlungsanspruch verfügen und die

---

173 Verordnung (EG) Nr. 1782/2003 vom 29. 9. 2003 zur gemeinsamen Regeln für Direktzahlungen im Rahmen der Gemeinsamen Agrarpolitik und mit bestimmten Stützungsregelungen für Inhaber landwirtschaftlicher Betriebe (ABl. L 270); Verordnung (EG) Nr. 73/2009 v. 19. 1. 2009 mit gemeinsamen Direktzahlungen im Rahmen d. gemeinsamen Agrarpolitik und mit bestimmten Stützungsregelungen für Inhaber landwirtschaftlicher Betriebe und zur Änderung der Verordnungen (EG) Nr. 1290/2005, (EG) Nr. 247/2006, (EG) Nr. 378/2007 sowie zur Aufhebung der Verordnung 1782/2003 (ABl. L 30/16).

174 Vgl. hierzu Erwägungsgrund Nr. 28 Verordnung (EG) Nr. 1782/2003.

175 BGBl. I 2006 Teil 1 Nr. 27.

176 Betriebsprämiendurchführungsverordnung (BetrDurchV) vom 4. 12. 2004, in der Neufassung vom 26. 10. 2006 (BGBl I, Nr. 49, S. 2376); InVeKoS Verordnung (InVeKoSV) vom 3. 12. 2004 (BGBl I, S. 3194); Direktzahlungsverpflichtungsverordnung (DirektZahlVerpflV) vom 4. 11. 2004 (BGBl I, S. 2778).

177 V. *Eickstedt*, vom Landwirt zum Landschaftspfleger, S. 58.

Voraussetzungen für die Geltendmachung dieses Zahlungsanspruches erfüllen können, was man als „Aktivierung des Zahlungsanspruches" bezeichnet.[178]

Zunächst muss der Antragsteller dem Kreis beihilfeberechtigter Betriebsinhaber angehören. Betriebsinhaber ist gemäß Art 2 a) VO (EG) 73/09 eine natürliche oder juristische Person oder eine Vereinigung natürlicher oder juristischer Personen, unabhängig davon, welchen rechtlichen Status die Vereinigung und ihre Mitglieder aufgrund nationalen Rechts haben, die eine landwirtschaftliche Tätigkeit ausüben. Als landwirtschaftliche Tätigkeit wird gemäß Art. 2c) VO (EG) 73/09 die Erzeugung, die Zucht und der Anbau landwirtschaftlicher Erzeugnisse, einschließlich Ernten, Melken, Zucht und Haltung von Tieren für landwirtschaftliche Zwecke angesehen. Ausreichend ist allerdings die Erhaltung des ökologischen Zustands. Die Mindestbetriebsgröße beträgt 0,3 Hektar.

Um den Zahlungsanspruch geltend zu machen, muss der Betriebsinhaber ferner gemäß Art. 34 Abs. 1 Verordnung (EG) Nr. 73/2009 für jeden Zahlungsanspruch einen Hektar landwirtschaftliche Fläche nachweisen. Die Aktivierung der Zahlungsansprüche erfolgt durch ihre Anmeldung in Verbindung mit dem Nachweis einer entsprechenden Anzahl beihilfefähiger Flächen in einem jährlich zu stellenden Sammelantrag.[179] Auf Grundlage dieses Sammelantrages erfolgt die Auszahlung der Betriebsprämie.

b) Einhaltung anderweitiger Verpflichtungen

Weitere Voraussetzung für den vollständigen Erhalt der Direktzahlungen ist die Einhaltung von zahlreichen Bewirtschaftungsauflagen. Trug die Beachtung bestimmter Bewirtschaftungsauflagen in der Verordnung (EG) Nr. 1782/2003 noch die Überschrift „Die Einhaltung anderweitiger Verpflichtungen", findet sich heute im allgemeinen Sprachgebrauch überwiegend der Begriff „Cross-Compliance", was nunmehr auch in Art. 22 der Verordnung (EG) Nr. 73/09 zum Ausdruck kommt. Danach findet eine über das Prämienrecht sanktionierte Bindung der Direktzahlungen an die Einhaltung von europäischen Rechtsvorschriften statt, die Grundanforderungen an die Landwirtschaft in den Bereichen Umwelt, Lebensmittelsicherheit, Tiergesundheit und Tierschutz definieren sowie auf die Erhaltung von landwirtschaftlichen Flächen in gutem landwirtschaftlichen und ökologischen Zustand gerichtet sind. Sollten die Anforderungen, die sich aus den Verordnungen und Richtlinien ergeben, durch den Betriebsinhaber nicht einge-

---

178 Bundesministerium für Ernährung, Landwirtschaft und Verbraucherschutz (BMELV), Die EU-Agrarreform-Umsetzung in Deutschland, S. 77, www.bmelv.de, Stand 1. 7. 2012.
179 BMELV, Die EU-Agrarreform-Umsetzung in Deutschland, Ausgabe 2006, 3.3, www.bmelv.de, Stand 1. 7. 2012.

halten werden, sind gestaffelte Kürzungen, gemessen an der Schwere und der Anzahl der Verstöße, vorzunehmen.[180]

Für die effiziente Kontrolle der Agrarausgaben sowie für die Einhaltung der anderweitigen Verpflichtungen wurde ein integriertes Verwaltungs- und Kontrollsystem (InVeKoS) und die elektronische InVeKoS-Datenbank eingeführt, durch die über eine zentrale Sammlung von Angaben eine effektive und automatisierte Subventionskontrolle gewährleistet werden soll. Ferner wurde ein System eingeführt, durch das ein lückenloser Nachweis der Zahlungsansprüche in Bezug auf Informationen über den Betriebsinhaber und den Inhalt seines Anspruchs möglich ist. Die Identifizierung findet durch Katasterpläne, geographische Informationstechniken sowie mit Hilfe von Luft- und Satellitenbildern statt. Auch Fernerkundung und „Vor-Ort-Kontrollen" werden im Hinblick auf die anzuwendenden Methoden und Techniken geregelt.[181]

c) Modulation der Zahlungsansprüche

Aufgrund der Modulation ab 2009 werden die Direktzahlungen der Mitgliedstaaten um einen festen Prozentsatz bis zum Jahre 2013 jährlich gekürzt. Dieser betrug im Jahr 2005 3 %, 2006 4 % und ab 2007 jährlich 5 %.[182]

2. Pfändbarkeit und Massezugehörigkeit der Zahlungsansprüche

In der Vergangenheit war die Rechtsfrage, ob die den Landwirten zugewiesenen Zahlungsansprüche im Wege der Zwangsvollstreckung gepfändet werden können, umstritten. Die Argumente, die im Rahmen dieser rechtlichen Auseinandersetzung vorgebracht wurde, entsprechen im Wesentlichen denen, die auch bei der Frage der Pfändbarkeit der Milchquote eine Rolle spielten. Denn der Zahlungsanspruch stellt zwar unstreitig einen Vermögenswert dar, ist aber nur eingeschränkt, nämlich ausschließlich an Betriebsinhaber im Sinne des Art. 2a VO (EG) 73/09, übertragbar.

Mit Beschluss vom 23. 10. 2008 hat der Bundesgerichtshof über diese Streitfrage eine Entscheidung herbeigeführt.[183] Die einem Landwirt zugeordneten Betriebsprämien nach der Verordnung (EG) Nr. 1782/2003 seien demnach nach Maß-

---

180 Vgl. hierzu ausführlich: *Von Eickstedt*, Vom Landwirt zur Landschaftspfleger, S. 61 ff.
181 Das integrierte Kontrollsystem wurde in Deutschland durch das InVeKoS-Daten-Gesetz vom 21. 7. 2004, BGBl. I S. 17/69 sowie in der InVeKoS-Verordnung umgesetzt.
182 Art. 7 Abs. 1 VO (EG) Nr. 73/2009.
183 BGH Beschl. v. 23. 10. 2008 – AZ. VII ZB 92/07 –, AUR 2009, S. 28.

gabe des § 857 ZPO pfändbar. Die Zahlungsansprüche stellen eine Berechtigung dar, unter bestimmten Voraussetzungen die Forderung auf Betriebsprämie geltend machen zu können. Aus den Regelungen der Nachfolgeverordnung (EG) 73/ 2009 ergebe sich, dass die Betriebsprämien unter bestimmten Voraussetzungen übertragbar seien und auch ohne beihilfefähige Flächen veräußert werden können. Der Handel mit Betriebsprämien sei somit konzeptionell vorgesehen und findet auch tatsächlich statt.

So stellen die Betriebsprämien einen Vermögenswert dar, der sich dergestalt für den Gläubiger realisieren lasse, dass er die Zahlungsansprüche pfänden und sie sich zur Einziehung überweisen lassen könne, soweit er denn als Betriebsinhaber die Zahlungsansprüche aktivieren kann, indem er über entsprechende Fläche verfügt. Sollte der Gläubiger selbst über keine beihilfefähige Fläche verfügen, könne die Verwertung auch auf Antrag des Gläubigers durch die gerichtliche Anordnung des Verkaufs gemäß § 857 Abs. 5 ZPO erfolgen. Der Erlös aus dem Verkauf wird sodann an den Gläubiger ausgekehrt.

In den Entscheidungsgründen wird sich mit der Frage der eingeschränkten Übertragbarkeit der Zahlungsansprüche auseinandergesetzt. Für den Zahlungsanspruch gelte danach ein Übertragungsverbot zwar insoweit, als er nur an andere Betriebsinhaber übertragbar sei, allerdings ziehe die beschränkte Übertragbarkeit nach Ansicht des Bundesgerichtshofes nicht zwingend ein Pfändungsverbot nach sich. Denn für die Anwendung des § 851 Abs. 1 ZPO sei es nicht ausreichend, dass eine Forderung ihrem Inhalt und ihrer Zweckbestimmung nach übertragbar sei und lediglich bestimmten Gläubigern die Abtretung verboten sei. In diesen Fällen sei vielmehr die Auslegung des einschränkenden Gesetzes notwendig. Insoweit wird auf die Entscheidung zur Pfändbarkeit der Milchquote verwiesen, in der der Senat die Pfändung der Milchquote nicht nach § 851 Abs. 1 ZPO ausgeschlossen hat.[184] Auch diese Argumentation entspricht der Entscheidung aus dem Beschluss vom 20. 12. 2006. Die Beschränkung der Übertragbarkeit auf Betriebsinhaber verhindert demnach, dass Personen Zahlungsansprüche erwerben, die diese der vorgesehenen Nutzung nicht zuführen können. Entsprechend dem Sinn der Übertragungsbeschränkung der Milchquote solle damit verhindert werden, dass auch Zahlungsansprüche nur unter Ausnutzung des Marktwertes dazu erworben werden, um rein finanzielle Vorteile aus ihnen zu ziehen. Ferner sollen spekulative Übertragungen verhindert werden. Der Bundesgerichtshof gelangt zu dem Ergebnis, dass genau dieser Zweck des einschränkenden Gesetzes durch die Annahme der Pfändbarkeit nicht gefährdet werde. Ein Pfandrecht des Gläubigers führe nicht dazu, dass die Zahlungsansprüche ihrer

---

184 Vgl. hierzu ausführlich D) IV. 4. a) cc).

Nutzung entzogen werden, denn für den Fall, dass der Gläubiger selbst Betriebsinhaber sei, könne er diese unproblematisch aktivieren. Sollte der Gläubiger kein Betriebsinhaber sein, könne auf seinen Antrag hin das Vollstreckungsgericht die Veräußerung an andere Betriebsinhaber anordnen, wodurch die Zahlungsansprüche ihrem Verwendungszweck entsprechend aktiviert werden können.

Da die Zahlungsansprüche im Rahmen der Einzelzwangsvollstreckung zur Gläubigerbefriedigung verwertet werden können, unterliegen sie auch unstreitig dem Insolvenzbeschlag und damit der Verwertungsbefugnis des Insolvenzverwalters.

VI. Ergebnis und Zusammenfassung zu D.

In der landwirtschaftlichen Insolvenz wird der Insolvenzverwalter mit sehr spezifischen Vermögenswerten konfrontiert. Der Pfändungsschutz des § 811 Abs. 1 Nr. 4 ZPO ist in der Insolvenz nicht anwendbar, so dass im Rahmen des Einzelzwangsvollstreckungsverfahren unpfändbare Gegenstände dennoch zur Insolvenzmasse gehören. Hintergrund ist der Umstand, dass ohne einen solchen Ausnahmetatbestand die Abwicklung eines landwirtschaftlichen Unternehmens gar nicht möglich wäre.

Weitere besondere Vermögensrechte wie die Milchquote und die Betriebsprämie können im Insolvenzfall Probleme bereiten. So ist die Milchquote nur dann massezugehörig, wenn der Milchviehbetrieb aufgegeben wird. Für den Fall der Fortführung oder der übertragenden Sanierung ist die Verwertung der Milchquote im Insolvenzverfahren ausgeschlossen, da sich insoweit aus § 26 Milch-QuotV eine Einschränkung ergibt, wonach eine Verwertung der Milchquote nicht erfolgen darf, wenn der Milchviehbetrieb nicht aufgegeben wird. Es dürfte sich allerdings nur um eine theoretische Einschränkung handeln, da für den Fall der Fortführung die Milchquote benötigt wird, um eine abgabenfreie Milchproduktion zu ermöglichen und im Falle einer übertragenden Sanierung der Wert der Milchquote in die Preisfindung einfließen wird. Die Betriebsprämie ist nach dem Beschluss des Bundesgerichtshofes vom 23. 10. 2008 ebenfalls unstreitig massezugehörig. Konsequent ist der Senat hier seiner Meinung gefolgt, die er bereits in seinem Beschluss vom 20. 12. 2006 zur Frage der Pfändbarkeit der Milchquote vertreten hat.

E. Gläubiger in der Landwirtschaftsinsolvenz

I. Die Gläubigergruppen im Insolvenzverfahren

In der Insolvenz wird zwischen verschiedenen Gläubigergruppen unterschieden. Wird von „Insolvenzgläubigern" gesprochen, so sind damit diejenigen Gläubiger gemeint, die zum Zeitpunkt der Eröffnung des Insolvenzverfahrens einen Vermögensanspruch gegen den Schuldner haben (§ 38 InsO). Einen nachrangigen Anspruch hingegen haben nur die nachrangigen Insolvenzgläubiger (§ 39 InsO) in den dort genannten Fällen. Eine Befriedigung erhalten diese nur dann, wenn alle übrigen Ansprüche aus der Insolvenzmasse beglichen werden konnten.

Sollte der Anspruch erst nach dem Eröffnungszeitraum entstanden sein, indem Gläubiger durch den Insolvenzverwalter oder den „starken" vorläufigen Insolvenzverwalter oder den „schwachen" vorläufigen Insolvenzverwalter mittels „Einzelermächtigung" in Anspruch genommen werden, handelt es sich um Massegläubiger (§ 55 InsO), die gemäß § 53 InsO direkt gegen den Insolvenzverwalter und damit gegen die Masse auf Befriedigung ihrer Forderung vorgehen können. Im Falle der angezeigten Masseunzulänglichkeit ist weiterhin zwischen Altmasse- und Neumassegläubigern zu unterscheiden, da insoweit gemäß § 209 InsO ein Rangverhältnis zugunsten der Forderungen der Neumassegläubiger entsteht. Für die Abgrenzung zwischen Gläubigern und Massegläubigern ist der Zeitpunkt der Begründung der Verbindlichkeit maßgeblich und nicht der Entstehungszeitpunkt der Forderung.[185]

Da den Insolvenzgläubigern nur das dem Schuldner gehörende Vermögen haftet, wird das dem Schuldner nicht gehörende Vermögen aus der Insolvenzmasse ausgesondert. Die Aussonderungsberechtigten Gläubiger sind daher gemäß § 47 Abs. 1 InsO mit ihren Ansprüchen keine Insolvenzgläubiger, da sie aufgrund eines dinglichen oder persönliches Rechtes geltend machen können, dass der von ihnen beanspruchte Gegenstand nicht zur Insolvenzmasse gehört.[186]

Der absonderungsberechtigte Gläubiger ist wegen seiner gesamten persönlichen Forderung Insolvenzgläubiger im Sinne des § 38 InsO, was sich aus § 52 Abs. 1 InsO ergibt. Als Inhaber eines Sicherungsrechtes ist der Gläubiger allerdings kein Insolvenzgläubiger, soweit er mit seiner Forderung Befriedigung aus seinem Recht findet. Nur für den Fall, dass er nach der Verwertung des Sicherungsgegenstandes einen Ausfall erleidet, kann der absonderungsberechtigte

---

185 BGH, Urt. v. 13. 4. 2006 – IX ZR 22/05 –, ZInsO 2006, S. 541.
186 *Bork*, Einführung in das Insolvenzrecht, § 21 Rn. 236, 237.

Gläubiger diesen dann in seiner Eigenschaft als Insolvenzgläubiger zur Insolvenztabelle anmelden, nachdem er dem Insolvenzverwalter binnen der hierfür vorgesehen Frist einen Nachweis über die Höhe des Ausfalls erbracht hat (§ 190 Abs. 1 InsO). Da absonderungsberechtigte Gläubiger sich für ihre Forderung vorinsolvenzlich eine Sicherheit haben bestellen lassen, werden sie aus dem Veräußerungserlös des Gegenstandes bevorzugt befriedigt (§§ 49, 50 Abs. 1 InsO).[187]

Im Hinblick auf die Verwertungsmöglichkeiten des Insolvenzverwalters ist zwischen den Sicherungsrechten an beweglichen und unbeweglichen Sicherungsgegenständen zu differenzieren.

Gläubiger, die an einem beweglichen Gegenstand ein Sicherungsrecht erlangt haben, sind nach Maßgabe der §§ 166–173 InsO zur abgesonderten Befriedigung aus dem Gegenstand berechtigt, soweit das Sicherungsrecht an der Sache wirksam entstanden ist. Eine Ausnahme besteht dann, wenn der Gläubiger sein Sicherungsrecht innerhalb eines Monats vor Eingang des Eröffnungsantrages erlangt hat, da insoweit gemäß § 88 InsO eine Sperrfrist besteht, binnen derer Sicherungsmaßnahmen unwirksam sind. Für den Fall, dass der unmittelbare Besitz an dem Sicherungsgegenstand beim Schuldner verblieben ist, geht der Besitz nach Maßgabe des § 148 InsO mit Insolvenzeröffnung auf den Insolvenzverwalter über. § 166 Abs. 1 InsO ordnet für diesen Fall die Verwertungsbefugnis des Insolvenzverwalters an. Hintergrund dieser Regelung ist es, den gesicherten Gläubigern die Möglichkeit zu nehmen, nach der Eröffnung des Verfahrens ihre Sicherheiten herauszuverlangen und dadurch den Verbund des Schuldnervermögens zu gefährden.[188]

Die Verwertung unbeweglicher Gegenstände erfolgt gemäß § 49 InsO nach Maßgabe des Gesetzes über die Zwangsversteigerung und Zwangsverwaltung (ZVG)[189]. Der zwischen der Verwertung beweglicher und unbeweglicher Gegenstände wesentliche Unterschied besteht darin, dass der Insolvenzverwalter und die absonderungsberechtigten Gläubiger bei der Vollstreckung in das unbewegliche Vermögen des Schuldners parallel verwertungsberechtigt sind. Voraussetzung für die Beantragung der Zwangsversteigerung oder -verwaltung ist ein dinglicher Titel an dem Grundstück in Form einer im Grundbuch eingetragenen Hypothek, Grund- oder Rentenschuld. Der gegen den Schuldner gerichtete Titel muss zunächst auf den Insolvenzverwalter umgeschrieben und diesem zugestellt werden.[190] Aus

---

187 *Smid*, Praxishandbuch Insolvenzrecht, § 2 Rn. 44.

188 *Landfermann* in: Kreft, InsO, 5. Aufl., § 166 Rn. 5.

189 Gesetz über die Zwangsversteigerung und Zwangsverwertung in der Fassung der Bekanntmachung vom 20. 5. 1898 (RGBl. S. 713), zuletzt geändert durch Art. 6 G zur weiteren Erleichterung der Sanierung von Unternehmen vom 7. 12. 2011 (BGBl. I S. 2582).

190 *Lohmann* in: Kreft, InsO, 5. Aufl., § 49 Rn. 25.

dem Erlös der Verwertung sind die dinglichen Gläubiger in der Reihenfolge des § 10 ZVG zu befriedigen. Die Insolvenzmasse wird an dem Erlös gemäß § 10 Abs. 1 Nr. 1a ZVG mit einem Feststellungskostenbeitrag beteiligt, der sich in Höhe von 4 % des Wertes der beweglichen Gegenstände, auf die sich die Versteigerung erstreckt, berechnet.

In den meisten Unternehmensinsolvenzen wird der überwiegende Anteil der werthaltigen Vermögensgegenstände von einzelnen Gläubigern oder Gläubigergruppen aufgrund von Sicherungsverträgen beansprucht.[191] Sowohl für den Insolvenzverwalter als auch für die Gläubiger ist daher entscheidend, ob die Sicherungsverträge rechtlichen Bestand haben.

II. Einzelne landwirtschaftstypische Absonderungsrechte

Für die Landwirtschaft existieren typische Sicherungsrechte. Teilweise ergeben sich diese Sicherungsrechte aus besonderen gesetzlichen Bestimmungen. Dazu gehören insbesondere Pfandrechte, die grundsätzlich nach § 50 Abs. 1 InsO dem Gläubiger ein Recht zur abgesonderten Befriedigung ermöglichen. Aber auch im Rahmen der allgemein üblichen Sicherungsmöglichkeiten, die zu einem Absonderungsrecht in der Insolvenz führen, können sich in der Landwirtschaftsinsolvenz aufgrund der oftmals unbekannten Sicherungsgegenstände, wie beispielsweise Getreide, Anlagen der Erneuerbaren Energien u.s.w., Besonderheiten ergeben. Die Überprüfung des Bestehens solcher Absonderungsrechte sowie der zugrundeliegenden rechtlichen Vereinbarungen setzt somit ein entsprechendes Grundverständnis voraus.

1. Sicherungsübereignung

Die Sicherungsübereignung dient der Sicherung einer Forderung, die in der Insolvenz des Sicherungsgebers zu einem Absonderungsrecht des Sicherungsnehmers führt. Im Gegensatz zum Bürgerlichen Gesetzbuch enthält § 51 Nr. 1 InsO eine gesetzliche Regelung der Sicherungsübereignung. Dieses Kreditsicherungsmittel hat aufgrund der Tatsache, dass es sich um ein besitzloses Sicherungsinstrument handelt, das Pfandrecht im Wirtschaftsleben überwiegend verdrängt.[192] Denn

---

191 *Smid*, Kreditsicherheiten in der Insolvenz, § 9 Rn.1.
192 Vgl. *Oechsler* in: MüKO-BGB, Bd. 6 Sachenrecht, 5. Aufl. 2009, §§ 854–1296, Anhang nach §§ 929–936 Rn. 2.

sowohl der Sicherungsnehmer als auch der Sicherungsgeber haben ein wirtschaftliches Interesse daran, dass der sicherungsübereignete Gegenstand weiterhin vom Sicherungsgeber genutzt werden kann.[193] Aus diesem Grunde vereinbaren Sicherungsgeber und -nehmer ein Besitzmittlungsverhältnis gemäß §§ 930, 868 BGB, aus dem sich ergibt, dass der Sicherungsgeber die Sache weiterhin für den Sicherungsnehmer besitzt. Als Besitzmittlungsverhältnis wird in der Regel eine Sicherungsabrede vereinbart, aus der sich das Recht zum Besitz des Sicherungsgebers ableitet, bis der Sicherungsnehmer das Sicherungseigentum zur Befriedigung seiner Forderung herausverlangt.[194]

Wesentliche Voraussetzung für die Sicherungsübereignung ist die genaue Bezeichnung des übereigneten Gegenstandes im Sicherungsübereignungsvertrag.[195] Eine präzise Beschreibung ist erforderlich, da auch ein Außenstehender Dritter anhand des Vertrages feststellen können muss, welche Gegenstände Sicherungsgut sind.[196] Außerhalb des Vertrages liegende Unterlagen dürfen für die Erfüllung des Bestimmtheitskriteriums nicht herangezogen werden. Soll auf gesonderte Schriftstücke, wie z. B. Listen, die Merkmale zu den sicherungsübereigneten Gütern enthalten, verwiesen werden, müssen sie als wesentliche Bestandteile dem Sicherungsvertrag beigefügt werden.[197] Bei der Übereignung von Einzelgegenständen muss im Übereignungsvertrag auf ein klares und eindeutiges Merkmal des Sicherungsgegenstandes Bezug genommen werden, durch das der Gegenstand zu individualisieren ist.[198] Sollen mehrere Gegenstände übereignet und können diese mit individuellen Kennzeichen bestimmt werden, besteht die Möglichkeit, die Gegenstände in Listen aufzuführen, die wesentliche Bestandteile des Übereignungsvertrages werden. Eine weitere Möglichkeit wird darin gesehen, die sicherungsübereigneten Gegenstände durch entsprechende Markierungen zu individualisieren.[199]

Bei vielen Sicherungsgütern, die sich nicht hinreichend individualisieren lassen und deren Bestand sich darüber hinaus laufend ändert, bieten sich Mantel- oder Raumsicherungsübereignungsverträge an, da der Abschluss von Einzelverträgen zu umfangreich wäre. Eine Mantelsicherungsübereignung wird dann vorgenommen, wenn alle Sicherungsgüter individuelle Identifizierungsmerkmale

---

193 Vgl. *Wiegand* in: Staudinger, Buch 3, Sachenrecht, §§ 925–984, Anhang zu §§ 929–931 Rn. 62.

194 Vgl. *Oechsler* in: MüKO-BGB, Band 6, Sachenrecht, §§ 854–1296, Anhang nach §§ 929–936 Rn. 15.

195 OLG Düsseldorf, Urt. v. 25. 4. 1990 – AZ.: 11 U 63/89 –, WM 1990, S. 1190.

196 *Lwowski/Merkel*, Kreditsicherheiten, 8. Aufl., S. 96.

197 *Steinberger/Wälter* in: FCH-Sicherheitenkompendium, Rn. 1467.

198 *Lwowski/Merkel*, (vgl. Fn. 196), S. 99.

199 Vgl. *Ganter* in: Schimansky/Bunte/Lwowski, Bankrechts-Handbuch, § 95 Rn. 95 ff.

aufweisen. In vereinbarten zeitlichen Abständen werden die neuen Sicherungsgüter dem Sicherungsnehmer gemeldet, wobei die Übereignung durch die Übergabe der Auflistungen stattfindet.[200] Wenn die Sicherungsgüter nicht nach individuellen Merkmalen gekennzeichnet werden können, besteht die Möglichkeit des
Abschlusses eines Raumsicherungsvertrages, in dessen Rahmen die Sicherungsgüter beschrieben und die Sicherungsräume konkretisiert werden.[201] Vereinbart
wird, dass alle Gegenstände des Schuldners erfasst werden, die in einen bestimmten Raum gelangen.[202]

Im Folgenden soll auf besondere Sicherungsgegenstände eingegangen werden, mit denen der Insolvenzverwalter typischerweise in der Landwirtschaftsinsolvenz konfrontiert werden kann.

a) Sicherungsübereignung von Erntebeständen auf gepachteten Flächen

Die Sicherungsübereignung von Erntebeständen kann Fragen aufwerfen, wenn
ein Landpächter in die Insolvenz gerät. Gemäß § 94 BGB gehören zu den wesentlichen Bestandteilen eines Grundstücks die mit dem Grund und Boden fest verbundenen Sachen, insbesondere Gebäude, sowie die Erzeugnisse des Grundstücks, solange sie mit dem Boden fest zusammenhängen. Samen werden mit
dem Einsäen Bestandteil des Grundstücks. Demzufolge stehen die Pflanzen zumindest bis zum Zeitpunkt der Ernte im Eigentum desjenigen, der Eigentümer von
Grund und Boden ist. Sie könnten daher nach diesem Grundsatz nicht Gegenstand der Sicherungsabrede zwischen Pächter und Sicherungsnehmer sein. Gemäß § 581 Abs. 1 S. 1 BGB ist der Eigentümer als Verpächter aber verpflichtet, dem
Pächter und Sicherungsgeber den Gebrauch des verpachteten Gegenstandes und
den Genuss der Früchte, soweit sie nach den Regeln der ordnungsgemäßen Wirtschaft als Ertrag anzusehen sind, während der Pachtzeit zu gewähren. Dieses
Früchteziehungsrecht führt gemäß § 956 Abs. 1 BGB dazu, dass derjenige, dem
der Eigentümer gestattet, sich Erzeugnisse oder sonstige Bestandteile der Sache
anzueignen, mit der Trennung, anderenfalls mit der Besitzergreifung, Eigentum
an ihnen erwirbt, wenn ihm der Besitz der Sache überlassen wurde.[203] Aus diesem
Grunde ist es auch dem Pächter möglich, seine Erntebestände sicherungshalber
zu übereignen. Im Ergebnis kann in der Pächterinsolvenz ein wirksames Absonderungsrecht begründet werden.

---

200 *Steinberger/Wälter* in: FCH-Sicherheitenkompendium, Rn. 1494.
201 Vgl. *Riggert*, Die Raumsicherungsübereignung: Bestellung und Realisierung unter den
Bedingungen der Insolvenzordnung, NZI 2000, S. 241ff.
202 Vgl. *Gogger* in: Insolvenzgläubiger-Handbuch, § 4 Rn. 91.
203 BGH, Urt. v. 30. 5. 1958 – V ZR 295/56 –, NJW 1958, S. 1286.

b) Sicherungsübereignung des Inventars

Im Bereich der Landwirtschaft stellt das Inventar oft einen erheblichen Vermögenswert dar. Dies gilt insbesondere für Betriebe mit großen Viehbeständen und Maschinenparks. Für eine wirksame Sicherungsübereignung genügt eine Sammelbezeichnung, die den Übereignungswillen auf alle Sachen erstreckt und die umfassten Einzelgegenstände klar erkennen lässt.[204] Eine Sicherungsübereignung ist allerdings nur dann möglich, soweit das Inventar nicht unter die Zubehörhaftung der §§ 97, 98 BGB fällt und damit gemäß § 1120 BGB möglichen Grundpfandgläubigern zusteht. Sollte ein Sicherungsnehmer sich dennoch Zubehörgegenstände übereignen lassen, so muss der Sicherungsgeber mit dem Grundpfandgläubiger eine entsprechende Freigabevereinbarung aus der Zubehörhaftung treffen, wobei diese nur schuldrechtliche Wirkungen entfaltet.[205] Dies hat der Insolvenzverwalter festzustellen, wenn er die Absonderungsrechte an den jeweiligen Inventargegenständen prüft.

Tiere können gemäß § 90 a BGB nach den Bestimmungen sicherungsübereignet werden, die auch für sonstige bewegliche Sachen gelten. Der Sicherungsübereignung des Viehbestandes kommt in der Landwirtschaft eine große Bedeutung zu. Um eine wirksame Sicherungsabrede treffen zu können, muss ein besonderes Augenmerk auf den Bestimmtheitsgrundsatz gelegt werden. Neben den natürlichen Kennzeichnungen wie z. B. Farbe oder Flecken der Tiere wird auch auf nachträglich zugefügte Kennzeichnungen zurückgegriffen.[206] Dabei handelt es sich neben den Brandzeichen, anhand derer bei Pferden eine Individualisierung vorgenommen werden kann, um Ohrmarken und Tätowierungen. Bei einigen Tieren, insbesondere bei Pferden, können darüber hinaus Fotos, Equidenpässe und Eigentumsurkunden als wesentlicher Bestandteil dem Sicherungsvertrag beigefügt werden und damit für eine ausreichende Bestimmtheit sorgen.

Im Bereich der Massentierhaltung bietet sich der Abschluss von Raumsicherungsübereignungsverträgen an. Die Tiere können in den Sicherungsabreden gattungsmäßig beschrieben werden und es wird eine räumliche Eingrenzung vorgenommen. Probleme ergeben sich regelmäßig dann, wenn eine Stückzahl angegeben wird, die im Verwertungsfall nicht mit der tatsächlichen Anzahl der Tiere übereinstimmt, so dass eine hinreichende Bestimmtheit nicht mehr gegeben ist.[207] Auch kann ein Raumsicherungsübereignungsvertrag nur dann rechtssicher vereinbart werden, wenn es sich um Tierbestände handelt, die ausschließlich in

---

204 Vgl. hierzu *Wiegand* in: Staudinger, Buch 3, Sachenrecht, §§ 925–984, Anhang zu §§ 929–931 Rn. 104.

205 Vgl. *Ganter* in: Schimansky/Bunte/Lwowski, Bankrechts-Handbuch, § 95 Rn. 149.

206 BGH, Urt. v. 21. 11. 1983 – VIII ZR 191/82 –, NJW 1984, S. 803.

207 *Steinberger/Wälter* in: FCH-Sicherheitenkompendium, Rn. 1756.

den angegebenen Räumlichkeiten verbleiben, was in der Praxis oftmals nicht der Fall ist. Die Wirksamkeit einer Raumsicherungsübereignung ist vor allem immer dann kritisch zu beurteilen, wenn es sich bei dem angegebenen Sicherungsraum um Weideflächen handelt. Viehbestände werden üblicherweise getrennt, zusammengeführt und durchmischt oder regelmäßig auf andere Weiden verbracht. Auch wenn neue Flächen angepachtet werden und nicht im Lageplan verzeichnet werden, der gewöhnlich der Sicherungsübereignung beigefügt ist, kann dies problematisch sein. In solchen Fällen ist der Sicherungsvertrag oftmals mangels Bestimmtheit unwirksam und kann dem Insolvenzverwalter gegenüber nicht durchgesetzt werden.

c) Sicherungsübereignung von Silogütern mehrerer Eigentümer

Im Bereich der Biogaserzeugung stellen die Substrate in Form von nachwachsenden Rohstoffen, Gülle u. ä. einen erheblichen Vermögenswert dar, da der Betrieb der Biogasanlage von den Substraten abhängig ist. Getreide und Silage werden regelmäßig in räumlich abgeschlossenen Silos gelagert und auch transportiert. Durch das Behältnis wird die notwendige Abgrenzung des Sicherungsgutes erreicht, so dass es sich bei dem Inhalt um bewegliche Sachen im Sinne des §§ 90, 929 ff. BGB handelt.[208] Soweit sich in den Silos nur die Güter eines Eigentümers befinden, ist die Sicherungsübereignung unproblematisch, da die Bestimmtheit durch Gattungsbegriffe und räumliche Einschränkungen gewährleistet werden kann.

Eine Sicherungsübereignung der Silogüter ist im Hinblick auf ihre rechtliche Durchsetzbarkeit aber immer dann gefährdet, wenn der Inhalt eines Silos nicht nur einem, sondern mehreren Eigentümern zusteht, nachdem sich mehrere Landwirte z. B. hinsichtlich der Lagerung von Getreide oder Substraten zusammengeschlossen haben. In einem solchen Fall steht jedem Eigentümer ein Miteigentumsanteil in Form von Bruchteilseigentum an der gesamten Menge zu.[209] Aus § 747 S. 1 BGB kann über den Bruchteil durch den Bruchteilseigentümer verfügt werden. Da zum Zeitpunkt der Sicherungsübereignung die Menge bestimmt war, bleibt die Bestimmtheit auch nach Einbringung in das gemeinschaftlich genutzte Silo unberührt. Durch das Entnehmen und das Einbringen weiteren Getreides durch den Sicherungsgeber erhöht oder verringert sich allerdings der Bruchteil. Bei einer Entnahme bleibt die Sicherungsübereignung hinsichtlich des reduzierten Bruchteils wirksam, wobei sich der rechnerische Miteigentumsbruchteil am

---

208 *Ders.*, Rn. 1648.
209 *Ders.*, Rn. 1648.

Gesamtbestand gemäß § 469 Abs. 3 HGB verringert.[210] Bei Erhöhung des Anteils hingegen entsteht ein neuer Bruchteil, der nicht von der Sicherungsübereignung erfasst ist, es sei denn, es wurde vor Einbringung ein weiterer Sicherungsvertrag geschlossen.

Im Falle der Insolvenz ist es daher unbedingt erforderlich, sich die notwendigen Informationen darüber zu beschaffen, welche Mengen sicherungsübereignet wurden und in welcher Höhe Bestände aufzufinden sind. Bei einer Erhöhung der Mengen ohne Sicherungsübereignung könnten dadurch Getreidelagerbestände oder Substrate frei von Drittrechten und damit massezugehörig sein.

d) Sicherungsübereignung von Biogasanlagen

Biogasanlagen werden regelmäßig zugunsten der finanzierenden Kreditinstitute als Kreditsicherheit sicherungsübereignet, soweit das Grundstück, auf dem sich die Biogasanlage befindet, nicht im Eigentum des Betreibers oder der Betreibergesellschaft steht. Da in einer Vielzahl von Fällen Betreiber und Grundstückseigentümer personenverschieden sind, ist entscheidend, ob der Biogasanlagenbetreiber auch noch nach Aufstellen der Anlage auf fremdem Grund und Boden deren Eigentümer ist. Denn daraus ergibt sich für das die Betreibergesellschaft finanzierende Kreditinstitut die Fragestellung, ob die Biogasanlage sonderrechtsfähig ist und damit zur Sicherheit übereignet werden kann oder ob sie als wesentlicher Bestandteil gemäß § 94 BGB anzusehen ist.

aa) Sachenrechtliche Zuordnung der Biogasanlage

Biogasanlagen bestehen aus Vorgrube, Substratlager, Hauptfermenter, Nachfermenter, Gasspeicher, Maschinenraum, Heizkraftwerk, Generator sowie Rohr- und Kabelleitungen. Vorgrube, Hauptfermenter, Nachfermenter, Gasspeicher und Maschinenraum werden gemäß §§ 93, 94 BGB mit Grund und Boden fest verbunden und dürften damit grundsätzlich als feste Bestandteile des Grundstücks angesehen werden.[211] Die übrigen Bestandteile der Biogasanlage unterliegen als Zubehör dem Haftungsverband der Grundpfandgläubiger gemäß § 1120 BGB. Im Ergebnis ist die Biogasanlage daher grundsätzlich in ihrer Gesamtheit nicht sonderrechtsfähig und könnte damit nicht wirksam sicherungsübereignet werden mit der Konsequenz, dass auch kein Absonderungsrecht für den Fall der Insolvenz entsteht.

---

210 *Ders.*, Rn. 1655.
211 *Michaelsen/Peters* in: FCH-Sicherheitenkompendium, Rn. 2697.

bb) Biogasanlage als Scheinbestandteil

Dieses Ergebnis hätte für die Kreditpraxis fatale Folgen, da die Vergabe von Finanzierungskrediten von der wirksamen Übereignung des Sicherungsgutes abhängig gemacht wird und bei Nichtidentität zwischen Grundstückseigentümer und Biogasanlagenbetreiber selten weitere gleich- oder besser geeignete Kreditsicherungsmittel zur Verfügung stehen. Damit die Biogasanlage trotz fester Verbindung mit Grund und Boden sonderrechtsfähig bleibt, muss daher die Scheinbestandteileigenschaft zwischen Betreiber und Grundstückseigentümer im Sinne des § 95 BGB vereinbart werden. Dies kann entweder durch die Errichtung der Anlage zu einem vorübergehenden Zweck geschehen oder durch die Verbindung in Ausübung eines dinglichen Rechtes.[212]

Derjenige Betreiber, der seine Biogasanlage in Ausübung eines Rechtes an einem fremden Grundstück mit diesem verbindet, beabsichtigt nicht den Wert des Grundstücks zu erhöhen, sondern möchte ausschließlich seinem eigenen Recht dienen.[213]

Rechte im Sinne des § 95 Abs. 1 S. 2 BGB können nur dingliche Rechte sein.[214] In der Praxis kommen Erbbaurechte und beschränkt persönliche Dienstbarkeiten vor. Für den Insolvenzfall ist entscheidend, ob zum Zeitpunkt der Insolvenzeröffnung entweder eine grundbuchliche Eintragung des dinglichen Rechtes stattgefunden hat oder ob gemäß § 91 Abs. 2 InsO in Verbindung mit § 873 Abs. 2 BGB zumindest ein insolvenzfester und unanfechtbarer Antrag auf Eintragung in das Grundbuch beim Grundbuchamt eingegangen ist.[215] Bei der wirksamen Eintragung einer beschränkt persönlichen Dienstbarkeit oder eines Erbbaurechtes kann die Biogasanlage als Scheinbestandteil sicherungsübereignet werden und damit im Insolvenzfalle ein Absonderungsrecht an ihr bestehen. Die Kreditinstitute können für den Fall des Verzuges, der Insolvenzantragstellung und anderer wesentlicher Verschlechterungen der Vermögenslage bereits als Finanzierungsauflage die Eintragung von Vormerkungen auf Eintragung beschränkt persönlicher Dienstbarkeiten oder direkt die Eintragung inhaltsgleicher beschränkt persönlicher Dienstbarkeiten verlangen. Die Betreiberstellung geht damit auf das Kreditinstitut oder einen Dritten über, meist verbunden mit dem Eintrittsrecht in die schuldrechtlichen Verpflichtungsgeschäfte.

Gemäß § 95 Abs. 1 BGB ist die Biogasanlage auch dann ein Scheinbestandteil und damit sonderrechtsfähig, soweit sie nur zu einem vorübergehenden Zweck

---

212 Vgl. hierzu ausführlich: *Michaelsen/Peters* in: FCH-Sicherheitenkompendium, Rn. 2696 ff.
213 RGZ 106, S. 49, 51; *Holch* in: MüKo-BGB, Band 1, §§ 1–240, § 95 Rn. 20.
214 *Ellenberger* in: Palandt, § 95 Rn. 5.
215 BGH MDR 1961, S. 591; OLG Schleswig WM 2005, S. 1909, (1912); *Holch* in: MüKo-BGB, Band 1, §§ 1–240, § 95 Rn. 25.

errichtet wurde. Dies ist der Fall, wenn der Wegfall der Verbindung von vornherein beabsichtigt oder nach der Natur des Zwecks sicher ist. Nicht ausreichend
ist, wenn nach der Vorstellung der Beteiligten eine Trennung nicht ausgeschlossen ist.[216]

Zwischen den Grundstückseigentümern und den Anlagebetreibern besteht regelmäßig ein Pacht- oder Nutzungsvertrag, aufgrund dessen die Betreiber die
Biogasanlage auf einem fremden Grundstück errichten dürfen. Diese Verträge enthalten häufig eine ausdrückliche Verpflichtung des Betreibers, die Biogasanlage
nach Ablauf der Vertragslaufzeit abzubauen und zu entfernen. Aus den vertraglichen Formulierungen können sich in dieser Konstellation oftmals Probleme
ergeben, die zum Teil zur Unwirksamkeit der Sicherungsübereignung führen können. Der vorübergehende Zweck der Errichtung der Biogasanlage kann widerlegt
werden, wenn der schuldrechtliche Pachtvertrag beispielsweise ein Übernahmerecht des Grundstückseigentümers enthält.[217] Gleiches gilt auch bei der Vereinbarung eines Wahlrechtes des Grundstückseigentümers hinsichtlich der Übernahme der Biogasanlage nach Vertragsende.[218]

Besonders kritisch ist eine nachträgliche Vertragsänderung zu beurteilen. In
diesen Fällen erkennen die Vertragsparteien, dass die Abreden im Hinblick auf
die gewollte Eigentumszuordnung schädlich sind und korrigieren diese durch
Änderungen in dem Nutzungs- oder Pachtvertrag, nachdem die Biogasanlage
bereits errichtet ist.[219] Der Bundesgerichtshof hat allerdings zu der Umwandlung
eines ehemals wesentlichen Bestandteils in einen Scheinbestandteil, in welcher
es um eine verlegte Versorgungsleitung ging, entschieden, dass eine solche
Umwandlung dann möglich sein soll, wenn eine entsprechende Änderung der
Zweckbestimmung erfolgt und die Einigung der Parteien über den Eigentums-
übergang vorliegt.[220]

Eine Sicherungsübereignung ist also unwirksam, wenn sich aus den schuldrechtlichen Verträgen Formulierungen ergeben, die den vorübergehenden Zweck
widerlegen und die auch durch die Vertragsparteien nicht entsprechend angepasst wurden.

---

216 *Ellenberger* in: Palandt, § 95 Rn. 2.
217 BGH, ZIP 1999, S. 75; BGHZ 104, S. 298 (301).
218 Vgl. zur vergleichbaren Thematik bei Windkraftanlagen:*Ellenberger* in: Palandt, § 95 Rn. 3.
219 *Michaelsen/Peters* in: FCH-Sicherheitenkompendium, Rn. 2587.
220 BGH, Urt. v. 2. 12. 2005 – AZ.: V ZR 35/05 –, BGH WM 2006, S. 1020 ff.

cc) Zwischenergebnis

In der Landwirtschaft ist die Sicherungsübereignung wie auch in anderen Unternehmensbranchen ein übliches Kreditsicherungsinstrument. Besondere Sicherungsgegenstände sind die Erntebestände, Silogüter, Viehbestände und Biogasanlagen. Hier trifft den Insolvenzverwalter die Verantwortung für die sorgfältige Prüfung der rechtlichen und vor allem der tatsächlichen Voraussetzungen. Denn sollten die Sicherungsverträge unwirksam sein, handelt es sich um freie Insolvenzmasse.

2. Verlängerter Eigentumsvorbehalt mit Verarbeitungsklauseln im Rahmen von Substratlieferverträgen

Der einfache Eigentumsvorbehalt berechtigt den Verkäufer in der Insolvenz des Käufers zur Aussonderung gemäß § 47 InsO. Beim verlängerten Eigentumsvorbehalt verhält es sich anders. In diesen Fällen erteilt der Vorbehaltsverkäufer dem Vorbehaltskäufer sein Einverständnis in den Verkauf bzw. die Verarbeitung der Vorbehaltsware. Im Gegenzug lässt sich der Vorbehaltsverkäufer die aus der Veräußerung resultierende Forderung abtreten oder vereinbart eine Herstellerklausel.[221]

a) Der verlängerte Eigentumsvorbehalt nach Verarbeitung des Substrates

Im Bereich der Biogaserzeugung werden zwischen den Biogasanlagenbetreibern und den Substrat liefernden Landwirten regelmäßig sogenannte Substratlieferverträge abgeschlossen, wonach sich der Landwirt verpflichtet, die vereinbarten Mengen Substrat an den Biogasanlagenbetreiber zu liefern. Viele Lieferanten machen ihre Lieferungen vertraglich von der Bestellung entsprechender Sicherheiten abhängig. In den meisten Fällen hat sich das finanzierende Kreditinstitut bereits werthaltige Sicherheiten bestellen lassen, so dass sich in diesem Bereich vielfach Vereinbarungen über den verlängerten Eigentumsvorbehalt mit entsprechenden Weiterverarbeitungsklauseln finden. Der verlängerte Eigentumsvorbehalt dient dazu, dem Lieferanten die Surrogate zu sichern, die nach der Verarbeitung (§ 950 BGB), der Verbindung (§ 946, 947 BGB) und der berechtigten Weiterveräußerung (§§ 929, 158 BGB) der Kaufsache an die Stelle der unter Eigentumsvorbehalt gelieferten Waren treten.[222] Der Eigentumsvorbehalt mit Verarbei-

---

221 *Beckmann* in: Staudinger, Buch 2, Recht der Schuldverhältnisse, §§ 433–487, § 449 Rn. 137.
222 *Smid*, Praxishandbuch Insolvenzrecht, § 2 Rn. 55.

tungsklausel gewährt dem Vorbehaltsverkäufer im Insolvenzverfahren über das Vermögen des Käufers ein Absonderungsrecht gemäß § 51 Nr. 1 InsO.[223] Wirtschaftlich ist das an dem vermischten und verarbeiteten Substrat entstandene Sicherungseigentum allerdings nicht so werthaltig wie das gelieferte Substrat, da der Wert bis zur endgültigen Umwandlung in Gas und Gärsubstrat immer weiter abnimmt.[224]

b) Der verlängerte Eigentumsvorbehalt bis zur Verarbeitung des Substrates

Fraglich ist, ob im Falle des verlängerten Eigentumsvorbehaltes mit Vereinbarung einer Verarbeitungsklausel diese Abrede bereits zu berücksichtigen ist, solange die verkaufte Sache noch nicht verarbeitet ist. Das bedeutet, ob § 51 Nr. 1 InsO bereits dann greift, wenn die vereinbarte Verarbeitungsklausel noch nicht umgesetzt wurde. Nach der herrschenden Literaturmeinung ist die tatsächliche Situation maßgebend. Greift die Verarbeitungsklausel noch nicht ein, so ist die Vereinbarung als einfacher Eigentumsvorbehalt zu qualifizieren.[225] Das bedeutet, dass dem Vorbehaltsverkäufer ein Aussonderungsrecht an den Substraten zusteht. Allerdings ist der Eigentumsvorbehaltsverkäufer aufgrund der Regelung des § 107 Abs. 2 InsO bis zur Ausübung des Erfüllungswahlrechtes durch den Insolvenzverwalter an der Ausübung seines Aussonderungsrechtes gehindert. Da die Verarbeitungsklausel mit Eröffnung des Insolvenzverfahrens erlischt, ist im Gegenzug der Insolvenzverwalter ohne Erfüllungserklärung nicht befugt, die unter verlängertem Eigentumsvorbehalt gelieferten Waren zu verarbeiten.[226]

3. Pfandrechte in der Landwirtschaft

Gemäß § 50 Abs. 1 InsO sind Gläubiger, die an einem Gegenstand der Insolvenzmasse ein rechtsgeschäftliches, ein durch Pfändung erlangtes oder ein gesetzliches Pfandrecht haben, nach Maßgabe der §§ 166–173 InsO für Hauptforderung,

---

223 *Häsemeyer*, Insolvenzrecht Rn. 18. 32; *Andres* in: Nerlich/Römermann, § 47 Rn. 23; *Prütting* in: Kübler/Prütting/Bork, InsO I, § 47 Rn. 36; *Füller* in MüKo-BGB, Band 6, §§ 854–1296, § 950 Rn. 30.

224 *Glas* in: Dombert/Witt, MAH-Agrarrecht, § 7 Rn. 188.

225 *Andres* in: Nerlich/Römermann, InsO, § 47 Rn. 29 f.; *Gottwald* in: Gottwald Insolvenzrechts-Handbuch, § 43 Rn. 22 f.; *Gogger*, Insolvenzgläubiger-Handbuch, 4. Teil.

226 *Ganter* in: MüKo-InsO, § 47 Rn. 111; *Elz*, Verarbeitungsklauseln in der Insolvenz des Vorbehaltskäufers- Aussonderung oder Absonderung?, ZInsO 2000 S. 478 (481).

Zinsen und Kosten zur abgesonderten Befriedigung aus dem Pfandgegenstand berechtigt. Das Pfandrecht gewährt dem Pfandgläubiger ein dingliches Verwertungsrecht zur Sicherung einer Forderung.[227] Der Pfandgläubiger erhält keinen unmittelbaren Zahlungsanspruch gegen den Verpfänder, sondern ist berechtigt, bei Eintritt der Verwertungsreife die Verwertung des Pfandes vorzunehmen, welche der Pfandgeber zu dulden hat.[228] Im Rahmen der Insolvenz eines landwirtschaftlichen Betriebes wird der Insolvenzverwalter mit besonderen und seltenen Pfandrechten konfrontiert. Neben dem Früchtepfandrecht stellen das Verpächterpfandrecht, das Pachtinventarpfandrecht und das Pächterpfandrecht der Situation in der Landwirtschaft angepasste Sicherungsmittel dar.

a) Das Pachtkreditpfandrecht nach dem Pachtkreditgesetz

Reine Pachtbetriebe hatten mangels im Eigentum stehenden Grundvermögens das Problem, keine geeigneten Sicherungsmittel zur Verfügung stellen zu können. Um dieses Problem zu lösen, wurde bereits Anfang des 20. Jahrhundert das „Gesetz betreffend die Ermöglichung der Kapitalkreditbeschaffung für landwirtschaftliche Pächter" erlassen. Damit wurde das Ziel verfolgt, eine auf Interessenwahrung aller Beteiligten (Verpächter, Pächter und Kreditgeber) ausgerichtete Rechtsgrundlage, ein Inventarpfandrecht ohne Besitzübergang zu schaffen.[229]

Das Inventarpfandrecht ist ein vertragliches Pfandrecht. Die Einigung über die Bestellung des Pfandrechts wird durch Abschluss eines Verpfändungsvertrages herbeigeführt. Der Verpfändungsvertrag muss den Geldbetrag, ggf. den Zinssatz, evtl. Nebenleistungen und die Bestimmungen ihrer Fälligkeit enthalten (§ 2 Abs. 1 PachtKredG). Der Verpfändungsvertrag wird beim Amtsgericht, in dessen Bezirk der Sitz des Pächterbetriebes liegt, niedergelegt. Dabei ist eine Außenwirkung beabsichtigt, so dass jeder Berechtigte in das Register Einsicht nehmen kann.

Das Inventarpfandrecht umfasst grundsätzlich alle dem Pächter bei Niederlegung des Vertrages gehörenden Inventarstücke, einschließlich etwaiger Anwartschaftsrechte sowie später einverleibte Inventarstücke, wenn sie Eigentum des Pächters geworden sind. Soweit einzelne Inventarstücke von der Verpfändung ausgenommen werden sollen, ist dies einzeln im Vertrag festzuhalten (§ 3

---

227 *Wiegand* in: Staudinger, Buch 3 Sachenrecht, §§ 1204–1296, Vorb. zu § 1204 ff. Rn. 16.
228 Vgl. *Riggert*, Die Rechtsverfolgung der Gläubiger dinglicher Kreditsicherheiten in der Unternehmensinsolvenz des Schuldners am Beispiel des Sicherungseigentums, des Pfandrechtes, des Eigentumsvorbehaltes und der Sicherungsgrundschuld, S. 169 ff.
229 Gesetz vom 9. 7. 1926 (RGBl. I S. 399), zuletzt geändert durch das Gesetz zur Neuordnung des landwirtschaftlichen Pachtrechtes vom 8. 11. 1985 (BGBl. I S. 2065).

Abs. 1 PachtKredG). Nicht erfasst werden die landwirtschaftlichen Erzeugnisse. Die Bestellung muss dem Verpächter angezeigt werden. Das Inventarpfandrecht erstreckt sich auch auf den Inventaraustausch im Rahmen des Bewirtschaftungs- prozesses, so dass einverleibte Ersatzbeschaffungen einbezogen werden; die Auf- stellung eines Verzeichnisses ist zwar nicht vorgeschrieben, aber zweckmäßig und wird in der Regel von den Kreditinstituten verlangt.[230]

aa) Verhältnis des Pachtkreditpfandrechts zu anderen Pfandrechten

Das vertragliche Pfandrecht nach dem Pachtkreditgesetz kann mit dem gesetzli- chen Pfandrecht des Verpächters an den eingebrachten Sachen des Pächters zusammentreffen. Das Verhältnis dieser beiden Pfandrechte zueinander bestimmt sich gemäß § 4 Abs. 2 S. 2 PachtKredG ausschließlich nach § 11 PachtKredG, wo- nach Ranggleichheit besteht. Der Verpächter kann der Verwertung des Inventars durch das Kreditinstitut gemäß § 10 PachtKredG nicht widersprechen. Sollte die Verwertung allerdings nicht im Rahmen einer öffentlichen Versteigerung erfol- gen, muss das verwertende Kreditinstitut die Einwilligung des Verpächters ein- holen (§ 11 Abs. 1 S. 2 PachtKredG). Der Verpächter kann die Hälfte des Erlöses zur Befriedigung oder zur Sicherstellung für die durch das gesetzliche Pfandrecht gesicherten Forderungen verlangen. Insofern stehen die beiden Pfandrechte gleichrangig nebeneinander. Dieser Gleichrang ist auch in der Insolvenz des Pächters zu beachten.

Im Hinblick auf den Haftungsverband der Grundpfandrechte ist das vertrag- liche Pachtkreditpfandrecht gemäß § 7 PachtKredG stets nachrangig.

Ist ein Inventarstück allerdings mit dem Recht eines Dritten belastet, so geht gemäß § 4 Abs. 2 PachtKredG das Pfandrecht dem Recht des Dritten vor. Aus diesem Grunde handelt es sich bei dem Inventarpfandrecht um ein sehr wert- haltiges Sicherungsmittel, das gegenüber anderen Sicherungsnehmern unproble- matisch durchzusetzen ist. In der Praxis wird eine vermehrte Inventarpfand- bestellung aber vermutlich dazu führen, dass sich andere Sicherungsnehmer regelmäßig Einblick in das Register verschaffen und dementsprechend ihre Ge- schäftspolitik ausrichten. Aus diesem Grunde hat das Pachtkreditpfandrecht praktisch kaum noch Bedeutung.

---

230 *Lukanow* in: Faßbender/Hötzel/Lukanow, Landpachtrecht, § 592 Rn. 14.

bb) Das Pachtkreditpfandrecht in der Insolvenz

Das vertragliche Inventarpfandrecht berechtigt das Kreditinstitut zur abgesonderten Befriedigung an den Inventargegenständen. Sollte darüber hinaus an den Inventarstücken auch der Verpächter sein Pfandrecht ausüben, so ist im Fall der Verwertung durch den Insolvenzverwalter § 11 PachtKredG zu beachten. Danach ist der Erlös entsprechend zu verteilen.

b) Das Früchtepfandrecht nach dem DüngemittelsicherungsG

Das Gesetz zur Sicherung der Düngemittel- und Saatgutversorgung (DüngemittelsicherungsG) vom 19. 1. 1949[231] gibt den Lieferanten von Düngemitteln und anerkanntem Saatgut ein gesetzliches Pfandrecht an den in der Ernte anfallenden Früchten.

Für die Beziehung zwischen Landwirten und den Lieferanten von Düngemitteln und Saatgut hat der Gesetzgeber somit in Form des Früchtepfandrechtes ein besonderes Sicherungsinstitut geschaffen. Ohne diese rechtliche Konstruktion wäre nach der Aussaat bzw. Düngung der Schutz des Lieferanten aufgrund der §§ 93, 94 BGB nicht gewährleistet. Die vom Gesetz angestrebte Sicherung musste daher unmittelbar nach der Verwendung einsetzen, indem das Pfandrecht an den Früchten, die nach diesem Gesetz, abweichend von § 93 BGB ohne Trennung vom Grundstück Gegenstände besonderer dinglicher Rechte sein können, entsteht. Vor Verwendung des Saatguts oder der Düngemittel haben die Lieferanten die Möglichkeit, sich durch den Eigentumsvorbehalt wirksam zu schützen. Das Früchtepfandrecht entfaltet daher im Ergebnis eine mit dem verlängerten Eigentumsvorbehalt vergleichbare Wirkung.[232]

Voraussetzung für das Entstehen dieses Pfandrechtes ist die Lieferung von Düngemitteln oder von Saatgut, das im Rahmen einer ordnungsgemäßen Wirtschaftsweise zur Steigerung des Ertrags der nächsten Ernte beschafft oder verwendet worden ist. Darunter fallen alle Düngemittelkäufe, die in dem regelmäßigen Geschäftsbetrieb eines Landwirts üblich sind.[233] Das Pfandrecht bezieht sich auf die gesamte Ernte und ist somit nicht auf die Früchte beschränkt, für die das gelieferte Saatgut bzw. der gelieferte Dünger verwendet worden ist.[234] Zu seinem Schutz kann der Pfandgläubiger gemäß § 3 DüngemittelsicherungsG nach Beginn

---

231 Gesetz zur Sicherung der Düngemittel- und Saatgutverordnung vom 19. 1. 1949, WiGBl. Nr. 2 v. 27. 1. 1949, S. 8.
232 *Henckel* in: Jaeger, InsO, § 50 Rn. 75.
233 BGH, Urt. v. 7. 12. 1992, – AZ. II ZR 262/91 –, BGHZ 120, S. 368, 371, vgl. NJW 1993, S. 1791.
234 *Ebeling*, Das Früchtepfandrecht auf Grund des Gesetzes zur Sicherung der Düngemittel- und Saatgutverordnung vom 19. 1. 1949, S. 17.

der Erntezeit jederzeit verlangen, dass aus den Früchten eine Menge, die zur Sicherung der Forderung ausreicht, ausgeschieden, dem Pfandrecht unterliegend gekennzeichnet und gesondert aufbewahrt wird. Das Pfandrecht erlischt mit der Entfernung der Früchte vom Grundstück, nicht jedoch, wenn dies gegen den Widerspruch oder das Wissen des Gläubigers geschieht. Ein solches Widerspruchsrecht des Gläubigers besteht jedoch dann nicht, wenn die Früchte im Rahmen ordnungsgemäßer Bewirtschaftung vom Grundstück entfernt werden.[235]

aa) Verhältnis des Früchtepfandrechts zu anderen Pfandrechten

Das Früchtepfandrecht geht, wie sich aus § 2 Abs. 4 DüngemittelsicherungsG ergibt, allen an den Früchten bestehenden dinglichen Rechten im Rang vor, auch einem Pfändungspfandrecht im Sinne des § 810 ZPO und dem gesetzlichen Verpächterpfandrecht.[236] Da sich das Früchtepfandrecht ausschließlich gemäß § 2 Abs. 4 DüngemittelsicherungsG auf die Verkaufsfrüchte erstreckt, konkurriert es nicht mit dem Landverpächterpfandrecht, da von diesem nur die Wirtschaftsfrüchte erfasst werden.

bb) Stellung des Früchtepfandrechts in der Insolvenz

Das Früchtepfandrecht gewährt dem Pfandgläubiger in der Insolvenz des Eigentümers ein Absonderungsrecht gemäß § 50 InsO, und zwar bereits vor der Trennung, wenn das Saatgut bzw. der Dünger vor der Eröffnung des Insolvenzverfahrens verwendet worden ist, auch wenn erst nach der Eröffnung geerntet wird.

Fraglich ist allerdings, welche Wirkung die Entfernung der Früchte durch den Insolvenzverwalter hat. Der Bundesgerichtshof hat grundsätzlich entschieden, dass das Früchtepfandrecht durch Entfernung der reifen Früchte vom Grundstück im Rahmen der Ernte nach § 2 Abs. 1 DüngemittelsicherungsG auch dann erlösche, wenn der Pfandgläubiger der Entfernung widersprochen habe oder davon nichts wisse. Das Ernten und Veräußern der reifen Früchte sei als „ordnungsgemäße Wirtschaftsweise" des Landwirts im Sinne des § 2 Abs. 1 DüngemittelsicherungsG anzusehen.[237]

In einer weiteren Entscheidung vertritt der Bundesgerichtshof allerdings für den Insolvenzfall die Auffassung, dass § 2 Abs. 1 und 2 DüngemittelsicherungsG

---

235 Vgl. Fn. 234.
236 *Henckel* in: Jaeger, InsO, § 50 Rn. 75.
237 BGH, Urt. v. 7. 12. 1992 – AZ. II ZR 262/91 –, NJW 1993, S. 1791.

in der Insolvenz gerade nicht anzuwenden ist, so dass das Früchtepfandrecht nicht dadurch erlösche, dass der Insolvenzverwalter die Früchte zur Verwertung von dem landwirtschaftlichen Betrieb entferne, da es sich insoweit nicht um eine „ordnungsgemäße Wirtschaftsweise handele."[238] Zur Begründung verweist der Bundesgerichtshof auf die Parallele zum Vermieterpfandrecht, wonach die Entfernung der eingebrachten Sachen zum Zwecke der Verwertung für die Masse nicht zum Erlöschen des Pfandrechtes gemäß §§ 560, 561 BGB führe. Vielmehr verwandle sich das Pfandrecht in ein Absonderungsrecht. § 2 Abs. 1 DüngemittelsicherungsG lehne sich an § 560 BGB an, so dass sich nach Entfernung der Früchte das Absonderungsrecht am Erlös der Früchte fortsetze.

Bewirtschaftet der Insolvenzverwalter im Rahmen der Fortführung den insolventen landwirtschaftlichen Betrieb, sind in der Folge die von ihm begründeten Kaufpreis- und Darlehensverbindlichkeiten bei Düngemittel- und Saatgutherstellern unstreitig als Masseverbindlichkeit nach Maßgabe des Düngemittelsicherungsgesetzes mit dem Früchtepfandrecht belastet.

c) Das Landverpächterpfandrecht

Von besonderer Bedeutung im Insolvenzverfahren ist das gesetzliche Landverpächterpfandrecht gemäß § 592 BGB. Danach hat der Verpächter für seine Forderungen aus dem Landpachtverhältnis ein Pfandrecht an den eingebrachten Sachen des Pächters sowie an den Früchten der Pachtsache, und zwar sowohl an den unmittelbaren als auch an den mittelbaren Sachfrüchten.

aa) Entstehen und Erlöschen des Landverpächterpfandrechts

Zwingende Voraussetzung für das Entstehen eines Verpächterpfandrechtes ist der Abschluss eines Landpachtvertrages gemäß § 585 BGB. Durch den Landpachtvertrag wird ein Grundstück mit den seiner Bewirtschaftung dienenden Wohn- und/oder Wirtschaftsgebäuden (Betrieb) oder ein Grundstück ohne solche Gebäude überwiegend zur Landwirtschaft verpachtet. Weitere Voraussetzung ist die Einbringung und der Verbleib der dem Pfandrecht unterworfenen Sachen.[239] Eingebracht sind Inventargegenstände, wenn sie vom Pächter auf das Pachtgrundstück gebracht worden sind, um dort für eine gewisse Zeit oder für die Dauer der Pachtzeit abgestellt oder genutzt zu werden.[240] Daher sind Sachen

---

238 BGH, Urt. v. 12. 7. 2001 – AZ. IX ZR 374/98 –, NZI 2001, S. 548.
239 Vgl. OLG Oldenburg, AgrarR 2001, S. 163.
240 *Lange/Wulff/Lüdtke-Handjery*, Höfeordnung, § 592 Rn. 6.

nicht eingebracht, die nur vorübergehend mit dem Willen des Pächters auf das Pachtgrundstück gelangen.[241] Eine Besonderheit des Landverpächterpfandrechts in Abgrenzung zu anderen Pfandrechten besteht darin, dass auch Früchte im Sinne des § 99 BGB, sogar auch die Wirtschaftsfrüchte gemäß § 98 Nr. 2 BGB und die Rechtsfrüchte der Pachtsache mit umfasst sind. Das Pfandrecht an den Früchten entsteht sofort, somit auch bereits vor der Trennung und vor der Reifezeit.[242] Das Pfandrecht erlischt, wenn der Pächter die Sachen vom Grundbesitz entfernt, es sei denn die Entfernung erfolgte ohne Kenntnis oder gegen den Widerspruch des Verpächters.[243]

bb) Umfang des Landverpächterpfandrechtes

Das Landverpächterpfandrecht erstreckt sich auf alle vom Pächter eingebrachten Sachen, die in seinem Eigentum stehen. Dem Pfandrecht unterliegen nicht Gesamthandsanteile, falls nicht alle Gesamthänder Pächter sind, und keine Bruchteileigentumsanteile.[244] Dem Pfandrecht unterliegen unstreitig die Anwartschaftsrechte aus Kreditkäufen, bei denen das Pfandrecht mit Befriedigung des Vorbehaltsverkäufers entsteht.[245] Der Verpächter hat die Möglichkeit, durch Zahlung ausstehender Kaufpreisraten den Eintritt der Bedingung herbeizuführen, was insbesondere bei hochwertigen Inventargegenständen wie Schleppern, Rübenrodern und Mähdreschern, die in der Regel kreditfinanziert werden, für den Verpächter bei bereits überwiegend geleisteter Abzahlung von Bedeutung sein kann.

Anders als das Vermieterpfandrecht und das Pfandrecht des Verpächters nicht landwirtschaftlicher Gegenstände kann das Landverpächterpfandrecht gemäß § 592 BGB ohne zeitliche Begrenzung für die gesamte Pachtzeit geltend gemacht werden.

cc) Verhältnis des Landverpächterpfandrechtes zu anderen Sicherungsrechten

Wie bereits erörtert, ist das Rangverhältnis zwischen dem Landverpächterpfandrecht und dem Pachtkreditpfandrecht nach § 11 PachtKredG in der Weise geregelt, dass der Verpächter die Hälfte des Erlöses zur Befriedigung oder Sicherstellung seiner durch das Landverpächterpfandrecht gesicherten Forderungen erhält. Das

---

241 *Lange/Wulff/Lüdtke-Handjery*, Höfeordnung, § 592 Rn. 6.
242 *Lukanow* in: Faßbender/Hötzel/Lukanow, Landpachtrecht, § 592 Rn. 5.
243 *Ders.*, Rn. 9.
244 *Ders.*, Rn. 7.
245 *Weidenkaff* in: Palandt, § 562 Rn. 9.

gesetzliche Früchtepfandrecht hat, wie bereits dargestellt, absoluten Vorrang, erstreckt sich jedoch nur auf die Verkaufsfrüchte. Das Landverpächterpfandrecht erfasst aber auch die unpfändbaren Früchte gemäß § 811 Abs. 1 Nr. 4 ZPO, so dass insoweit dem Landverpächterpfandrecht gegenüber dem Früchtepfandrecht ein Vorrang zukommt. Allerdings gehen dem Verpächterpfandrecht vor Einbringung der Sachen begründete Sicherungsübereignungsverträge oder Vorausabtretungen vor.

dd) Stellung des Landverpächterpfandrechtes in der Insolvenz

Insolvenzrechtlich hat das Landverpächterpfandrecht durch die Stellung in § 50 Abs. 2 S. 2 InsO eine gesonderte Rolle eingenommen. Anders als das Vermieterpfandrecht und das Pfandrecht des Verpächters nicht landwirtschaftlicher Gegenstände, kann das Pfandrecht gemäß § 592 BGB ohne zeitliche Begrenzung für die gesamte Pachtzeit geltend gemacht werden, so dass es auch der zeitlichen Begrenzung des § 50 Abs. 1 S. 1 InsO nicht unterliegt. Aus § 592 Satz 2 BGB ergibt sich, dass es allerdings für künftige Entschädigungsforderungen nicht geltend gemacht werden kann. Da das Landverpächterpfandrecht auch die Inventargegenstände umfasst, welche grundsätzlich dem Pfändungsschutz gemäß § 811 Abs. 1 Nr. 4 ZPO unterliegen, werden somit auch die Pfandsachen erfasst, die gemäß § 36 Abs. 2 Nr. 2 InsO trotz Pfändungsschutz der Insolvenzmasse zugehörig sind.

Die Enthaftung tritt gemäß § 592 in Verbindung mit § 562a S. 2 BGB ein, wenn die eingebrachten Gegenstände den gewöhnlichen Verhältnissen entsprechend entfernt werden. Die Veräußerung im Rahmen der Betriebsfortführung führt regelmäßig zur Enthaftung, nicht aber die Verwertung von Sachen eines stillgelegten Betriebs oder von Sachen, die im Betrieb nicht mehr benötigt werden.[246] Der Insolvenzverwalter hat daher immer zu prüfen, ob die Veräußerungshandlung den gewöhnlichen Lebensverhältnissen entspricht, wenn sie im Rahmen einer Betriebsfortführung erfolgt. Denn in diesem Fall ist der Erlös in voller Höhe für die Insolvenzmasse zu generieren.

d) Das Pächterpfandrecht am Inventar

Landpächtern steht gemäß § 585 Abs. 2 in Verbindung mit § 583 BGB wegen ihrer Forderungen, die sich auf das mitverpachtete Inventar beziehen, gegen den Verpächter ein gesetzliches Pfandrecht an den in ihren Besitz gelangten Inventar-

---

246 *Ganter* in: MüKo-InsO, § 50 Rn. 101; LG Mannheim, ZIP 2003, S. 2374.

stücken zu. Das Pächterpfandrecht ist ein Besitzpfandrecht.[247] Es verfolgt den Zweck, den Pächter vor Herausgabeansprüchen Dritter zu bewahren und ihm Schutz gegenüber Gläubigern des Verpächters zu bieten, die eine Pfändung in das Inventar bewirkt haben.[248] Das Pfandrecht setzt nicht voraus, dass der Verpächter Eigentümer des Grundstücks oder des Inventars ist. Im Insolvenzverfahren des Verpächters kann der Pächter allerdings nur dann ein Absonderungsrecht geltend machen, wenn das Inventarstück dem Verpächter gehört und damit Masse-bestandteil ist.[249] Das Pächterpfandrecht kommt in der Praxis nur noch selten vor, da die Pächter fast ausschließlich mit eigenem Inventar arbeiten. Lediglich in Pachtverhältnissen, die der Vorbereitung der Hoferbfolge dienen, oder im Rahmen der Eisern- Pacht übernimmt der Pächter das Inventar des Verpächters, so dass dieses Pfandrecht in der Insolvenz des Verpächters Bedeutung erlangen könnte.[250]

4. Gegenstände des Haftungsverbandes der Hypothek/Grundschuld und die Auswirkungen auf das Insolvenzverfahren

Grundpfandrechte sind als Kreditsicherheit für ein Landwirtschaftsunternehmen nicht wegzudenken, da sich der Grund und Boden aufgrund seiner begrenzten Verfügbarkeit durch konstante Werthaltigkeit auszeichnet. § 49 InsO ermöglicht es den absonderungsberechtigten Gläubigern, sich im Wege des Zwangsverstei-gerungs- und des Zwangsverwaltungsverfahrens aus den unbeweglichen Gegen-ständen zu befriedigen. Diese Verfahren erfassen auch die Gegenstände, die ebenfalls der Zwangsvollstreckung in das unbewegliche Vermögen unterliegen und die sich aus §§ 864, 865 ZPO in Verbindung mit §§ 93 ff., 97 f., 1120 ff., 1265 BGB ergeben. Auch für den Fall, dass zwischen dem Insolvenzverwalter und dem Grundpfandgläubiger eine Einigung über den „freihändigen Verkauf" erzielt wird, werden die Grundpfandgläubiger auf eine angemessene Berücksichtigung des Haftungsverbandes bestehen.

a) Landwirtschaftliches Inventar

Als Zubehör haftet das landwirtschaftliche Inventar gemäß § 98 BGB für das Grundpfandrecht. Hierunter fällt das Landgut, welches als eine zum selbständi-gen Betrieb der Landwirtschaft geeignete und eingerichtete Betriebseinheit, die in

---

247 BGHZ 34, S. 153.
248 BGHZ 34, S. 153.
249 *Jaeger*, InsO, § 50 Rn. 64.
250 *Lukanow* in: Faßbender/Lukanow/Hötzel, Landpachtrecht, § 583 Rn. 2.

der Regel mehrere Grundstücke erfasst, definiert wird.[251] Ausreichend ist es, wenn die Betriebseinheit auch durch zugepachtete Flächen erreicht wird.[252] Darüber hinaus ist das zum Wirtschaftsbetrieb bestimmte Gerät erfasst; hierbei handelt es sich um alle Betriebsmittel wie beispielsweise Schlepper, Pflug, Mähdrescher.[253] Auch das für den Wirtschaftsbetrieb des Landgutes bestimmte Vieh fällt unter den Haftungsverband der Hypothek. Für den Wirtschaftsbetrieb bestimmt sind Arbeitstiere, Nutztiere, Zuchttiere und Masttiere.[254]

Die Enthaftung des Inventars aus dem Verband entsteht gemäß § 1121 Abs. 1 BGB durch Veräußerung und Entfernung oder durch die Aufhebung der Zubehöreigenschaft vor Beschlagnahme. Nach der Beschlagnahme kann die Enthaftung gemäß § 23 Abs. 1 S. 2 ZVG erfolgen, wobei die Enthaftung dann allerdings im Rahmen der ordnungsgemäßen Wirtschaft geschehen muss. In diesem Zusammenhang ist entscheidend, dass die Betriebsstilllegung des gesamten Betriebes durch den Insolvenzverwalter und die beabsichtigte Liquidation nach ständiger Rechtssprechung nicht zu einer Enthaftung im Sinne des § 23 Abs. 1 S. 2 ZVG führen, da eine solche Betriebsstilllegung gerade nicht in den Grenzen der ordnungsgemäßen Wirtschaft erfolgt.[255] Die hierzu ergangenen höchstrichterlichen Urteile wurden mit dem schützenswerten Interesse des Eigentümers begründet. Dieses Interesse sei auf die sachgemäße Nutzung und die erfolgreiche Bewirtschaftung des Grundstücks gerichtet, was nur bei Möglichkeit der Nutzung der Zubehörstücke möglich sei. Bei erfolgter Betriebsstilllegung könne diesem Interesse nicht mehr entsprochen werden. Denn es gehe in diesem Fall nicht mehr um die ordnungsgemäße Wirtschaftsführung im Rahmen der betrieblichen Tätigkeit, sondern um die bestmögliche Verwertung des Vermögens. Veräußerungstatbestände von einzelnen Inventargegenständen können allerdings im Rahmen der ordnungsgemäßen Wirtschaft erfolgen, so dass die Gegenstände oder die Veräußerungserlöse zugunsten der Insolvenzmasse vereinnahmt werden können.

b) Landwirtschaftliche Erzeugnisse und Früchte

Erzeugnisse bzw. Früchte (§ 99 Abs. 1 BGB) sind die Tier- und Bodenprodukte eines Grundstücks, wie beispielsweise Obst oder Getreide. Solange die Erzeugnisse

---

251 *Jickeli/Stieper* in: Staudinger BGB, Buch 1, §§ 21–240, Allgemeiner Teil, § 98 Rn. 9.
252 OLG Rostock, OLGE 29, S. 211, *Jickeli/Stieper* in: Staudinger BGB, Buch 1, §§ 21–240, Allgemeiner Teil, § 98 Rn. 9.
253 *Jickeli/Stieper* in: Staudinger BGB, Buch 1, §§ 21–240, Allgemeiner Teil, § 98 Rn. 11.
254 *Ders.*, Rn. 12.
255 BGH, Urt. v. 21. 3. 1973 – VIII ZR 52/72 –, NJW 1973, S. 997; BGH, Urt. v. 30. 11. 1995 – IX ZR 181/94 –, BGH NJW 1996, S. 835 (836).

mit dem Grundstück verbunden sind, werden sie bereits über § 94 BGB als wesentliche Bestandteile erfasst. Aber auch nach der Trennung verbleiben die Erzeugnisse zunächst im Haftungsverband, wenn sie mit Trennung in das Eigentum des Grundstückseigentümers fallen, da grundsätzlich die Erzeugnisse nach Trennung dem Grundstückseigentümer gehören, soweit nicht vorrangige Aneignungsgestattungen zugunsten Dritter bestehen. Das Fruchtziehungsrecht des Pächters wird daher gemäß § 21 Abs. 3, §§ 146, 148 ZVG nicht von der Beschlagnahmewirkung vereitelt. Das gesetzliche Pfandrecht der Düngemittel- und Saatgutlieferanten an den Früchten hat allerdings immer Vorrang vor dem Grundpfandrecht.

Bei Erzeugnissen setzt die Enthaftung durch Trennung und Entfernung gemäß § 1122 Abs. 1 BGB oder durch Veräußerung nach Beschlagnahme gemäß § 23 Abs. 1 S. 2 ZVG stets die Einhaltung der Grenzen der ordnungsgemäßen Wirtschaft voraus. In der Insolvenz kann daher durch die Veräußerung von Erzeugnissen im Rahmen der ordnungsgemäßen Wirtschaft freie Insolvenzmasse generiert werden.

c) Landpachtzinsen

Die Landpachtzinsen gehören gemäß § 1123 Abs. 1 BGB ebenfalls zum Haftungsverband der Hypothek. Die Enthaftung von Pachtforderungen ergibt sich aus den §§ 1123–1125 BGB. Sie ist möglich durch Zahlung vor Beschlagnahme oder durch Abtretung an Dritte. Gemäß § 148 Abs. 1 S. 1, § 21 Abs. 2 ZVG ist die Pacht nur im Rahmen des Zwangsverwaltungsverfahrens von der Beschlagnahme erfasst. Gemäß § 1123 Abs. 1 S. 1 BGB führen vor Beschlagnahme gezahlte Pachtzinsen dazu, dass sie nicht in den Haftungsverband fallen und damit freie Insolvenzmasse darstellen. Eine Vorausabtretung des Pachtzinses ist nur für den Monat der Beschlagnahme wirksam, bzw. bei Beschlagnahme nach dem 15. des Kalendermonats auch für den Folgemonat.

Aus diesem Grunde werden sich die Grundpfandgläubiger zusätzlich die Pachtzinsforderungen abtreten lassen. Eine Anfechtung einer solchen vorinsolvenzlichen Sicherungsabtretung durch den Insolvenzverwalter kann aber in diesen Fällen nicht erfolgreich durchgesetzt werden, da nach Rechtsprechung des Bundesgerichtshofes die Zuordnung der Miet- und Pachtzinsforderungen zum Haftungsverband eine Gläubigerbenachteiligung ausschließt.[256]

---

256 BGH, ZInsO 2006, S. 873; vgl. dazu die ausführliche Darstellung in *Schmidt/Büchler*, Effiziente Ermittlung und Abwicklung von Aus- und Absonderungsrechten in der Insolvenz (Teil 6: Haftungsverband), InsBüro 2007, S. 293 ff.

5. Zwischenergebnis

Die für die Landwirtschaft typischen Pfandrechte, nämlich das Inventarpfandrecht, das Früchtepfandrecht, das Landverpächterpfandrecht, das Pächterpfandrecht und das Grundpfandrecht berechtigten die Pfandgläubiger zur abgesonderten Befriedigung in der Insolvenz. Bei allen Pfandrechten hat der Insolvenzverwalter die besonderen Vorschriften zu beachten, die zum einen für das Verhältnis der Pfandrechte untereinander gelten, zum anderen sich auch auf den Verfahrensablauf auswirken. Die §§ 166 ff. InsO finden auf alle Pfandrechte über bewegliche Gegenstände und Rechte Anwendung mit der Folge der Verwertungsberechtigung des Insolvenzverwalters bei Inbesitznahme.

Bei der Erlösverteilung muss der Insolvenzverwalter bei kollidierenden Pfandrechten die entsprechende Verteilung vornehmen, so z. B. bei einer Kollision von Inventarpfandrecht und Landverpächterpfandrecht. Stets muss durch den Insolvenzverwalter geprüft werden, ob das Pfandrecht erloschen ist oder durch die Verwertungshandlungen im Rahmen der Betriebsfortführung erlöschen wird. Im Hinblick auf die Grundpfandrechte müssen der Haftungsverband der Hypothek und die Enthaftungstatbestände berücksichtigt werden. Insoweit ist zum einen zu prüfen, ob bereits Verfügungen vor Beschlagnahme getätigt wurden, die eine Haftung gar nicht erst entstehen lassen, zum anderen hat der Insolvenzverwalter die Verwertung der Massegegenstände immer unter Berücksichtigung des Hypothekenhaftungsverbandes vorzunehmen.

III. Öffentlich-Rechtliche Gläubiger

1. Allgemeines

Die Landwirtschaft ist ein Wirtschaftszweig, der in seiner agrarpolitisch erwünschten Erscheinungsform ohne staatliche Förderung nicht bestehen könnte. So existieren diverse flächen- und produktionsbezogene Förderprogramme, aufgrund derer zusätzliche Prämienzahlungen oder Ausgleichszahlungen gewährt werden.[257] Für den Anspruch mancher Leistungen kommt es nur auf die tatsächliche

---

257 Das Recht der Förderung des landwirtschaftlichen Raums stellt die sog. 2. Säule der Gemeinsamen Agrarpolitik dar. Im Rahmen des Aktionsprogramms der Agenda 2000 wurde eine Verbesserung der Effizienz der strukturpolitischen Instrumente der Europäischen Gemeinschaft angestrebt. In der VO (EG) 1257/1999 wurde dieses Ziel umzusetzen versucht, indem die Wirtschafts- und Lebensbereiche im ländlichen Raum nachhaltig gefördert, Verarbeitungs- und Veredelungsbetriebe gestärkt und das Kulturerbe geschützt und erhalten werden sollte. Für die Jahre

Nutzung und Bewirtschaftung des vergangenen Jahres an, so dass insoweit keine Nachteile durch die Eröffnung des Insolvenzverfahrens entstehen. Wurden hingegen Beihilfeleistungen bereits ausgezahlt und kann der Zuwendungszweck auf Grund der Insolvenz nicht mehr erreicht werden, ist zu prüfen, ob ein etwaiger Übernehmer in die Beihilfeprogramme einsteigt oder diese im Rahmen einer Betriebsfortführung fortgeführt werden können. Sollte dies nicht der Fall sein, muss der Förderträger entsprechende Maßnahmen ergreifen.

2. Rechtsnatur der Förderungen

Beihilfen im Bereich von Fördermaßnahmen erfolgen hoheitlich und ergehen im Verwaltungsrechtswege durch einen begünstigenden Verwaltungsakt.[258] Im Bereich der einzelbetrieblichen Investitionsförderung werden die Zuwendungsbescheide mit den Auflagen versehen, dass die geförderten Maßnahmen über einen bestimmten Zeitraum dem Zuwendungszweck entsprechend zu nutzen sind und der Zuwendungsbescheid ganz oder teilweise widerrufen werden kann, wenn der Zuwendungsempfänger einen Antrag auf Eröffnung des Insolvenzverfahrens stellt oder ein Insolvenzverfahren gegen ihn eröffnet wird, er seine Zahlungen einstellt oder gegen ihn die Zwangsvollstreckung betrieben wird.[259] Mit Eröffnungsbeschluss und mit der Bestellung eines Insolvenzverwalters kann aufgrund der Auflagen nach § 49 VwVfG der Zuwendungsbescheid mit Wirkung für die Zukunft oder die Vergangenheit widerrufen werden.

2007–2013 wurde die VO (EG) Nr. 1257/99 durch die VO (EG) 1698/05 abgelöst. Deutschland hat von der Möglichkeit gemäß Art. 15 Abs. 3 VO (EG) 1698/05 Gebrauch gemacht und eine regionale Rahmenplanung in Form des Gesetzes über die Gemeinschaftsaufgabe „Verbesserung der Agrarstruktur und des Küstenschutzes" (GAKG) zur Umsetzung der europäischen Zielvorgaben erlassen. Darüber hinaus gibt es weitere Fördermaßnahmen, die aber, da sie nicht überwiegend der gemeinschaftlichen Aufgabe der Agrarstrukturverbesserung dienen, aus den Landeshaushalten zu finanzieren sind. Gemäß § 3 GAKG wird die finanzielle Förderung durch die Gewährung von Zuschüssen, Darlehen, Zinszuschüssen und Bürgschaften gewährleistet. Der nationale Rahmenplan für den Zeitraum von 2007–2010 enthält die Förderungsgrundsätze.
Darüber hinaus haben auch der Bund und die Landwirtschaftliche Rentenbank Förderprogramme entwickelt. Bei den Programmkrediten der Landwirtschaftlichen Rentenbank handelt es sich um zinsgünstige Darlehensprogramme, deren Zinsgestaltung sich am Kapitalmarktniveau orientiert. (www.bmelv.de/SharedDocs/Standardartikel/Landwirtschaft/LaendlicheRaeume/Foerderung/natStrategieplan.html)
258 *Kolbe/Bart/Brückner/Günther/Preiß*, (vgl. Fn. 2), S. 47.
259 Vgl. Fn. 258.

3. Widerruf von Zuwendungsbescheiden in der Insolvenz

Aufgrund des Übergangs der Verfügungs- und Verwaltungsbefugnis auf den Insolvenzverwalter ist der Widerrufsbescheid dem Insolvenzverwalter zuzustellen. Inwieweit ein Widerruf der Zuwendungen erfolgt, hängt von der konkreten Situation und den Gründen für die Beantragung des Insolvenzverfahrens ab. Da das Insolvenzverfahren keine bevorrechtigte Befriedigung besonderer Gläubiger vorsieht, sind auch hoheitliche Subventionen nach den Regelungen der Insolvenz zu beurteilen.

a) Widerruf für die Zukunft

Ein Widerruf für die Zukunft gemäß § 49 Abs. 2 VwVfG kommt in Betracht, wenn der Zuwendungsbescheid unanfechtbar ist, die bewilligten Zuwendungen jedoch noch nicht ausbezahlt wurden. In diesem Fall besteht gegen den Insolvenzschuldner als Zuwendungsempfänger keine Forderung, die ggf. in einem Insolvenzverfahren zur Tabelle angemeldet werden kann.[260]

b) Widerruf für die Vergangenheit

Ein Widerruf für die Vergangenheit gemäß § 49 Abs. 3 VwVfG erfolgt dann, wenn der Zuwendungsbescheid unanfechtbar ist und die bewilligte Zuwendung ganz oder teilweise ausbezahlt worden ist.[261] In diesem Fall besteht zugunsten des Gläubigers ein Rückforderungsanspruch, der zur Insolvenztabelle angemeldet werden muss. Zu differenzieren ist hier zwischen den unterschiedlichen Zuwendungsarten. Häufig wird es sich um öffentliche Darlehen handeln. Der Rückforderungsbetrag ergibt sich aus der Höhe des Valutastandes zum Zeitpunkt des Eröffnungsbeschlusses. Regelmäßig werden die Darlehen durch die zuständige Hausbank des insolventen Landwirts im Rahmen eines Treuhandauftrages zwischen Bundesland und Hausbank zur Auszahlung gebracht, so dass auch die Hausbank die Forderung aus dem Darlehen zur Insolvenztabelle anmelden wird.[262]

Anders sind Zinszuschüsse zu Kapitalmarktdarlehen zu bewerten, da die Zahlung des Zinszuschusses ab Eröffnung des Insolvenzverfahrens eingestellt werden wird und die Zinszuschüsse für die Vergangenheit dem Zuwendungszweck entsprechend verwendet wurden. Bei dieser Art von Subvention besteht

---

260 Vgl. hierzu ausführlich: Fn. 258, S. 48 f.
261 Vgl. Fn. 258, S. 48.
262 Vgl. Fn. 258, S. 49.

somit kein Rückforderungsanspruch, der zur Insolvenztabelle angemeldet werden kann.[263]

IV. Zusammenfassung und Ergebnis zu E.

In der Insolvenz werden die Gläubiger grundsätzlich eingeteilt in Insolvenzgläubiger, nachrangige Gläubiger, Massegläubiger und in ab- und aussonderungsberechtigte Gläubiger. Der Schwerpunkt der Untersuchung lag in den spezifischen Sicherungsgegenständen im Rahmen der Sicherungsübereignung und in der Beschreibung besonderer Pfandrechte, die speziell auf die Bedürfnisse und Gegebenheiten in der Landwirtschaft zugeschnitten sind.

Die Sicherungsübereignungen erfassen regelmäßig die Erntebestände. Da gemäß § 581 Abs. 1 S. 1 BGB der Eigentümer dem Pächter das Recht zur Fruchtziehung gewährt, kann der Pächter seine Erntebestände trotz der Verbindung der Früchte mit Grund und Boden des Eigentümers als Sicherheit zur Verfügung stellen. Bei der Sicherungsübereignung von Inventar ist immer zu prüfen, ob dieses unter die Zubehörhaftung des § 1120 BGB fällt und damit nicht sonderrechtsfähig ist. Da es sich oftmals um erhebliche Vermögenswerte handelt, liegen bei gesonderter Sicherungsübereignung in der Regel Freigabeerklärungen der Grundpfandgläubiger vor.

Auch Viehbestände sind als häufiger Sicherungsgegenstand anzutreffen. Schwierigkeiten bereitet oftmals im Bereich der Massentierhaltung die Bestimmtheit, wenn es sich um wechselnde Bestände handelt und die Tiere Stallungen und Flächen regelmäßig wechseln. Bei individueller Tierhaltung ist dem Bestimmtheitserfordernis einfacher Rechnung zu tragen, da viele Tiere markiert sind oder die Besitzer über Dokumente verfügen, die das Tier beschreiben.

Im Rahmen der Finanzierung von Biogasanlagen lassen sich Kreditinstitute regelmäßig Silogüter, die als Substrat zur Erzeugung des Biogases verwendet werden und damit wesentlich zum wirtschaftlichen Betrieb der Anlage beitragen, sicherungsübereignen. Die Wirksamkeit dieser Abreden ist häufig dann gefährdet, wenn mehrere Eigentümer aufgrund des gemeinsamen Betriebes eines Silos Eigentümer der Substrate sind. Insofern steht dem jeweiligen Eigentümer ein Bruchteil an der gesamten Menge zu. Problematisch ist die Erhöhung des Bruchteils durch weiteres Einlagern von Substraten, wenn darüber keine gesonderte Sicherungsabrede getroffen wurde. Den Insolvenzverwalter trifft somit die Pflicht, Sicherungsübereignungsverträge hinsichtlich ihrer rechtlichen Durchsetzbarkeit

---

263 Vgl. Fn. 258, S. 49.

zu überprüfen. Sollte sich dabei herausstellen, dass die Sicherungsübereignung nicht wirksam ist, kann sich daraus freie und verwertbare Insolvenzmasse ergeben.

Auch Biogasanlagen werden als Kreditsicherheiten verwendet und für den Fall, dass Biogasanlagenbetreiber und Eigentümer von Grund und Boden personenverschieden sind, sicherungsübereignet. Um die Sonderrechtsfähigkeit der Anlage zu begründen, muss die Scheinbestandteilseigenschaft der Anlage hergestellt werden, was sich nach Maßgabe des § 95 BGB vollzieht. Der Insolvenzverwalter hat somit festzustellen, dass die Scheinbestandteilseigenschaft wirksam entstanden ist. Probleme können sich ergeben, wenn zum Zeitpunkt der Insolvenzantragsstellung noch kein Antrag auf Eintragung eines dinglichen Rechtes im Sinne des § 95 Abs. 1 S. 2 BGB gestellt wurde oder der vorübergehende Zweck im Sinne des § 95 Abs. 1 S. 1 BGB nicht gegeben ist.

Im Bereich der Biogaserzeugung können sich die Substratlieferanten durch die Vereinbarung eines verlängerten Eigentumsvorbehaltes absichern. Dieser berechtigt in der Insolvenz zur abgesonderten Befriedigung. Sollte das Substrat zum Zeitpunkt der Insolvenzeröffnung noch nicht eröffnet sein, steht dem Vorbehaltsverkäufer ein Aussonderungsrecht zu, welches nach § 107 Abs. 2 InsO allerdings von der Ausübung des Erfüllungswahlrechts des Insolvenzverwalters abhängt.

Weitere Absonderungsrechte können in der Landwirtschaftsinsolvenz aufgrund verschiedener Pfandrechte entstehen. Eher historische Bedeutung und wenig Praxisrelevanz kommt dem vertraglichen Inventarpfandrecht nach dem Pachtkreditgesetz zu. Das Pachtkreditgesetz enthält auch Regelungen über das Verhältnis zu anderen Pfandrechten. So sieht § 4 Abs. 2 S. 2 PachtKredG Gleichrang zwischen dem Verpächterpfandrecht und dem Inventarpfandrecht vor. Im Verhältnis zu Grundpfandrechten besteht gemäß § 7 PachtKredG Nachrang. Ansonsten sind aufgrund der Außenwirkung des Verpfändungsvertrages Rechte Dritter nachrangig. Der Insolvenzverwalter hat gemäß § 11 PachtKredG auf eine entsprechende Erlösverteilung zu achten.

Um die Lieferanten von Düngemitteln und Saatgut zu schützen, sieht das Düngemittelsicherungsgesetz mit dem Früchtepfandrecht ein eigenes Sicherungsinstrument vor. Früchte können deswegen trotz fester Verbindung mit Grund und Boden Gegenstand dieses dinglichen Rechts werden, solange sie nicht ohne Widerspruch des Früchtepfandgläubigers entfernt worden sind oder im Rahmen der ordnungsgemäßen Bewirtschaftung veräußert worden sind. Die Verwertung im Rahmen des Insolvenzverfahrens stellt keine ordnungsgemäße Wirtschaftsweise dar, so dass sich in diesem Fall das Früchtepfandrecht in ein Absonderungsrecht wandelt.

Dem Verpächter steht für seine Forderungen ohne zeitliche Begrenzung ein Verpächterpfandrecht gemäß § 592 BGB zu, welches auch die gemäß § 811 Abs. 1

Nr. 4 ZPO unpfändbarer Früchte erfasst, so dass insoweit das Früchtepfandrecht verdrängt wird. In der Insolvenz ist der Verpächter gemäß § 50 Abs. 2 S. 2 InsO nicht an die zeitliche Einschränkung des § 50 Abs. 2 S. 1 InsO gebunden. Im Hinblick auf die Verfahrensgestaltung findet eine Enthaftung des Pfandgegenstandes statt, wenn die vom Pächter eingebrachten Sachen zur Fortführung benötigt werden oder die Veräußerung den gewöhnlichen Lebensverhältnissen entspricht. Bei Stilllegung der Tätigkeit des Pächters sind die Verwertungserlöse zur Befriedigung der Verpächterforderungen zu verwenden.

Auch dem Pächter steht gemäß §§ 585 Abs. 2 BGB in Verbindung mit § 583 BGB für den Fall der Verpächterinsolvenz ein Absonderungsrecht in Form des Pächterpfandrechts zu. Die Geltendmachung des Absonderungsrechts hängt allerdings davon ab, dass sich das Inventarstück im Eigentum des Verpächters befindet.

Darüber hinaus ist die Landwirtschaftsinsolvenz aufgrund der wichtigen Stellung von Grund und Boden durch Absonderungsrechte in Folge von bestellten Grundpfandrechten geprägt. Insofern gilt es den Haftungsverband zu berücksichtigen und Enthaftungstatbestände zu prüfen. Der Haftungsverband erfasst insbesondere Zubehör, Erzeugnisse und Miet- und Pachtforderungen.

Die Landwirtschaft ist von staatlichen Förderungen und Zuwendungen abhängig. Aus diesem Grunde werden im Rahmen verschiedener Programme regelmäßig Beihilfen gewährt, die in der Insolvenz des geförderten Landwirtschaftsunternehmens zu einer Gläubigerstellung des Trägers der Fördermaßnahme führen können. Dabei handelt es sich regelmäßig um öffentlich-rechtliche Gläubiger. Sollten Beihilfezahlungen bereits geleistet werden, ist zu prüfen, ob und inwieweit den Programmen weiterhin im Rahmen einer Betriebsfortführung oder nach Betriebsveräußerung entsprochen werden kann. Sollte dies nicht möglich sein, so ist eine Rücknahme der Zuwendungsbescheide nach Maßgabe des § 49 VvVfG erforderlich. Bei einer Rücknahme für die Vergangenheit hat der Förderträger die Möglichkeit, die Forderung zur Insolvenztabelle anzumelden.

F. Verträge in der Landwirtschaftsinsolvenz

I. Die Behandlung von gegenseitigen Verträgen in der Insolvenz

Gegenseitige Verträge, die vorinsolvenzlich noch nicht oder nicht vollständig erfüllt worden sind, werden durch die Eröffnung des Insolvenzverfahrens nicht automatisch aufgehoben. Gemäß § 103 InsO hat der Insolvenzverwalter die Wahl, den noch offenen Vertrag zu erfüllen oder dessen Erfüllung abzulehnen. Der Anwendungsbereich dieser Vorschrift ist auf gegenseitige Vertragsverhältnisse in Form von vollkommen zweiseitigen Verträgen beschränkt. Dabei handelt es sich um Schuldverhältnisse, deren Verpflichtungen in einem Abhängigkeitsverhältnis zueinander stehen.[264]

Wenn der Gläubiger seine Leistung bereits vollständig erfüllt hat, bleibt seine erbrachte Leistung in der Insolvenzmasse, wohingegen die Gegenleistung ihre gegenwärtige Durchsetzbarkeit verliert und gemäß § 103 Abs. 2 InsO durch die Eröffnung des Insolvenzverfahrens den Status einer Insolvenzforderung erhält. Der § 103 InsO hat eine Veränderung des Synallagmas zur Folge, indem sich der Erfüllungsanspruch des Gläubigers in einen Schadensersatzanspruch umwandelt.[265] Aufgrund seiner Entscheidung, in Vorleistung zu treten, stehen dem Gläubiger auch nicht mehr die Rechte gemäß §§ 320, 322 BGB zu.[266]

Das Wahlrecht des Insolvenzverwalters darf nur mit dem Ziel der Massemehrung ausgeübt werden.[267] Die entsprechende Erklärung des Insolvenzverwalters unterliegt weder einer Einschränkung durch die Grundsätze von Treu und Glauben noch besteht ein Formzwang, selbst wenn das der Erklärung zugrunde liegende Vertragsverhältnis formbedürftig ist.[268] Mit dem vom Insolvenzverwalter ausgesprochenen Erfüllungsverlangen wird die Forderung der Vertragspartei in den Rang einer Masseverbindlichkeit gehoben, wobei das Erfüllungsverlangen unbedingt ausgesprochen werden muss und auch unwiderruflich ist.[269]

---

264 *Smid*, Praxishandbuch InsO, § 17 Rn. 1.
265 *Ders.*, § 17 Rn. 1.
266 *Huber* in: Gottwald, Insolvenzrechts-Handbuch, § 34 Rn. 7.
267 BGH ZIP 1995, S. 926; BGH ZIP 1992, S. 48.
268 *Wegener* in: FK-InsO, § 103 Rn. 58.
269 *Grühn* in: Juris Praxis Kommentar, § 581 Rn. 4.

II. Der Landpachtvertrag

Fast bei jeder landwirtschaftlichen Insolvenz wird der Landpachtvertrag von zentraler Bedeutung sein. Entweder hat der Insolvenzschuldner sein Land verpachtet oder er ist selbst Landpächter. Betriebswachstum erfolgt in der Landwirtschaft in der Bundesrepublik Deutschland häufig durch Zupacht. Für Gesamtdeutschland beträgt der Pachtflächenanteil 62,4 %. Davon entfällt eine Quote in den neuen Bundesländern auf 81,2 % und in den alten Bundesländern auf 53,3 %.[270] Zu erwarten ist, dass in den alten Bundesländern bei anhaltender Tendenz zur Verringerung der Zahl der Betriebe der Pachtanteil weiter zunehmen und in den neuen Bundesländern aufgrund der Möglichkeit des begünstigten Flächenerwerbs der Pachtanteil eher abnehmen wird.[271]

1. Allgemeines

Das Pachtrecht ist grundsätzlich dem Mietrecht angenähert, enthält allerdings gemäß § 581 Abs. 1 BGB noch das Wesensmerkmal, neben der Gebrauchsüberlassung auch die Fruchtziehung im Rahmen der ordnungsgemäßen Bewirtschaftung zu gestatten.[272]

Neben einem gesamten Betrieb und einzelnen Flächen kann auch die Verpachtung des landwirtschaftlichen Inventars zwischen den Parteien vereinbart werden. Nach § 582a BGB kann eine Inventarübernahme auch zum Schätzwert stattfinden, was als Eisern Verpachtung bezeichnet wird. Der Pächter übernimmt in diesem Fall das Inventar eines Grundstücks zum Schätzwert mit der Verpflichtung es bei Beendigung des Pachtverhältnisses zum Schätzwert zurückzugewähren. Das eisern verpachtete Inventar ist zum Zeitpunkt der Pachtrückgabe zu bewerten.[273] Die Inventarpacht ist unabhängig vom Landpachtrecht und findet sich in den §§ 582 ff. BGB. Dennoch erfolgt die Darstellung von Besonderheiten im Rahmen des Landpachtvertrages. Der Verpächter ist im Rahmen der Inventarpacht verpflichtet, Inventarstücke zu ersetzen, die infolge eines vom Pächter nicht zu vertretenden Umstandes untergehen, wobei der Pächter den gewöhnlichen Abgang zum Inventar gehörender Tiere insoweit zu ersetzen hat, als dies einer

---

270 Zahlen aus: Statistisches Jahrbuch über Ernährung, Landwirtschaft und Forsten 2007, Tabellen 29 und 33.
271 Vgl. *Grimm*, (vgl. Fn. 11), Rn. 53.
272 *Grühn* in: Juris Praxis Kommentar, § 581 Rn. 4.
273 *Piltz* in: Dombert/Witt, MAH-Agrarrecht, § 8 Rn. 41.

ordnungsgemäßen Bewirtschaftung entspricht. Die Erhaltungspflicht obliegt dem Pächter so lange, bis der Gegenstand verbraucht oder abgenutzt ist.

2. Der Landpachtvertrag im Insolvenzeröffnungsverfahren

a) Anwendungsbereich der §§ 103 ff. InsO im Insolvenzeröffnungsverfahren

Die §§ 103 ff. InsO enthalten Regelungen für den Umgang mit gegenseitigen Verträgen, die zum Zeitpunkt der Eröffnung des Insolvenzverfahrens nicht oder nur teilweise erfüllt worden sind. Der Landpachtvertrag ist ein gegenseitiger Vertrag. Allerdings sind die Regelungen der §§ 103 ff. InsO im vorläufigen Insolvenzverfahren weder direkt noch in analoger Weise anwendbar. Daraus folgt, dass beide Vertragsparteien während der Dauer des vorläufigen Insolvenzverfahrens an den bestehenden Vertrag und die damit begründeten Rechte und Pflichten gebunden sind.[274] Aus § 108 Abs. 3 InsO ergibt sich, dass Ansprüche für die Zeit vor der Eröffnung des Insolvenzverfahrens nur als Insolvenzforderungen geltend gemacht werden können. Masseverbindlichkeiten werden jedoch im Rahmen des vorläufigen Insolvenzverfahrens gemäß § 55 Abs. 2 InsO immer dann begründet, wenn das Gericht einen starken vorläufigen Insolvenzverwalter eingesetzt hat, auf den bereits mit Eröffnung des Insolvenzeröffnungsverfahrens die Verwaltungs- und Verfügungsbefugnis übergeht.

b) Kündigung des Landpachtvertrages im Insolvenzeröffnungsverfahren

Eine Kündigung, die im vorläufigen Verfahren ausgesprochen wird, ist abhängig davon, ob ein schwacher oder starker Insolvenzverwalter eingesetzt wurde, für den ersten Fall an den Insolvenzschuldner und im letzteren Fall, da hier bereits die Verwaltungs- und Verfügungsbefugnis auf den vorläufigen Insolvenzverwalter übergegangen ist, an den Insolvenzverwalter zu adressieren. Sollte der Schuldner als Pächter und/oder der vorläufige Insolvenzverwalter während der Dauer der Anordnung des vorläufigen Insolvenzverfahrens die Pacht nicht vertragsgemäß zahlen, besteht für den Verpächter die Möglichkeit gemäß § 594 e in Verbindung mit § 543 Abs. 2 Nr. 3 BGB die außerordentliche fristlose Kündigung auszusprechen.

Da es bei Landpachtverträgen üblich ist, die Pacht jährlich zu entrichten, bestimmt § 594 e Abs. 2 S. 1 BGB, dass ein wichtiger Kündigungsgrund vorliegt, wenn der Pächter mit der Entrichtung der Pacht oder eines nicht unerheblichen

---

274 *Balthasar* in: Nerlich/Römermann, InsO, § 103 Rn. 38.

Teils der Pacht länger als drei Monate in Verzug ist. In diesem Zusammenhang ist allerdings für den Verpächter § 112 InsO zu beachten, wonach eine außerordentliche Kündigung nicht in Betracht kommt, wenn Zahlungsverzug vor Antragstellung eingetreten ist. Die Kündigungssperre bezieht sich jedoch lediglich auf die dort genannten Fälle und schließt eine außerordentliche Kündigung aufgrund anderer wichtiger Gründe gemäß § 594 e BGB nicht aus.

3. Das Insolvenzverfahren des Verpächters

Gemäß § 108 Abs. 1 S. 2 InsO bestehen Miet- und Pachtverhältnisse, die der Schuldner als Vermieter oder Verpächter eingegangen war, über unbewegliche Gegenstände oder Räume sowie Dienstverhältnisse mit Wirkung für die Insolvenzmasse fort. Für den Ablauf eines Insolvenzverfahrens ergeben sich daher folgende Konsequenzen.

a) Beendigung von Pachtverträgen in der Verpächterinsolvenz

Eine Kündigungsmöglichkeit des Verpächters oder des Insolvenzverwalters besteht in dem Fall der Insolvenzeröffnung über das Vermögen des Verpächters nicht. Der Insolvenzverwalter, auf den die Verwaltungs- und Verfügungsbefugnis übergegangen ist, kann das Pachtverhältnis nur nach den allgemeinen Bestimmungen und den vertraglichen oder gesetzlichen Vorgaben kündigen. Gleiches gilt für den Pächter, dem ebenfalls aufgrund der Insolvenz des Verpächters kein Sonderkündigungsrecht zusteht. Gleichwohl besteht für die Vertragsparteien die Möglichkeit, das Vertragsverhältnis durch einen Aufhebungsvertrag zu beenden.

b) Vertragspflichten der Parteien

Da in der Verpächterinsolvenz kein Sonderkündigungsrecht der Parteien besteht, ist das Einhalten der beiderseitigen Vertragspflichten von besonderer Bedeutung.

aa) Verpflichtung zur Pachtzinszahlung

Der Pächter hat sowohl die rückständigen als auch die während des Insolvenzverfahrens jeweils fällig werdenden Pachtzinsen an den Insolvenzverwalter zu zahlen.[275] Die Pachtforderungen stehen nur dann nicht der Insolvenzmasse zu,

---

275 *Ahrendt* in: Hamburger Kommentar zum Insolvenzrecht, § 108 Rn. 15.

wenn ein Zwangsverwaltungsverfahren seitens etwaiger Grundpfandgläubiger angeordnet wurde.

bb) Vorausverfügungen über die Pacht gemäß § 110 InsO

§ 110 InsO verfolgt das Ziel, der Insolvenzmasse die Miet- oder Pachteinnahmen zu erhalten. Danach ist eine vorinsolvenzliche Vorausverfügung des Verpächters über die Pacht nur für den laufenden Monat wirksam, in dem die Insolvenz eröffnet wurde, bzw. für den folgenden Monat, sollte das Insolvenzverfahren nach dem 15. des jeweiligen Kalendermonats eröffnet worden sein. Bedeutung hat die Vorschrift folglich für Vorausabtretungen, Verpfändungen künftiger Ansprüche, die Nießbrauchsbestellung, den Erlass und die Stundung von Pachtforderungen.[276] In diesem o. g. Zeitraum steht einem etwaigen Pfändungs- oder Abtretungsgläubiger ein Absonderungsrecht an den Pachtzahlungen zu.

Durch § 110 Abs. 2 InsO wird der Begriff der Verfügung auf die Einziehung von Miet- und Pachtzinsen erweitert, so dass im Ergebnis auch Vorauszahlungen des Pächters erfasst sind. Hierunter fallen alle Vorleistungen, die der Pächter entweder als Erfüllung oder als Surrogat im Hinblick auf künftige Pachtzeiträume erbracht hat.[277] Bei Unwirksamkeit der Vorauszahlungen kann der Pächter somit erneut vom Insolvenzverwalter in Anspruch genommen werden und erhält für seinen bereicherungsrechtlichen Rückforderungsanspruch lediglich die Möglichkeit, diesen zur Insolvenztabelle anzumelden. Eine Aufrechnungsmöglichkeit gegen den Anspruch auf Pachtzahlung kann der Pächter aufgrund des § 110 Abs. 3 InsO nicht geltend machen.

cc) Verpflichtung zur Überlassung im vertragsgemäßen Zustand

Der Insolvenzverwalter ist verpflichtet, dem Pächter den Pachtgegenstand in vertragsgemäßem Zustand zu überlassen.[278] Entsprechend hat der Pächter gegen die Insolvenzmasse einen Anspruch auf Herstellung des zum vertragsgemäßen Gebrauch geeigneten Zustands der Pachtflächen. Dieser Anspruch ist auch dann als Masseverbindlichkeit zu qualifizieren, wenn der mangelhafte Zustand bereits vor Insolvenzeröffnung bestand, da die Erfüllung dieses Anspruchs auch im Gegen-

---

276 *Ders.*, § 110 Rn. 4.
277 *Cymutta*, Besonderheiten der Pacht- und Landpachtverträge in der Insolvenz, ZInsO 2009, S. 411.
278 *Ahrendt* in: Hamburger Kommentar zum Insolvenzrecht, § 108 Rn. 9.

seitigkeitsverhältnis mit Pachtforderungen steht, die nach Eröffnung des Insolvenzverfahrens entstehen.[279]

dd) Veräußerung der Pachtgegenstandes

Gemäß § 593 b BGB tritt der Erwerber bei Veräußerung des Landpachtgegenstandes als Verpächter in den Landpachtvertrag ein. Dem Erwerber steht gemäß § 111 InsO in diesem Fall ein Sonderkündigungsrecht zu, wonach er entsprechend der gesetzlichen Vorschriften zur Kündigung berechtigt ist, es sei denn, zwischen den Vertragsparteien wurden individualvertraglich kürzere Kündigungsfristen vereinbart. Gemäß § 111 S. 2 InsO kann das Sonderkündigungsrecht nur für den ersten gültigen Kündigungstermin in Anspruch genommen werden.

4. Das Insolvenzverfahren des Pächters

a) Beendigung des Landpachtvertrages

Ist die Insolvenz über das Vermögen einer Person eröffnet, die Pächter landwirtschaftlicher Flächen ist, so besteht zugunsten des Insolvenzverwalters die Möglichkeit, das Pachtverhältnis nach § 109 Abs. 1 S. 1 InsO mit einer Kündigungsfrist von drei Monaten zu beenden. Bis zum 1. 1. 2007 galt für den Insolvenzverwalter die gesetzliche Kündigungsfrist der §§ 584, 594 a BGB. Das hatte zur Folge, dass die Kündigung bis zum dritten Werktag eines Pachtjahres zum Schluss des nächsten Pachtjahres ausgesprochen werden musste, so dass der Landpachtvertrag, soweit er nicht freigegeben wurde, bis zu zwei Jahre von der Insolvenzmasse erfüllt werden musste.

Für Verfahren, die nach dem 1. 1. 2007 eröffnet wurden, hat der Gesetzgeber die Kündigungsfrist von drei Monaten eingeführt.[280] Sollten aufgrund anderer gesetzlicher Bestimmungen kürzere Kündigungsfristen gegeben sein, verkürzt sich die Kündigungsfrist dementsprechend. In Abgrenzung zur Pacht über Grundstücke und Rechte gemäß § 594 f BGB bedarf die Kündigung im Landpachtrecht immer der Schriftform. Dies gilt auch für Unterpacht- oder andere Gebrauchsüberlassungsverträge oder sonstige Vereinbarungen im Sinne des § 585 BGB.[281]

Von dem Sonderkündigungsrecht des § 109 Abs. 1 S. 1 InsO kann der Insolvenzverwalter während der gesamten Dauer des Insolvenzverfahrens Gebrauch

---

279 BGH, Urt. v. 5. 7. 2007 – AZ.: IX ZR 185/06 –, ZInsO 2007, S. 1111 f.

280 *Wegener* in: Uhlenbruck, InsO, § 109 Rn. 7.

281 *Faßbender* in: Faßbender/Hötzel/Lukanow, Landpachtrecht, § 594 f.

machen, so dass der Verpächter stets mit einer Kündigungserklärung rechnen muss. Eine solche weite Ausdehnung des Sonderkündigungsrechtes ist erforderlich, um dem Insolvenzverwalter den notwendigen Beurteilungsspielraum über die weiteren Entwicklungsmöglichkeiten des Unternehmens zu ermöglichen.[282]

b) Pflicht zur ordnungsgemäßen Bewirtschaftung bei Erfüllung des Pachtvertrages

Nach § 586 Abs. 1 S. 3 BGB trifft den Pächter die Pflicht, die Pachtsache ordnungsgemäß zu bewirtschaften. Der Begriff der ordnungsgemäßen Landwirtschaft ist ein unbestimmter Rechtsbegriff und bedarf deshalb einer Wertung und Auslegung im Einzelfall.[283] Der Umfang der Bewirtschaftungspflicht wurde bewusst unbestimmt gehalten, da Landpachtverhältnisse aufgrund ihrer unterschiedlichen Inhalte keinen generellen und abstrakten Regelungen unterworfen werden können.[284]

Ordnungsgemäß ist eine Bewirtschaftung dann, wenn Gebrauch und Nutzung entsprechend den wissenschaftlich abgesicherten und praktisch erprobten Erkenntnissen der Agrar- und Betriebswirtschaft erfolgen.[285] Neben einem substanzschonenden und -erhaltenden Umgang mit der Pachtsache und der Beach-

---

282 *Ahrendt* in: Hamburger Kommentar zum Insolvenzrecht, InsO, § 109 Rn. 8; *Breitenbücher* in: Graf-Schlicker, InsO, § 109 Rn. 5.

283 Zum unbestimmten Rechtsbegriff vgl. *Maurer*, Allgemeines Verwaltungsrecht, S. 129 ff.

284 *Von Jeinsen* in: Staudinger, BGB, 2. Buch, Recht der Schuldverhältnisse, §§ 581–606, § 586 Rn. 35; *Lange/Wulff/Lüdtke-Handjery*, Landpachtrecht, § 586 Rn. 37.

285 Bezogen auf eine sachgemäße Bodenbestellung und Bodenbearbeitung gelten nach *Faßbender* in Faßbender/Lukanow/Hötzel, Landpachtrecht und Lange/Wulff/Lüdtke-Handjery folgende Anforderungen:
- Anbau entsprechend den klimatischen Bedingungen und Bodenverhältnisse und entsprechend der Bodenqualität mit fördernder Wirkung auf den Humusgehalt des Bodens. Der übermäßige Anbau von Pflanzen, die den Mematodenbefall des Bodens fördern, wie Kartoffeln und Zuckerrüben, ist zu vermeiden;
- Einhaltung der Fruchtfolge;
- richtige Sortenwahl;
- Auswahl qualitätsvollen Saat- und Pflanzengutes;
- Bodenbewirtschaftung in optimaler Tiefe;
- sachgemäße Düngung, Erhaltung einer guten Versorgung mit Pflanzennährstoffen;
- sachgemäße und sinnvolle Anwendung von Pflanzenschutzmitteln; Bekämpfung bodenbürtiger Pflanzenschädlinge; Freihalten von vegetativ wirksamen Pflanzenwurzeln; Bekämpfung von hartnäckigen Unkräutern;
- Vermeiden und Beseitigen von Bodenverdichtungen; Maßnahmen gegen vermeidbare Staunässe; Maßnahmen gegen die Wassererosion; Absammeln von großen Steinen;
- Wartung von Hecken, Zäunen, Brunnen, Entfernung von schädlichen Bewuchs.

tung aller öffentlich-rechtlichen Vorschriften gehört auch die Erhaltung von Rechten dazu. Die Regelung findet grundsätzlich auf alle mitverpachteten Rechte wie Milchquoten, Zuckerrübenlieferrechte oder mitverpachtete Zahlungsansprüche Anwendung. Die Verpflichtung beschränkt sich nicht auf die bestehenden Rechte, sondern auch auf während der Pachtzeit neu entstehende und zugeteilte Rechte. Im Rahmen der ordnungsgemäßen Bewirtschaftung ist der Pächter verpflichtet, sich um die Zuteilung derartiger Rechte zu bemühen und diese nach Erhalt diese Rechte auch im Bestand zu erhalten.[286]

Da der Begriff dynamisch zu verstehen ist, wird vom Pächter verlangt, dass er den Betrieb den neuen Anforderungen stets anpasst.[287] Daneben hat der Landwirt auch die Kunstregeln der Viehzucht, wie z. B. Fütterung, Haltung und Hygiene und der Durchführung von Erntemaßnahmen zu beachten und muss die Wirtschaftsgebäude erhalten.[288]

5. Die Rückgabe der Pachtsache gemäß § 596 BGB

Gemäß § 596 BGB ist der Pächter verpflichtet, die Pachtsache nach Beendigung des Pachtverhältnisses in dem Zustand zurückzugeben, der einer bis zur Rückgabe fortgesetzten ordnungsgemäßen Bewirtschaftung entspricht. Im Insolvenzverfahren des Pächters steht dem Verpächter insoweit ein Aussonderungsrecht zu.[289] Umgekehrt steht der Herausgabeanspruch in der Insolvenz des Verpächters dem Insolvenzverwalter zu.

a) Der Zustand der fortgesetzten ordnungsgemäßen Bewirtschaftung
Das Landpachtrecht unterscheidet sich vom Miet- und Pachtrecht insofern, als dass der Landpächter verpflichtet ist, die Pachtsache im Zustand der fortgesetzten ordnungsgemäßen Bewirtschaftung zurückzugeben. Der Pächter kann sich nicht darauf berufen, dass die Pachtsache bei Beginn des Pachtverhältnisses in einem schlechteren Zustand gewesen sei und damit eine ordnungsgemäße Bewirtschaftung nicht ohne weiteres möglich gewesen wäre.[290]

---

286 *Piltz* in: Dombert/Witt, MAH-Agrarrecht, § 8 Rn. 80.
287 *Faßbender* in: Faßbender/Hötzel/Lukanow, Landpachtrecht, § 586 Rn. 37 ff.; Lange/Wulff/Lüdtke-Handjery, Landpachtrecht, § 586 Rn. 37 f.
288 Siehe hierzu *Faßbender* in: Faßbender/Hötzel/Lukanow, Landpachtrecht, § 586 Rn. 40 ff.
289 *Ahrendt* in: Hamburger Kommentar zum Insolvenzrecht, § 109, Rn. 12.
290 OLG Celle, Urt. v. 18. 2. 1988 – AZ.: 7 U 103/87 –, RdL 1988, S. 321.

Für die Beurteilung der ordnungsgemäßen Bewirtschaftung sind auch die vertraglichen Vereinbarungen heranzuziehen, da sich hieraus oftmals die Abreden über die vertragsgemäße Nutzung ergeben.[291] Um die ordnungsgemäße Bewirtschaftung für die Zukunft zu gewährleisten, schuldet der Pächter unter anderem die Rückgabe der Pachtsache mit einem ordnungsgemäßen Nährstoffgehalt, ohne Hinterlassung bearbeitungsbedingter Bodenverdichtungen oder Bearbeitungshorizonte und mit funktionierender Drainage.[292]

b) Der Räumungsanspruch des Verpächters

Der Anspruch des Verpächters umfasst die Verpflichtung des Pächters zur Räumung mit Beendigung des Pachtvertrages.

Der Räumungsanspruch hat im Insolvenzverfahren des Pächters grundsätzlich den Stellenwert einer Insolvenzforderung und ist zur Insolvenztabelle anzumelden, wobei für die Bemessung der Höhe der für die Räumung erforderliche Aufwand maßgebend ist. Gleiches gilt für etwaige Schadensersatzansprüche aufgrund der Verschlechterung der Pachtsache.[293]

Der Räumungsanspruch kann allerdings in der Insolvenz des Pächters auch eine Masseverbindlichkeit begründen. Um eine Haftung der Insolvenzmasse gemäß § 55 InsO anzunehmen, ist ein entsprechendes Handeln des Insolvenzverwalters zu fordern, was über die bloße Inbesitznahme hinausgeht. Erforderlich ist vielmehr eine Nutzung oder Verwertung der Massegegenstände. In diesem Fall solle auch eine Umgehung der Räumungspflicht durch vom Insolvenzverwalter erklärte Freigabe zu keinem anderen Ergebnis führen.[294]

c) Die Zahlungsansprüche bei Beendigung des Pachtvertrages

Mit der Rückgabe der Pachtsache ist es entscheidend, ob die Zahlungsansprüche auf den Verpächter übergehen oder ob sie beim Pächter verbleiben. Bei den Zahlungsansprüchen handelt es sich um Vermögenswerte, deren Behandlung auch für den Insolvenzverwalter und dem Ziel der bestmöglichen Massemehrung von Bedeutung ist.

---

291 Vgl. *Von Jeinsen* in Staudinger, BGB, Buch 2, Recht der Schuldverhältnisse, §§ 581–606, § 586 Rn. 35.
292 *Piltz* in: Dombert/Witt, MAH-Agrarrecht, § 8 Rn. 118.
293 *Cymutta*, (vgl. Fn. 277), S. 412 (415).
294 BGH, Urt. v. 2. 2. 2006 – AZ.: IX ZR 46/05 –, BGHZ 150, S. 305.

aa) Übertragung von Zahlungsansprüchen nach Pachtende

Bis zu einer hierzu ergangenen Entscheidung des Bundesgerichtshofes war lange Zeit umstritten, ob der Pächter bei Beendigung eines Pachtverhältnisses gemäß § 596 BGB verpflichtet ist, Zahlungsansprüche auf den Verpächter zu übertragen. In der Verordnung (EG) Nr. 73/2009 und ihrer Vorgängerverordnung Verordnung (EG) Nr. 1782/2003 ist lediglich geregelt, dass Zahlungsansprüche grundsätzlich übertragbar sind. Eine etwaige Verpflichtung des Pächters bei Beendigung des Pachtvertrages die Zahlungsansprüche an den Verpächter zu übertragen ist nicht vorgesehen. Die Bundesregierung und der Berufsstand vertraten die Auffassung, dass sich aus den einschlägigen EU-rechtlichen Bestimmungen nur die Auslegung ableiten ließe, dass die dem Pächter als Betriebsinhaber während der Laufzeit seines Pachtvertrages originär zugewiesenen Zahlungsansprüche bei Ende des Pachtvertrages nicht auf den Verpächter übertragen werden müssen.[295] Der Bundesgerichtshof hat diese Ansicht bestätigt und damit die Rechtsfrage zugunsten der Pächter entschieden.[296] Die zugeteilten Zahlungsansprüche seien ihrer Ausgestaltung und ihrem Wesen nach ein dem Betriebsinhaber zugewiesenes, nicht auf die Bewirtschaftung konkreter Flächen bezogenes Recht. Der Zahlungsanspruch könne auch deshalb nicht als ein Bestandteil des Herausgabeanspruchs angesehen werden, weil dieser die nachhaltige Ertragsfähigkeit der Pachtsache nicht beeinträchtige, da durch die Zuweisung von Zahlungsansprüchen aus der nationalen Reserve und durch den Verbrauch beihilfefähiger Flächen durch Infrastrukturmaßnahmen mit einem Überangebot von Zahlungsansprüchen zu rechnen sei und diese somit am Markt erworben werden könnten. Nach dem Grundsatz des Vorrangs des EU-Rechts ist danach die flächenungebundene Zuordnung der Zahlungsansprüche als spezifischer Vermögenswert des Betriebsinhabers nicht zu überwinden. Der Pächter könne im Rahmen der EU-rechtlichen Vorschriften über die Zahlungsansprüche frei verfügen, sei es durch Aktivierung dieser Zahlungsansprüche mit anderen beihilfefähigen Flächen oder durch Verkauf oder Verpachtung dieser Zahlungsansprüche an andere Betriebsinhaber.

bb) Anspruch auf Anpassung des Altvertrages

Aufgrund des für die Verpächter nachteiligen Urteils des Bundesgerichtshofes wurde in der Folge ebenfalls diskutiert, ob ein Anspruch auf Anpassung der

---

295 Stellungnahme des BMELV v. 30. 1. 2006 zur rechtlichen Einordnung der Zahlungsansprüche, AUR 2006, S. 89; *Krüger/Schmitte*, EU-Agrarreform und Pachtrecht, AUR 2005, S. 245.
296 BGH, Urt. v. 24. 11. 2006 – AZ. LwZR 3/06 –, IBRRS 66983.

Altverträge gemäß § 593 BGB in Betracht zu ziehen sei. § 593 BGB ermöglicht den Vertragsparteien während der Laufzeit des Pachtvertrages die Vornahme von Vertragsänderungen mit Ausnahme der ursprünglich getroffenen Abreden über die Pachtdauer. Ein Anpassungsbedürfnis besteht immer dann, wenn sich nach Abschluss des Pachtvertrages die Verhältnisse, die für den Vertragsabschluss maßgeblich waren, so nachhaltig geändert haben, dass die gegenseitigen Verpflichtungen nunmehr in einem groben Missverhältnis zueinander stehen. § 593 BGB stellt eine Konkretisierung des Grundsatzes vom Wegfall oder der Änderung der Geschäftsgrundlage für den Bereich der Landpacht dar und schließt damit die zusätzliche Anwendung des § 313 BGB aus.[297]

Im Rahmen des vorgenannten Urteils vom November 2006 gestand der Bundesgerichtshof zunächst zu, dass ein Anspruch auf Anpassung des „Altvertrages" an die durch den Systemwechsel der Agrarförderung nachhaltig veränderten Verhältnisse gemäß § 593 BGB in Betracht kommen könne. Mit einem weiteren Urteil entschied der Bundesgerichtshof allerdings, dass die mit dem Systemwechsel der Agrarförderung für den Verpächter verbundenen Nachteile keine Anpassungsmöglichkeit rechtfertigen.[298] Die mit dem Systemwechsel einhergehenden Nachteile seien von Verpächterseite hinzunehmen und werden dadurch kompensiert, dass Härteregelungen zugunsten des Verpächters in die Verordnung installiert wurden. Im Ergebnis ist ein Anspruch auf Anpassung des Altvertrages nicht gegeben.

cc) Die Behandlung von „Altübertragungsklauseln" nach der GAP-Reform

„Altübertragungsklauseln" finden sich häufig in formularmäßigen Landpachtverträgen, die vor der GAP-Reform abgeschlossen wurden. Mit solchen Altübertragungsklauseln verpflichtet sich der Pächter gegenüber dem Verpächter zur Übertragung von Prämienansprüchen und Quotenrechten nach Vertragsbeendigung. Der Bundesgerichtshof schließt eine Anwendung dieser „Altübertragungsklauseln" auf die von der Bewirtschaftung entkoppelten Zahlungsansprüche grundsätzlich nicht aus.[299] Er hatte sich in einem Urteil mit der Frage zu beschäftigen, ob eine Klausel in einem Landpachtvertrag über einen gesamten Betrieb wirksam war, in der sich der Pächter verpflichtete, sämtliche mit dem Betrieb verbundenen Prämienansprüche bei Pachtende auf den Verpächter zu übertragen. Es handelte sich um einen Hofpachtvertrag, der bereits im Jahre 2001, somit zeitlich vor der

---

297 *Weidenkaff* in: Palandt, § 593 Rn. 2.
298 BGH, Beschl. v. 27. 4. 2007 – BLw 25/06 –, AUR 2007, S. 363.
299 BGH, Urt. v. 24. 4. 2009 – AZ.: LwZR 11/08 –, NJW-RR 2009, S. 1714.

GAP-Reform, geschlossen wurde. In dem § 24 des Landpachtvertrages hieß es, dass sämtliche Prämien- und Förderansprüche sowie Quotenrechte für den Betrieb zu erwerben, zu erhalten und am Ende des Pachtvertrages wieder auf den Verpächter zurückzuübertragen sind.

Das OLG Schleswig hatte eine Regelung, wonach sich der Pächter zur Rückübertragung von Prämienansprüchen und Quotenrechten an den Verpächter mit Beendigung des Pachtvertrages verpflichtete, nicht auf die Zahlungsansprüche nach der GAP-Reform für anwendbar gehalten.[300] Die Zahlungsansprüche sollten danach beim Pächter verbleiben. Die grundlegenden Änderungen im Recht der landwirtschaftlichen Beihilfen verböten es danach, Vereinbarungen in vor der Reform abgeschlossenen Pachtverträgen über die damals gewährten Beihilfen auf die nunmehrigen Zahlungsansprüche anzuwenden.

Der Bundesgerichtshof ist der Argumentation des OLG Schleswig nicht gefolgt und hat zunächst durch Auslegung des zu beurteilenden Pachtvertrages den Willen der Parteien untersucht. Denn für die Frage der Anwendbarkeit der „Altübertragungsklauseln" sei nicht der mit der GAP-Reform geänderte Zweck maßgeblich, sondern der Wille der Parteien. Darüber hinaus seien die Zahlungsansprüche derartigen, vertraglich vereinbarten Rückübertragungsansprüchen nicht grundsätzlich entzogen, weswegen sich eine solche Verpflichtung auch aus Altübertragungsklauseln ergeben könne. Der durch Auslegung zu ermittelnde Parteiwille könne auch darin bestehen, dass dem Nachfolger des Pächters oder dem Verpächter alle der Fortführung dienenden Rechte zustehen sollen, gleich welcher Art sie sind. Unerheblich ist, ob die Vertragsparteien die bevorstehende Gesetzesänderung vorhersehen konnten oder nicht. Im zu beurteilenden Fall hat der Bundesgerichtshof aus der Tatsache, dass ein gesamter Betrieb nebst lebenden und totem Inventar mit sämtlichen Prämien- und Quotenansprüchen übertragen worden sei, geschlossen, dass es interessengerecht sei, wenn auch die Zahlungsansprüche, die dem Pächter im Jahre 2005 zugewiesen worden seien, in voller Höhe bei Pachtende auf den Verpächter zurückübertragen werden.

dd) Individualvertragliche Vereinbarungen

Unstreitig ist, dass die Vertragsparteien einzelvertragliche Regelungen über den Verbleib von Zahlungsansprüchen nach Pachtvertragsende treffen können.

---

[300] OLG Schleswig, Urt. v. 10. 6. 2008 – AZ.: 3 U 10/08 –, BeckRS 2008, 21723.

ee) Stellungnahme

Im Ergebnis ist der Rechtsprechung des Bundesgerichtshofes in allen drei Fallkonstellationen zu folgen. Ein Anspruch auf Rückübertragung kann den eindeutigen EU-rechtlichen Vorgaben und den entsprechenden Umsetzungsverordnun-
gen nicht entnommen werden. Es handelt sich bei den Zahlungsansprüchen um
ein dem Betriebsinhaber zugewiesenes Recht und nicht um ein flächengebun-
denes Recht. Die Rechtsprechung zur Anpassungsmöglichkeit von Altpachtverträgen, die bislang keinerlei Rückübertragungsklausel enthalten, ist ebenfalls
interessengerecht. Durch den grundsätzlichen Systemwechsel im Beihilfewesen,
der das Interesse verfolgt, das Einkommen des Bewirtschafters zu verbessern, erscheint eine grundsätzliche Anpassungsmöglichkeit nicht interessengerecht. Darüber hinaus existieren Härtefallregelungen, die bei einer gefährdenden Benachteiligung des Verpächters durch den Systemwechsel einen Ausgleich schaffen.

„Altübertragungsklauseln" bedürfen einer Einzelfallbetrachtung. Im Kontext
zum gesamten Pachtvertragsinhalt ist der tatsächliche Parteiwille zu ermitteln.
Eine schematische Lösung, wonach „Altübertragungsklauseln" grundsätzlich
auch auf die Zahlungsansprüche nach dem Systemwechsel anzuwenden sind,
verbietet sich ebenso wie andersherum die Annahme, dass Zahlungsansprüche
grundsätzlich nicht durch die Altübertragungsklauseln erfasst sind. Kritiker dieser BGH-Entscheidung wenden – unter Berufung auf ein erstinstanzliches Urteil
des AG Neuruppin[301] – ein, dass im Rahmen einer formularmäßigen Klausel im
Sinne des § 307 BGB auch die starke Abweichung vom Gesetzesrecht zum Zeitpunkt des Vertragsschlusses Berücksichtigung finden müsse.[302] Bei diesem Urteil
ist allerdings zu berücksichtigen, dass auf Verpächterseite die BVVG als staatli-
ches Unternehmen stand und eine derartige Klausel verwendete. Die Begründung
wird daher u. a. darauf gestützt, dass es sich um ein widersprüchliches Verhalten
handelt, wenn der Gesetzgeber bestimmt, dass die Eigentümer die durch den
Systemwechsel entstandenen Nachteile hinnehmen müssten, auf der anderen
Seite die BVVG aufgrund ihrer starken Marktposition diese Rechtsfolge durch die
Verwendung von AGB aber wieder durchbricht. Diese Begründung lässt sich
daher nicht ohne Weiteres auf Sachverhalte übertragen, in denen die AGB von
privaten Vertragsparteien verwendet wurden.

---

301 AG Neuruppin, Urt. vom 1. 7. 2008 – AZ.: Lw 28/07 –, Entscheidungsdatenbank Berlin-
Brandenburg, www.gerichtsentscheidungen.berlin-brandenburg.de.
302 *Harke* in: MüKo-BGB, Band 3, Schuldrecht BT I, §§ 433–610, § 596 Rn. 4.

d) Die Milchquote bei Beendigung des Pachtvertrages

Das Schicksal der Milchquote bei Beendigung des Landpachtvertrages hängt im Wesentlichen davon ab, zu welchem Zeitpunkt der Landpachtvertrag abgeschlossen wurde. Unter der Geltung der Milch-Garantiemengen-Verordnung bis zum 31. 3. 2000 waren Milchreferenzmengen flächenakzessorisch. Sie gingen demnach gemäß § 7 Abs. 1 MGV, bei Verpachtung eines Betriebs kraft Gesetzes auf den Verpächter über.

aa) Pachtverträge, die nach dem 1. 4. 2000 abgeschlossen wurden

Mit Einführung der Zusatz-Abgaben Verordnung wurde die Flächenbindung vollständig aufgegeben.[303] Gemäß §§ 7 Abs. 1, 8 Abs. 1 MilchQuotV als Nachfolgeverordnung ist nur noch eine flächenlose Veräußerung über amtliche regionale Verkaufsstellen zum Gleichgewichtspreis an aktive Milcherzeuger vorgesehen. Gemäß § 8 Abs. 1 MilchQuotV hat eine Übertragung flächen- und betriebsungebunden, dauerhaft sowie schriftlich zu erfolgen.

Eine Ausnahme von diesem Grundsatz enthält die Gesamtbetriebsregelung gemäß § 8 Abs. 2 Nr. 4 in Verbindung mit § 22 MilchQuotV. Gemäß § 22 MilchQuotV kann eine Quote, die dem Betriebsinhaber zur Verfügung steht, wenn ein Betrieb, der als selbständige Produktionseinheit zur Milcherzeugung in Höhe von mindestens 50 % seiner Quote bewirtschaftet wird, auf eine natürliche oder juristische Person dauerhaft übertragen oder einer solchen Person durch Verpachtung oder in anderer Weise zeitweilig überlassen wird, ganz oder teilweise mitübertragen werden. Die Milchquote ist gemäß § 22 Abs. 2 MilchQuotV in diesem Fall nur für den Zeitraum der Überlassung übertragbar. Nach Beendigung der Betriebsüberlassung fällt die Milchquote auf den Übertragenden zurück. Unter die Privilegierung der Gesamtbetriebsregelung gemäß § 22 MilchQuotV fallen nur vollständig eingerichtete Milchproduktionsbetriebe mit noch aktiver Milcherzeugung. Das bedeutet, dass Wirtschaftsgebäude, technische Einrichtungen zur Milcherzeugung, wie Melkanlage u. a., und ein Kuhbestand vorhanden sein müssen.[304] Ausreichend ist allerdings auch die Ausgliederung eines Betriebszweiges, wenn dieser als selbständige Produktionseinheit fortgeführt werden kann.[305] Für den Fall der Beendigung des Pachtvertrages ist somit die Milchquote mit dem gesamten Betrieb an den Verpächter zurückzugewähren.

---

303 Vgl. hierzu ausführlich D) IV.
304 *Lhotzky* in: Faßbender/Hötzel/Lukanow, Landpachtrecht, 2. Teil A., Rn. 23.
305 Vgl. Fn. 304.

bb) Pachtverträge, die vor dem 1. 4. 2000 abgeschlossen wurden

Das Schicksal der Milchquote bei Pachtverträgen, die vor dem 1. 4. 2000 geschlossen wurden, beurteilt sich nach den Vorgaben der Milch-Garantiemengen-Verordnung. Gemäß § 48 Abs. 1 und Abs. 2 MilchQuotV in Verbindung mit § 7 Abs. 2 MGV geht die Milchquote bei Beendigung bestehender Pachtverträge auf den Verpächter über, was der grundsätzlichen Flächenbindung der Milchquote entspricht. Bei Rückgabe der Pachtfläche geht die Referenzmenge daher kraft Gesetzes auf den Verpächter über.[306] Bei Rückgabe der Pachtsache unterliegt die an den Verpächter übergehende Milchquote einem 33 %-igen Einzug zugunsten der Landesreserve, sofern der Verpächter nicht seinerseits die übergehende Quote für die eigene Milcherzeugung benötigt, es sich um eine Rückgewähr im Rahmen eines Unterpachtverhältnisses handelt oder ein ganzer Betrieb zurückgewährt wurde.[307]

Allerdings hat der Pächter gemäß § 49 MilchQuotV ein Übernahmerecht. Der Pächter kann die zurückzugewährende Quote vom Verpächter innerhalb eines Monats nach Ablauf des Pachtvertrages gegen Entgelt ganz oder teilweise übernehmen. Das Entgelt beträgt 67 % des Gleichgewichtspreises, der an demjenigen Übertragungsstellentermin ermittelt worden ist, der der Beendigung des Pachtvertrages vorangeht, wobei Pächter und Verpächter schriftlich eine anderweitige Vereinbarung über den zu zahlenden Gleichgewichtpreis und über einen längeren Zahlungszeitraum treffen können, die der zuständigen Landesstelle in schriftlicher Form vorgelegt werden muss.[308]

Zwar erwähnt § 12 Abs. 3 S. 4 MGV nur die Vereinbarung zu einem niedrigeren Preis als dem Gleichgewichtspreis, es ist aber möglich, auch einen höheren Preis privatrechtlich zu vereinbaren. Insoweit hat das Bundesverwaltungsgericht ausdrücklich erklärt, dass das Verhältnis zwischen dem Verpächter und dem Pächter dem Privatrecht angehört und sich daher nach den dort geltenden Regeln bestimmt.[309] Gemäß § 50 MilchQuotV darf der Pächter bei Ausübung seines Übernahmerechtes innerhalb eines Kalenderjahres die Quote nicht auf einen Dritten übertragen.[310]

---

306 BVerwG, Urt. v. 22. 12. 1994 – AZ.: 3 C 24.92 –, RdL 1995, S. 139.

307 Vgl. § 12 Abs. 4 MGV.

308 *Lhotzky* in: Faßbender/Lukanow/Hötzel, Landpachtrecht, 2. Teil, A., Rn. 23.

309 BVerwG, Urt. v. 20. 3. 2003 – AZ.: 3 C 10/02 –, RdL 2003, S. 268.

310 Nach der Dritten VO zur Änderung der MilchQuotV wurde der ursprüngliche Zeitraum gekürzt. Nach vorheriger Rechtslage war der übernehmende Pächter verpflichtet, die Quote bis zum Ende des zweiten auf die Übernahme folgenden Zwölfmonatszeitraums nicht auf einen Dritten zu übertragen.

Eine Einschränkung erfährt das Übernahmerecht gemäß § 51 MilchQuotV allerdings, wenn ein ganzer Milcherzeugungsbetrieb zurückgewährt wird oder der Verpächter für sich oder eine Person im Sinne des § 21 Abs. 2 MilchQuotV nachweisen kann, dass die Quote für die eigene Milcherzeugung benötigt wird. Macht der Pächter formgerecht sein Übernahmerecht geltend und zahlt er den nach § 12 Abs. 3 MGV erforderlichen Betrag, geht die gesamte Milchquote endgültig in sein Eigentum über. Im Rahmen einer Fortführung in der Pächterinsolvenz kann das Übernahmerecht eine Option darstellen, die Milchquote weiterhin nutzen zu können. Alternativ müsste der Insolvenzverwalter im Wege des Übertragungsstellenverfahrens neue Milchquote erwerben, wobei in letzterem Fall der Gleichgewichtspreis in voller Höhe gezahlt werden müsste.

cc) Altpachtverträge, die vor dem 2. 4. 1984 abgeschlossen wurden

So genannte „Altpachtverträge" wurden vor Einführung der Milchquote, also vor dem 2. 4. 1984 geschlossen. Bei der Rückabwicklung von Altpachtverträgen geht gemäß § 7 Abs. 4 MGV die in einem bestimmten Betrieb erzeugte Anlieferungs-Referenzmenge auf den Verpächter über, wenn die Pachtfläche im Zeitpunkt der Rückgabe unter Berücksichtigung des Fruchtfolgesystems in objektiver Hinsicht unmittelbar oder mittelbar zur Milcherzeugung beigetragen hat.[311] Gemäß § 7 Abs. 4 S. 2 MGV wurde eine Vorschrift zum Schutz der Pächter implementiert, wonach dieser die Hälfte, höchstens jedoch 2.500 kg je Hektar der Milchquote nicht zurückgewähren musste, wenn er keinen Anspruch auf Pachtvertragsverlängerung hat und beabsichtigt, die Milcherzeugung nach Beendigung des Pachtverhältnisses fortzusetzen. Der Pächterschutz gilt bei einer Mindestfläche von 1 Hektar und auch nur dann, wenn der Verpächter nicht auf die Milchquote angewiesen ist.

Bei der Rückgabe einer Altpachtfläche mit zugehöriger Referenzmenge muss der Verpächter ebenfalls eine 33 %-ige Kürzung der an ihn zurückgewährten Referenzmenge hinnehmen. Dies erfolgt entweder durch den entschädigungslosen Einzug zur Landesreserve oder durch Kürzung des Verkaufserlöses auf 67 % des Gleichgewichtspreises, wenn der Pächter von seinem Übernahmerecht Gebrauch macht, es sei denn der Verpächter benötigt die Referenzmenge für die eigene Milcherzeugung.

---

311 BVerwG, Urt. v. 1. 9. 1994 – AZ.: 3 C 1.92 –, AgrarR 1994, S. 401.

dd) Zwischenergebnis

Zusammenfassend ergeben die Darstellungen, dass der Gesetzgeber seit Einführung der Milchquote im Jahre 1984 grundsätzlich vorsah, dass diese mit Beendigung des Landpachtvertrages an den Verpächter zurückgewährt wird. Nur für den Fall, dass der Pächter von seinem Übernahmerecht Gebrauch macht, ist der Übergang auf den Pächter möglich. Seit der Aufgabe der Flächenbindung ist die Verpflichtung zur Rückübertragung bei Pachtende nicht mehr gegeben, da die Übertragung nur noch im Rahmen des Übertragungsstellenverfahrens stattfindet. Dies gilt nicht für die Ausnahmetatbestände der §§ 22, 23 MilchQuotV.

e) Zuckerrübenlieferrechte im Landpachtvertrag

Auch die Behandlung von Zuckerrübenlieferrechten spielt bei der Beendigung des Landpachtrechtes eine entscheidende Rolle, da es sich um erhebliche Vermögenswerte handeln kann. Differenziert wird danach, ob der Verpächter dem Pächter rübenanbaufähiges Ackerland übertragen hat, da maßgeblich ist, dass dem Verpächter nach Ende der Pachtzeit die Vorteile zustehen, die der Gebrauch der Pachtsache gewährt.

aa) Verpachtung von rübenanbaufähigem Land ohne Übertragung von Zuckerrübenlieferrechten

Nach einem Urteil des Bundesgerichtshofes ist für die Fragestellung des Umgangs mit Zuckerrübenlieferrechten nach Pachtvertragsbeendigung entscheidend, ob die mit dem Lieferrecht verbundene subventionsähnliche Bevorzugung zu den Vorteilen aus der ordnungsgemäßen Bewirtschaftung der Pachtsache gehört.[312] In einem Urteil hatte der Bundesgerichtshof in diesem Zusammenhang entschieden, dass die Erwirtschaftung und Ausnutzung von betriebsbezogenen Rübenlieferrechten Bestandteil einer ordnungsgemäßen Bewirtschaftung landwirtschaftlicher Flächen zum Rübenanbau ist.[313] Da die Lieferrechte ein Reflex der ordnungsgemäßen Bewirtschaftung der gepachteten Fläche seien, sei auch der Pächter aus dem Pachtvertrag verpflichtet, die nachhaltige Ertragsfähigkeit des Rübenlandes sicherzustellen. Das bedeutet die Pflicht, für die Dauer des Landpachtvertrages die Lieferrechte zu erhalten und sich darüber hinaus um die Zuteilung weiterer Lieferrechte zu bemühen. Dem Verpächter solle die angestammte Fruchtziehungsmöglichkeit erhalten bleiben, und zwar auch dann, wenn wäh-

---

312 BGH, Urt. v. 19. 7. 1991 – AZ.: LwZR 3/90 –, BGHZ 115, S. 162 (167).
313 BGH, Urt. v. 27. 4. 2001 – AZ.: LwZR 10/00 –, NJW 2001, S. 2537.

rend der Pachtzeit Kontingentierungen erfolgen.[314] Daraus folge, dass sie gemäß § 596 Abs. 1 BGB dem Pächter nur für die Dauer des Pachtvertrages verbleiben und bei Beendigung an den Verpächter zu übertragen seien. Der Bundesgerichtshof hat in dieser Entscheidung klargestellt, dass die Übertragungspflicht unabhängig davon bestehe, ob der Pächter vom Verpächter ein Zuckerrübenkontingent bei Abschluss des Pachtvertrages übernehmen konnte oder ob der Pächter dies erst während der Pachtzeit erwarb. Allerdings beschränke sich die Übertragungsverpflichtung für die Lieferrechte nur auf die anteilige zurückzugewährende Fläche.

In einem jüngst hierzu ergangenen Urteil hat der Bundesgerichthof diese Rechtsprechung unter Berücksichtigung der neuen Zuckermarktordnung revidiert, soweit die für die Erzeugung von Zuckerrüben schon im Zeitpunkt des Vertragsschlusses erforderlichen Lieferrechte dem Pächter nicht überlassen worden seien.[315] Seit dem Wirtschaftsjahr 2006/2007 kam es nämlich zu einer nachhaltigen Änderung der in der Europäischen Union geltenden Zuckermarktordnung. Im Zuge der Zuckermarktreform ist es beabsichtigt, die Zuckerproduktion schrittweise bis zum Jahr 2010 von 18,4 Mio. Tonnen/Jahr auf 12,4 Mio. Tonnen/Jahr zu senken. Die Referenzpreise für die einzelnen Produkte sollen schrittweise um insgesamt 39,7 % gekürzt werden. Die dadurch eingetretenen Einkommensverluste sind teilweise durch die Erhöhung der von einer Produktion unabhängigen Betriebsprämie kompensiert worden.[316] Die Zahlungen werden somit im Rahmen des betriebsindividuellen Prämienanteils (BIP) ausgezahlt, die denjenigen Landwirten zustehen sollen, die jedenfalls bis zum 30. 6. 2006 die Rübenquoten belieferten. Der Berechnung des Zuckergrundbetrages werden die Zuckermengen zugrunde gelegt, die in einem Liefervertrag bestimmt sind, den der Betriebsinhaber für das Wirtschaftsjahr 2006/2007 mit seinem Zuckerunternehmen bis zum 30. 6. 2006 geschlossen hat.[317]

Aufgrund dieser Reform und den damit einhergehenden veränderten wirtschaftlichen Rahmenbedingungen für die Zuckerproduktion sei nach Ansicht des Bundesgerichtshofes die Erzeugung von Zuckerrüben auf rübenanbaufähigem Ackerflächen nicht mehr die im Vergleich zur Erzeugung anderer Feldfrüchte wirtschaftliche ertragreichere Produktion; sie könne infolge der Verringerung der Quoten auch nicht mehr im bisherigen Umfang ausgeübt werden. Durch die Absenkung der Mindestpreise, und durch die Gewährung der Einkommensbeihilfe mittels Gewährung eines Zuckergrundbetrages und durch die befristete Gewährung von Umstrukturierungsbeihilfen für die Aufgabe von Produktionsquo-

---

314 Vgl. OLG Celle, Beschl. v. 17. 3. 1994 – AZ.: 7 W 17/94 –, OLGR 1994, S. 256.
315 BGH, Urt. v. 25. 11. 2011 – LwZR 4/11 –, AuR 2012, S. 95 ff.
316 VO (EG) Nr. 320/2006.
317 Siehe Art. 110 p Abs. 2 VO (EG) Nr. 1782/2003 i. V. m. § 5 a Abs. 1 BetrPrämDurchfG.

ten sei der Bezug und die Ausnutzung von Lieferrechten durch den Pächter nicht mehr ohne Weiteres als Bestandteil einer ordnungsgemäßen Bewirtschaftung zur Sicherstellung der nachhaltigen Ertragsfähigkeit anzusehen.

Habe der Verpächter dem Pächter rübenanbaufähiges Ackerland ohne Rübenlieferrechte übertragen, so stehe ihm bei Beendigung des Vertrages – vorbehaltlich anderweitiger Regelungen im Vertrag – kein Anspruch aus § 596 Abs. 1 BGB auf Übertragung der Lieferrechte zu, die der Pächter von Dritten erworben oder die ihm von der Zuckerfabrik zugeteilt wurden.

bb) Verpachtung von rübenanbaufähigem Land mit Übertragung von Zuckerrübenlieferrechten

Überlässt der Verpächter dem Pächter neben dem rübenanbaufähigem Land auch Zuckerrübenlieferrechte, so gilt die bisherige Rechtsprechung des Bundesgerichtshofes, wonach die Erwirtschaftung und Ausnutzung von betriebsbezogenen Rübenlieferrechten Bestandteil einer ordnungsgemäßen Bewirtschaftung landwirtschaftlicher Flächen zum Rübenanbau ist.[318] Dementsprechend hat der Verpächter bei Beendigung des Landpachtvertrages einen Anspruch auf Rückgewähr der Lieferrechte gemäß § 596 Abs. 1 BGB. Die Entscheidung beinhaltet auch den Grundsatz, dass sich die Übertragungsverpflichtung nicht nur auf die Lieferrechte, sondern vielmehr auch auf Aktienbeteiligungen an einem Zuckerunternehmen erstrecke.

cc) Anspruch des Verpächters auf Rückgewähr der Betriebsprämie

Fraglich ist nunmehr, ob die Rückgabeverpflichtung der Lieferrechte auch die seit der Reform gewährte, von der Produktion unabhängige, Betriebsprämie erfasst. Wie bereits dargestellt, besteht aufgrund des Systemwechsels durch die GAP-Reform gerade keine Rückübertragungspflicht nach Beendigung des Pachtverhältnisses.[319] Vor Inkrafttreten der neuen Zuckermarktordnung waren die Erwirtschaftung und Ausnutzung der Lieferrechte Bestandteil einer ordnungsgemäßen Bewirtschaftung landwirtschaftlicher Flächen zum Rübenanbau. Jetzt wird aber die Zuckerproduktion und damit der Rübenanbau in Form der von der Produktion unabhängigen Anteils der Betriebsprämie bei der Bestimmung des Referenzbetrages berücksichtigt und ist somit Bestandteil des einheitlichen Zahlungsanspruchs des Betriebsinhabers. Die Betriebsprämie wird dem Betriebsinhaber aber gerade

---

318 BGH, Urt. v. 27. 4. 2001 – AZ.: LwZR 10/00 –, NJW 2001, S. 2537.
319 F. II.5.c) aa).

dafür gewährt, dass er im öffentlichen Interesse Grundanforderungen, die an die Bewirtschaftung gestellt werden, einhält oder die Flächen, die nicht mehr für die Erzeugung genutzt werden, in einem guten ökologischen Zustand erhält. Die Gewährung der Prämie ist aber gerade nicht mehr an die Produktion gekoppelt.

Im Ergebnis besteht kein Anspruch auf Übertragung der Betriebsprämie, die den betriebsindividuellen Teil für den Zuckeranbau im Referenzzeitraum enthält, da die Gewährung der Betriebsprämie gerade kein Ausdruck der ordnungsgemäßen Bewirtschaftung der Flächen ist, sondern eine Einkommensstärkung für ein bestimmtes Verhalten des Betriebsinhabers darstellen soll.[320]

f) Zwischenergebnis

Zusammenfassend hat der Insolvenzverwalter die grundlegenden Entscheidungen auch von den Konsequenzen, die sich aus der Beendigung von Pachtverträgen ergeben, abhängig zu machen. Entscheidet sich der Insolvenzverwalter in der Pächterinsolvenz zur Fortführung des Landpachtvertrages, ist er zur Erhaltung der Pachtsache in einem Zustand der ordnungsgemäßen Bewirtschaftung verpflichtet. Dies kann, abhängig von der konkreten Fläche sowie von der Jahreszeit, einen erheblichen zeitlichen und wirtschaftlichen Aufwand bedeuten.

Das insolvenzrechtliche Schicksal des Räumungsanspruches bestimmt sich ebenfalls mit der Entscheidung des Insolvenzverwalters. Sollte dieser in der Pächterinsolvenz den Pachtgegenstand zu Gunsten der Insolvenzmasse nutzen, so begründet er sowohl im Hinblick auf die Entrichtung des Pachtzinses als auch auf die Räumungskosten Masseverbindlichkeiten. Ansonsten kann der Verpächter seinen Räumungsanspruch zur Insolvenztabelle als Insolvenzgläubiger gemäß § 38 InsO anmelden.

Bei einem insolventen Milchviehbetrieb bestimmt sich das Schicksal der Milchquote bei Beendigung des Landpachtvertrages nach dem Zeitpunkt dessen Zustandekommens. Seit dem 1. 4. 2000 ist die Verpachtung der Milchquote nur noch mit einem gesamten eingerichteten Milchviehbetrieb möglich. Dementsprechend ist die Milchquote bei Beendigung an den Verpächter zurückzugewähren. Bei Pachtverträgen, die vor dem 1. 4. 2000 abgeschlossen wurden, sind die Regelungen der Milch-Garantiemengen-Verordnung anwendbar, so dass die Milchquote nach Beendigung des Landpachtvertrages auf den Verpächter übergeht, soweit der Pächter nicht von seinem Übernahmerecht Gebrauch macht. Auch bei Landpachtverträgen, die vor dem 2. 4. 1984 zustande gekommen sind, fällt die

---

320 Vgl. VG Hannover, Urt. v. 8. 8. 2008 – AZ.: 11 A 3179/07 –, niedersächsisches Justizportal, www.rechtsprechung.niedersachsen.de.

Milchquote an den Verpächter zurück mit der Einschränkung, dass sie in objektiver Hinsicht unmittelbar oder mittelbar zur Milcherzeugung beigetragen haben muss.

Zahlungsansprüche aufgrund der dem Betriebsinhaber gewährten Betriebsprämie stehen – vorbehaltlich abweichender vertraglicher Absprachen – dem Pächter zu. Auch besteht zugunsten der Verpächter kein Anspruch auf Vertragsanpassung nach der Agrarreform. Sollten Verträge Regelungen im Hinblick auf die Rückgewähr etwaiger Rechte beinhalten, so ist durch Vertragsauslegung der Parteiwillen zu ermitteln.

Zuckerrübenlieferrechte sind im Rahmen der ordnungsgemäßen Bewirtschaftung an den Verpächter herauszugeben, soweit diese bei Beginn des Vertragsverhältnisses dem Pächter überlassen wurden. Sollte der Pächter sich die Lieferrechte während der Pachtzeit selbst erworben haben, so trifft ihn keine Rückgabeverpflichtung, da die Überlassung von rübenanbaufähigem Land für sich allein einen solchen Anspruch nicht rechtfertigt.

6. Verwendungsersatzansprüche des Pächters

Das Landpachtrecht enthält eigene Bestimmungen für den Ersatz von Verwendungen, die der Pächter im Hinblick auf die Pachtsache unternommen hat. Es wird differenziert zwischen notwendigen (§ 590 a BGB) und wertverbessernden Verwendungen (§ 591 BGB).

a) Wertausgleich und Ersatz von Verwendungen

Bei Beendigung des Vertragsverhältnisses ist regelmäßig zu prüfen, ob Ansprüche auf Wertausgleich für getätigte notwendige und wertverbessernde Verwendungen bestehen.

Da der Verpächter gemäß § 586 BGB den Pachtgegenstand in vertragsgemäßen Zustand zu erhalten hat, ist er für notwendige Verwendungen gemäß § 590 b BGB, die durch den Pächter vorgenommen wurden, ersatzpflichtig. Unter Verwendung versteht man Maßnahmen, die darauf gerichtet sind, die Pachtsache im Interesse des Verpächters wiederherzustellen, zu erhalten oder zu verbessern.[321] Notwendig sind Verwendungen dann, wenn sie zur Erhaltung oder Wiederherstellung der Pachtsache unerlässlich sind, wobei nicht maßgeblich ist, ob die

---

321 BGH, Urt. v. 10. 7. 1953 – AZ.: V ZR 22/52 –, NJW 1953, S. 1466; BGH, Urt. v. 6. 7. 1990 – AZ.: LwZR 8/89 –, RdL 1991, S. 12.

Verwendungen aus Sicht des Pächters oder des Insolvenzverwalters aus betriebswirtschaftlicher Sicht notwendig erscheinen.[322] Darüber hinaus sind auch gesetzliche oder behördliche Auflagen, die durch Verwaltungsakt oder Gesetz zur Fortsetzung des vertragsmäßigen Betriebes verlangt werden, als notwendige Verwendungen anzusehen.[323]

Der Anspruch gemäß § 590 b BGB entsteht mit Vornahme der Verwendung. Bei Beendigung des Landpachtvertrages sollten daher die Ersatzansprüche wegen notwendiger Verwendungen durch den insolventen Landpächter bereits geltend gemacht worden sein.[324] In der Verpächterinsolvenz hat der Pächter für auf vorinsolvenzlich vorgenommene Verwendungen einen Anspruch, den er gemäß § 38 InsO zur Insolvenztabelle anmelden kann, soweit nicht bereits die Verjährung eingetreten ist.

Die wertverbessernden Aufwendungen gemäß § 591 BGB lassen sich von den notwendigen Verwendungen dadurch abgrenzen, dass sie technisch oder wirtschaftlich zwar nicht erforderlich, aber nützlich sind oder für den Erhalt, die Wiederherstellung oder die Verbesserung Vorteile bringen.[325] In diesem Zusammenhang ist zu erwähnen, dass der Erwerb einer Milchquote weder bei Betriebspacht noch bei der Stücklandpacht eine Verwendung darstellt, weil Subventionen keine Leistungen für den Pachtgegenstand bedeuten.[326] Wertverbessernde Verwendungen sind nur dann gemäß § 591 BGB ersatzpflichtig, wenn sie mit Zustimmung des Verpächters erfolgen.

b) Der Verwendungsersatzanspruch in der Insolvenz

In der Insolvenz des Verpächters steht dem Pächter gemäß § 51 Nr. 2 InsO ein Absonderungsrecht an der Pachtsache zu, wenn notwendige und nützliche Verwendungen auf der Pachtsache ruhen, welches allerdings an das Zurückbehaltungsrecht gemäß § 1000 BGB gekoppelt ist.[327] Allerdings schützt den Pächter das Absonderungsrecht nur bis zur Höhe der verwendungsbedingten Werterhöhung. Für notwendige Verwendungen, bei denen eine Werterhöhung nicht stattfindet, ist die vermiedene Wertminderung gleichzustellen.[328] Sollte eine Verwendung

---

322 *Faßbender* in: Faßbender/Hötzel/Lukanow, Landpachtrecht, § 590 b Rn. 5.
323 *Ders.* Rn. 6.
324 Vgl. und ausführlich dazu: *ders.* Rn. 1–12.
325 *Lange/Wulff/Lüdtke-Handjery*, Landpachtrecht, § 591 Rn. 4.
326 BGH, Beschl. v. 19. 7. 1991 – AZ.: LwZR 3/90 –, AgrarR 1991, 122; AgrarR 1991, S. 343.
327 *Lohmann* in: Kreft, InsO, § 51 Rn. 47.
328 *Gusky* in: Staudinger, BGB, Buch 3, Sachenrecht, §§ 985–1011, §§ 994–1003 Vorbemerkungen Rn. 73.

erfolglos oder die Wertsteigerung bei Verfahrenseröffnung wieder verbraucht sein, so hat der Pächter lediglich die Möglichkeit, seinen Verwendungsersatzanspruch als Insolvenzforderung zur Tabelle anzumelden.[329] Zu beachten ist weiterhin, dass der Pächter bei Eröffnung des Insolvenzverfahrens noch im Besitz der Pachtsache sein muss, um sein Absonderungsrecht geltend machen zu können.[330] Der § 51 Nr. 2 InsO findet aber gerade keine Anwendung bei Verwendungen, die der Pächter auf ein Grundstück gemacht hat. In diesem Fall hat der Verwendungsersatzanspruch des Pächters den Rang einer Insolvenzforderung, da das Absonderungsrecht an Grundstücken in § 49 InsO eine abschließende Regelung erhalten hat.[331] Im Rahmen eines Landpachtvertrages werden die Verwendungen auch vor allem auf Grundstücken getätigt, so dass die entsprechenden Ansprüche in diesen Fällen nur als Insolvenzforderungen zur Tabelle angemeldet werden können.

Da Pachtverträge grundsätzlich fortbestehen und dem Insolvenzverwalter in der Verpächterinsolvenz kein Sonderkündigungsrecht zusteht, können notwendige Verwendungen, soweit dies vertraglich nicht ausgeschlossen wurde, als Masseverbindlichkeiten durch den Pächter geltend gemacht werden, sofern sie nach Eröffnung des Verfahrens vorgenommen werden.

Wertverbessernde Verwendungen können während der Betriebsfortführung nur mit Zustimmung des Insolvenzverwalters eine Ersatzpflicht auslösen und damit eine Masseverbindlichkeit begründen. Da die Ersatzpflicht gemäß § 591 Abs. 1 BGB erst bei Beendigung des Pachtverhältnisses entsteht, ist es fraglich, wann der Ausgleichsanspruch begründet ist. Dies könnte mit Vornahme der Verwendung oder erst mit Beendigung des Pachtverhältnisses, d. h. mit Entstehung des Ausgleichsanspruchs, der Fall sein.

Insolvenzrechtlich kommt es nämlich für die Einordnung, ob es sich um eine Insolvenzforderung oder um eine Masseverbindlichkeit handelt, darauf an, ob die Ersatzpflicht zum Zeitpunkt der Eröffnung des Insolvenzverfahrens bereits begründet war. Dies ist der Fall, wenn der Gläubiger eine gesicherte Anwartschaft auf die Forderung hat und der Schuldner das Entstehen der Forderung nicht mehr einseitig verhindern kann.[332] Durch die vom Verpächter erteilte Zustimmung ist die Forderung vor Eröffnung des Insolvenzverfahrens begründet, so dass es sich um eine Insolvenzforderung handelt.

---

329 Vgl. Fn. 328.
330 *Bäuerle* in: Braun, InsO, § 51 Rn. 43; *Kuhn* in: Uhlenbruck, InsO, § 51 Rn. 34.
331 Vgl. Fn. 328, Rn. 76.
332 *Huhnold* in: Haarmeyer/Wutzke/Förster, Präsenskommentar zur InsO, Stand 1. 1. 2010, § 38 Rn. 14.

In der Insolvenz des Pächters kann der Ersatzanspruch für notwendige Verwendungen für die Insolvenzmasse geltend gemacht werden. Zu beachten ist die kurze Verjährungsfrist gemäß § 591b BGB von sechs Monaten, beginnend mit Pachtende. Darüber hinaus steht dem Pächter gemäß § 596 BGB wegen seiner Ansprüche gegen den Verpächter kein Zurückbehaltungsrecht an dem Pachtgrundstück bei Pachtende zu.

c) Pachtausfallschaden (Halmtaxe)

Gemäß § 596a Abs. 1 BGB hat der Verpächter dem Pächter bei vorzeitigem Pachtende während des Pachtjahres den Wert der noch nicht getrennten, aber nach den Regeln einer ordnungsgemäßen Bewirtschaftung vor dem Ende des Pachtjahres zu trennenden Früchte zu ersetzen (sog. Halmtaxe). § 596a BGB gewährt dem Pächter aus Billigkeitsgründen einen eigenen Ersatzanspruch.[333] Die Regelung ist allerdings nur dann anwendbar, wenn das Pachtverhältnis nicht mit dem vertraglich vereinbarten Pachtjahr endet und wenn die Früchte vor Ende der vertraglich vereinbarten Pachtzeit abgeerntet werden könnten. Ohne diese Regelung würde der Pächter Eigentum an den Früchten durch Trennung gemäß § 956 BGB erwerben, wäre aber im Fall der vorzeitigen Beendigung des Pachtvertrages verpflichtet, die Pachtsache in einem bis zur Rückgabe den Regeln einer ordnungsgemäßen Bewirtschaftung entsprechenden Zustand zu erhalten (§ 596 BGB). Die Früchte dürften in der Konsequenz nicht abgeerntet werden, weil ein solches Vorgehen einer ordnungsgemäßen Bewirtschaftung widersprechen würde, womit auch ein Verwendungsersatzanspruch nach den allgemeinen Vorschriften entfiele.

Der Anspruch gilt auch bei Ausübung des Sonderkündigungsrechtes des Insolvenzverwalters, da es für den Wertersatzanspruch unbedeutend ist, ob der Pächter die vorzeitige Beendigung zu vertreten hat.[334]

Der Pächter hat nach § 596a BGB einen Anspruch auf Wertersatz für die noch nicht getrennten, jedoch zu trennenden Früchte, wobei nur unmittelbare Sachfrüchte im Sinne des § 99 Abs. 1 BGB einen solchen Anspruch begründen können. Die Halmtaxe umfasst die Verkaufsfrüchte und die tierischen Verkaufsprodukte.[335] In Betracht kommen Bodenprodukte, die vor oder nach dem Ende des Pachtjahres zum Verkauf bestimmt sind, z.B. Getreide, Zuckerrüben, Kartoffeln, Feldgemüse, Futterpflanzen zum Verkauf oder Tiere, die vor oder nach dem Ende des

---

333 *Hötzel* in: Faßbender/Hötzel/Lukanow, Landpachtrecht, § 596a Rn. 11.
334 Vgl. *Cymutta*, (vgl. Fn. 277), S. 414.
335 *Hötzel* in: Faßbender/Hötzel/Lukanow, Landpachtrecht, § 596a Rn. 15.

Pachtjahres Verkaufsreife erlangen, wie noch ungeborene oder neugeborene Jungtiere, noch nicht ausgemästete Masttiere, heranwachsende Zuchttiere sowie Tierprodukte, die kontinuierlich oder periodisch anfallen wie Milch, Eier, Honig, Wolle.[336]

Es muss sich aber immer um Produkte handeln, die noch vor dem Ende des ursprünglich vertraglich vereinbarten Pachtjahres abgeerntet werden können, was entsprechende Kenntnis über die Fruchtreife der einzelnen Produkte voraussetzt.

Lässt sich der Wert der Halmtaxe nach § 596 a Abs. 1 BGB aus jahreszeitlich bedingten Gründen nicht feststellen, da der Bestand noch so früh im Entwicklungsstadium und somit das Risiko einer Fehleinschätzung zu groß ist, so hat der Verpächter dem Pächter gemäß § 596 a Abs. 2 BGB die Aufwendungen auf diese Früchte insoweit zu ersetzen, als sie einer ordnungsgemäßen Bewirtschaftung entsprechen. Der Aufwendungsersatzanspruch umfasst die Feldbestellungskosten, die sich aus den zahlreichen Sachaufwendungen zusammensetzen, wie aus Saat- und Pflanzengut, Dünge- und Pflanzenschutzmittel, aus anderen zugekauften Gütern, z. B. Betriebsstoffen, Abschreibungen für Gebäude und Maschinen, Entgelten für fremde Leistungen und aus Lohnaufwendungen für Lohnarbeitskräfte oder auch für den Pächter als Betriebsinhaber und für mithelfende Familienangehörige.[337] Die Ansprüche gemäß § 596 a Abs. 1 S. 1, Abs. 2 BGB sind mit dem tatsächlichen vorzeitigen Ende des Pachtverhältnisses fällig und unterliegen der sechsmonatigen Verjährungsfrist des § 591 b BGB. Die Verjährungsfrist ist für den Insolvenzverwalter unbedingt zu beachten, da der Anspruch im Falle der Insolvenz des Pächters für die Insolvenzmasse zu generieren ist.

d) Wertausgleich bei der Eisern-Inventarverpachtung

Der Wert des Inventars stimmt bei Pachtende selten mit dem Wert bei Vertragsbeginn überein, so dass ein entsprechender Ausgleichsanspruch besteht. Die Höhe des Ausgleichsanspruches entspricht der Differenz zwischen dem Schätzwert des vom Pächter übernommenen und des vom Verpächter bei Pachtende zu übernehmenden Inventars und ist von demjenigen auszugleichen, zu dessen Lasten sich ein Saldo ergibt.[338]

Für die gegenseitigen Ansprüche zwischen den Vertragsparteien ist daher die Ermittlung des Schätzwertes von erheblicher Bedeutung. Für die Bewertung

---

336 Vgl. Fn. 335, Rn. 15.
337 Vgl. *Von Jeinsen* in: Staudinger, BGB, Buch 2, §§ 563–580 a, § 596 a Rn. 20.
338 *Wagner* in: Bamberger/Roth, BGB, Band 1, § 582 a Rn. 8.

wird häufig die Schätzungsordnung für das landwirtschaftliche Pachtwesen (SchätzO)[339] zugrunde gelegt. Die Ermittlung des Schätzwertes erfolgt in aller Regel durch einen Schiedsgutachter, der auf der Grundlage einer bei Pachtbeginn erstellten Beschreibung der Pachtsache und mit Hilfe der Schätzungsordnung die Bewertung vornimmt. Da es sich um einen Gesamtschätzwert handelt, werden der gesamte Inventarbestand und nicht die einzelnen Inventargegenstände geschätzt.[340]

e) Zwischenergebnis

Für notwendige Verwendungen steht dem Pächter bereits bei Vornahme dieser Verwendung ein Ersatzanspruch zu. Wertverbessernde Verwendungen sind nur ersatzpflichtig, wenn der Verpächter der Verwendung zugestimmt hat. Der Höhe nach sind Verwendungen auf den Mehrwert begrenzt, den der Verpächter nach Beendigung des Vertragsverhältnisses von der Verwendung hat. Im Gegensatz zu den notwendigen Verwendungen besteht der Ersatzanspruch für wertverbessernde Verwendungen erst bei Vertragsbeendigung. Der Verwendungsersatzanspruch gewährt dem Pächter grundsätzlich gemäß § 51 Nr. 2 InsO ein Absonderungsrecht, soweit es sich nicht um solche handelt, die auf Grundstücke gemacht wurden. Da § 49 InsO keine abgesonderte Befriedigung für Verwendungsberechtigte Gläubiger vorsieht, sind diese lediglich Insolvenzgläubiger. Da der Ersatzanspruch bereits mit Vornahme der Verwendung entsteht, ist der Pächter in der Verpächterinsolvenz als Insolvenzgläubiger anzusehen, selbst wenn der Landpachtvertrag durch den Insolvenzverwalter fortgeführt wird. Eine Masseverbindlichkeit kann nur dann entstehen, wenn der Insolvenzverwalter der wertverbessernden Verwendung ausdrucklich zustimmt. In der Pächterinsolvenz kann der Insolvenzverwalter den Verwendungsersatzanspruch zugunsten der Insolvenzmasse geltend machen.

Bei einer vorzeitigen Beendigung des Landpachtvertrages steht dem Pächter ein Anspruch nach § 596 a BGB auf Wertersatz der noch nicht getrennten Früchte zu (Halmtaxe), wenn die Früchte vor Beendigung der vertraglich vereinbarten Pachtzeit noch dem Pächter zugestanden hätten. Bei der Eisern-Inventarverpachtung besteht ein Ausgleichsanspruch, wenn der Wert des Inventars bei Pachtbeginn vom Wert bei Pachtende abweicht. Demjenigen, zu dessen Lasten sich der Saldo ergibt, kann einen Ausgleichsanspruch in Geld geltend machen. Hat in der

---

339 Schätzungsordnung für das landwirtschaftliche Pachtwesen in der Fassung vom 30. 9. 2011, Hauptverband der landwirtschaftlichen Buchstellen und Sachverständigen e.V. (HLBS).

340 *Lukanow* in: Faßbender/Hötzel/Lukanow, Landpachtrecht, § 582 a Rn. 14.

Pächterinsolvenz der Pächter einen Ausgleichsanspruch, so fällt dieser in die Insolvenzmasse. Steht der Ausgleichsanspruch dem Verpächter zu, hat dieser die Möglichkeit, den Anspruch als Insolvenzgläubiger zur Tabelle anzumelden, soweit der Pachtvertrag vor Insolvenzeröffnung beendet wurde. Für den Fall, dass der Pachtvertrag durch das Sonderkündigungsrecht des Insolvenzverwalters beendet wird, entsteht der Ausgleichsanspruch erst nach Insolvenzeröffnung, so dass der Insolvenzverwalter mit seiner Entscheidung, den Vertrag zu beenden, eine Masseverbindlichkeit begründet hat.[341]

Die Schätzung des Inventars wird meist auf Grundlage der Schätzungsordnung vorgenommen. Zu berücksichtigen ist, dass der Insolvenzverwalter in der Pächterinsolvenz bei einer Eisern-Inventarverpachtung die Inventargegenstände nicht verwerten darf, da diese im Eigentum des Verpächters stehen. Zwar unterliegen die einzelnen Inventargegenstände der Verfügungsbefugnis des Pächters, allerdings gilt dies nicht für einen Totalverkauf, der nicht den Grundsätzen einer ordnungsgemäßen Bewirtschaftung entspricht.[342] In diesem Fall bietet sich für den Insolvenzverwalter entweder die Fortführung des Betriebs oder dessen Freigabe gemäß § 35 Abs. 2 InsO als Möglichkeit der Verfahrensgestaltung an.

7. Nutzungsentschädigung bei Fortführung gemäß § 597 BGB und stillschweigende Vertragsverlängerung gemäß § 594 BGB

Wird der Pachtgegenstand durch den Insolvenzverwalter in der Insolvenz des Pächters nach Eröffnung nicht rechtzeitig zurückgegeben, hat er eine Nutzungsentschädigung zu zahlen, die sich beim Landpachtvertrag nach § 597 BGB richtet. Danach kann der Verpächter für die Dauer der Vorenthaltung als Entschädigung die vereinbarte Pacht verlangen. Die Nutzungsentschädigung stellt eine Masseverbindlichkeit im Sinne des § 55 Abs. 1 Nr. 1 InsO dar und kann somit gegen die Insolvenzmasse geltend gemacht werden. Um eine stillschweigende Verlängerung des Landpachtvertrages gemäß § 594 BGB zu verhindern, muss der Insolvenzverwalter die durch den Verpächter erfolgte Anfrage fristgemäß nach drei Monaten ablehnen.

---

341 Vgl. hierzu: *Marotzke* in: Hamburger Kommentar zum Insolvenzrecht, § 108 Rn. 34.
342 Vgl. zur vergleichbaren Situation *Weidenkaff* in: Palandt, § 562a Rn. 9; vgl. *Cymutta*, (vgl. Fn. 277), S. 417.

8. Die Behandlung von Lösungsklauseln im Landpachtvertrag

a) Zulässigkeit von Lösungsklauseln in Pachtverträgen

Verpächter versuchen sich oft die Möglichkeit vorzubehalten, im Falle der Insolvenz ein Gestaltungsrecht in Form einer Kündigung oder eines Rücktrittsrechtes ausüben zu können. Gemäß § 119 InsO sind allerdings Vereinbarungen, durch die im Voraus der Anwendungsbereich der §§ 103–118 InsO ausgeschlossen oder beschränkt wird, unwirksam. Sinn und Zweck dieser Regelung besteht darin, zu erreichen, dass im Insolvenzverfahren gegenseitige Verträge allein nach den insolvenzrechtlichen Regelungen abgewickelt werden sollen.[343]

Zu differenzieren ist in diesem Zusammenhang zwischen Klauseln, die an Sachverhalte vor Eröffnung des Insolvenzverfahrens anknüpfen und beiden Parteien das Recht einräumen, sich von dem Vertrag lösen, und solchen, in denen die Vertragslösung vom Eintritt der Insolvenz, d. h. von dem Eröffnungsgrund, dem Insolvenzantrag oder der Insolvenzeröffnung abhängig gemacht werden. Erstgenannte Lösungsklauseln sind grundsätzlich in der Literatur nicht umstritten und werden einhellig als zulässig angesehen.[344] Die im Voraus erfolgte Vereinbarung einer Vertragsauflösung oder eines Vertragsaufhebungsrechtes für den Fall des Verzuges oder einer anderen Vertragsverletzung wird von § 119 InsO nicht berührt.[345] Ein Verstoß gegen §§ 103 ff. InsO liegt bereits deshalb nicht vor, da diese Vorschriften auf die Eröffnung des Insolvenzverfahrens abstellen.[346] Allerdings wird dieser Grundsatz für Miet- und Pachtverträge vom Gesetzgeber gemäß § 112 Nr. 1 und Nr. 2 InsO eingeschränkt. Danach kann ein Pachtverhältnis, das der Schuldner als Mieter oder Pächter eingegangen war, durch den anderen Teil weder aufgrund eines Verzuges mit der Entrichtung der Miete oder Pacht vor dem Insolvenzeröffnungsantrag noch wegen verschlechterter Vermögensverhältnisse des Pächters gekündigt werden. Der Sinn dieser Vorschrift liegt in dem Erhalt der Insolvenzmasse.[347] Die zur Fortführung, Sanierung oder Gesamtveräußerung des Unternehmens, aber auch zur ordnungsgemäßen Abwicklung des Insolvenzverfahrens benötigte wirtschaftliche Einheit soll nicht zur Unzeit auseinandergerissen werden.[348] Da § 112 Nr. 1 somit auch die verzugsabhängigen Lösungsklauseln erfasst, sind diese als miet- oder pachtvertragliche Vereinbarun-

343 *Ahrendt* in: Hamburger Kommentar zum Insolvenzrecht, § 119 Rn. 1.

344 *Reul/Heckschen/Wienberg*, Insolvenzrecht Kautelarpraxis, 1. Aufl. B. Vertragliche Gestaltungsmöglichkeiten mit Rücksicht auf eine potentielle Insolvenz, S. 5.

345 *Marotzke* in: Kreft, InsO, § 119 Rn. 2.

346 *Ahrendt* in: Hamburger Kommentar zum Insolvenzrecht, § 119 Rn. 4.

347 Vgl. *Dahl*, Im Überblick: Der Mieter in der Insolvenz, NZM 2008 S. 585, 591.

348 BT-Drucks. 12/2443, S. 148.

gen stets als unzulässig anzusehen, weil diese Vorschrift im Verzugsfalle ab Antragstellung den Eintritt der vorgesehenen Erlöschensfolge verhindert. Die Vorschrift erfasst allerdings nur den Verzug, der in der Zeit vor dem Eröffnungsantrag eingetreten ist. Eine verzugsbedingte Kündigung ist daher möglich, wenn die Voraussetzungen in der Zeit des Eröffnungsverfahrens eintreten, da die nach dem Eröffnungsantrag fällig werdenden Raten vertraggemäß gezahlt werden müssen, wenn die Nutzungsmöglichkeit für die Insolvenzmasse erhalten werden soll.[349]

Die Vorschrift des § 112 Nr. 2 InsO schließt hingegen an die in § 119 InsO normierte Unwirksamkeit vertraglicher Lösungsklauseln an und erfasst jegliches individuell ausgehandelte oder vorformulierte Vertragsklauseln enthaltene Kündigungsrecht bei Anzeichen eines Vermögensverfalls.[350] Somit sind im Pachtvertrag vereinbarte Lösungsklauseln aufgrund der Vorschrift des § 112 Nr. 1 und Nr. 2 InsO stets unzulässig. Um der Vorschrift einen auch über die Eröffnung des Insolvenzverfahrens hinausgehende Bedeutung zu verleihen, sind nach Auffassung der Verfasserin auch die im Rahmen eines Pachtvertrages vereinbarten insolvenzabhängigen Lösungsklauseln als unzulässig anzusehen. Einer Darstellung des in der Literatur bestehenden Streitstandes über die Frage, ob insolvenzabhängige Lösungsklauseln trotz der Vorschrift des § 119 InsO zulässig sein können, bedarf es daher im Rahmen dieser Arbeit nicht.

b) Anwendbarkeit des § 112 InsO auf Landpachtverträge

In einem gerichtlichen Verfahren, welches letztendlich dem Bundesgerichtshof zur Entscheidung vorlag, wurde die Frage der Anwendbarkeit des § 112 InsO auf das Landpachtrecht aufgeworfen.[351]

Der dem Urteil zugrunde liegende Pachtvertrag enthielt eine Klausel, wonach der Verpächter zur fristlosen Kündigung berechtigt war, wenn über das Vermögen des Pächters das Insolvenzverfahren eröffnet wird. Nach Eröffnung des Insolvenzverfahrens hat der Verpächter entsprechend die Kündigung ausgesprochen. Der Insolvenzverwalter als Kläger begehrte die Feststellung des Fortbestehens des Landpachtvertrages aufgrund der Unzulässigkeit der vertraglich vereinbarten Lösungsklausel. Der Beklagte hielt die Lösungsklausel für wirksam, da § 112 InsO nicht auf das Landpachtrecht anwendbar sei. Es handele sich beim Landpachtvertrag um ein persönliches, vom gegenseitigen Vertrauen getragenes Rechtsverhältnis. Die Bestimmungen des Landpachtrechtes müssten denen des Insolvenz-

---

349 Vgl. *Dahl*, (vgl. Fn. 347), S. 591.
350 *Tintelnot* in: Kübler/Prütting/Bork, InsO II, § 112 Rn. 6; *Eckert* in: MüKo-InsO, § 112 Rn. 42.
351 BGH, Urt. vom 26. 11. 2010 – AZ.: LwZR 22/09 –; OLG Schleswig, Urt. v. 17. 11. 2009 – AZ.: 3 U 89/08 –, AG Schleswig, Urt. v. 8. 10. 2008 – AZ.: 2 Lw 98/08 –, BeckRS 2010, 30642.

rechtes insoweit vorgehen. Letztlich sei nach Auffassung des Klägers auch die Tatsache, dass der Insolvenzverwalter nunmehr Bewirtschafter der Flächen sei, eine rechtwidrige Abweichung von der vertraglichen Vereinbarung, wonach eine Unterverpachtung gemäß Pachtvertrag nur an die dort genannten Gesellschaften möglich sei. Hierzu führte bereits das OLG Schleswig als Vorinstanz an, dass es sich bei der Bewirtschaftung durch den Insolvenzverwalter gerade um die vom Gesetzgeber beabsichtigte Folge handele.

Das Berufungsgericht folgt dem Vorbringen des Beklagten nicht und verneinte einen Vorrang des Landpachtrechtes vor den Vorschriften der Insolvenzordnung. Die Pacht sei eindeutig von dem Wortlaut des § 112 InsO erfasst. Darüber hinaus gäbe es auch aufgrund der Rechtsnatur des Landpachtvertrages keine anderen Wertungsgesichtspunkte. Der gesetzgeberische Wille, eine wirtschaftliche Einheit des landwirtschaftlichen Unternehmens zu erhalten, gelte auch im Landpachtrecht. Auch in einer landwirtschaftlichen Insolvenz ginge es dem Insolvenzverwalter darum, dass ihm die im Besitz des landwirtschaftlichen Pächters stehenden Güter zunächst erhalten bleiben und ggf. zur Fortführung des Unternehmens zur Verfügung stehen. Das Oberlandesgericht führt in diesem Zusammenhang aus, auch die Tatsache, dass die Flächen in dem zu beurteilenden Fall unterverpachtet waren und der insolvente Pächter diese nicht selbst in seinem Betrieb nutzt, führe zu keiner anderen Wertung. Denn auch die Pachtzinszahlungen aus der Unterverpachtung stellen Insolvenzmasse dar.

Gründe für eine teleologische Reduktion des § 112 InsO, die grundsätzlich von einigen Literaturstimmen[352] befürwortet wird, wenn die weitreichenden Folgen der Kündigungssperre das verfassungsrechtlich garantierte Eigentum unzumutbar einschränken, sind somit nicht erkennbar. Der Bundesgerichtshof bezog in seiner Entscheidung zu der Rechtsfrage, ob § 112 auch auf das Landpachtrecht Anwendung finde, keine Stellung, sondern verwarf die Berufung gegen das erstinstanzliche Urteil bereits als unzulässig.

c) Stellungnahme

Der Entscheidung des OLG Schleswig ist im Ergebnis zu folgen. § 112 InsO soll die wirtschaftliche Einheit im Besitz des Schuldners schützen. Insoweit findet sich zunächst keine Einschränkung im Gesetzeswortlaut, wonach dieser Grundsatz nicht auch im Landpachtrecht Geltung haben soll. Gefolgt wird der Auffassung, dass aufgrund der weitreichenden Folgen der Kündigungssperre § 112 InsO restriktiv auszulegen ist, da sie das verfassungsrechtlich garantierte Eigentum

---

352 *Balthasar* in: Nerlich/Römermann, InsO, § 112 Rn. 10; *Wegener* in: FK-InsO, § 112 Rn. 3.

zumindest tangiert. In der Literatur wurden insoweit bereits zwei Konstellationen erörtert, in denen eine Anwendbarkeit des § 112 InsO in Frage gestellt wurde. Zum einen handelt es sich um Missbrauchsfälle, in denen der Pächter einen offensichtlich ungerechtfertigten Insolvenzantrag stellt, um die Kündigungssperre zu erschleichen,[353] zum anderen wird eine Anwendung des § 112 InsO abgelehnt, soweit der Zweck der Kündigungssperre offensichtlich verfehlt wird.[354] Bei der Fragestellung, ob das Landpachtrecht Vorrang vor dem Zweck des § 112 InsO beanspruchen kann, ist zunächst zu erörtern, ob und inwieweit eine andere Bewertung der landpachtrechtlichen Regelungen eine Ausnahme zu Miet- und Pachtverträgen rechtfertigt.

Im Unterschied zum Miet- und Pachtrecht enthält § 586 BGB weitergehende Hauptleistungspflichten des Pächters, indem dieser die gewöhnlichen Ausbesserungen der Pachtsache auf eigene Kosten durchzuführen hat und zur ordnungsgemäßen Bewirtschaftung der Pachtsache verpflichtet ist. Die ordnungsgemäße Bewirtschaftung fordert Fähigkeiten und Kenntnisse des Landwirts wie beispielsweise diejenigen einer sachgemäßen Bestellung, die Anforderungen an die Bodenbearbeitung und die Erhaltung der Gebäude, die Anforderungen an den Umgang mit Vieh und an die Durchführung der Ernte.[355] Es muss sich also nicht nur die Pachtsache selbst in einem ordnungsgemäßen Zustand befinden, sondern es hat insgesamt eine ordnungsgemäße Bewirtschaftung stattzufinden, die stets an die neuen Anforderungen angepasst werden muss. Dass es sich bei der Bewirtschaftungspflicht um eine fortlaufende Pflicht handelt, ergibt sich aus § 596 Abs. 1 S. 3 BGB, wonach die ordnungsgemäße Bewirtschaftung bis zur endgültigen Abwicklung des Pachtverhältnisses geschuldet ist, und zwar insoweit, als nach Beendigung des Pachtverhältnisses dauerhafte Erträge aus der Pachtsache erzielt werden können. Die Erfüllung dieser Pflichten hängt daher vorrangig von den Fähigkeiten und Kenntnissen des Pächters ab und begründet sicherlich auch ein besonderes Vertrauensverhältnis, wie der Beklagte zutreffend vorgetragen hat. Insbesondere ist zu befürchten, dass ein Bewirtschafter, der nur über einen kurzen Zeitraum eingesetzt wird, ein geringeres Interesse daran hat, den Erhaltungs- und Pflegezustand der Pachtsache zu optimieren, als ein Pächter, der aufgrund einer langjährigen pachtvertraglichen Bindung seinen Verpflichtungen überwiegend im eigenen Interesse nachkommt. Ausdruck findet die persönliche Bindung in § 589 BGB, der ein Verbot der Nutzungsüberlassung an Dritte enthält.

---

353 *Eckert* in: MüKo-InsO, § 112 Rn. 2.
354 *Eckert* in: MüKo-InsO, § 112 Rn. 2.
355 Vgl. *Faßbender* in: Faßbender/Lukanow/Hötzel, Landpachtrecht, § 586 Rn. 34–44.

Das Verbot der Nutzungsüberlassung an Dritte findet sich allerdings auch in den mietrechtlichen Vorschriften (§ 540 BGB), auf die auch im Pachtrecht verwiesen wird. Im Pacht- und im Landpachtrecht besteht bei einer Verweigerung der Zustimmung zur Überlassung der Pachtsache an einen Dritten durch den Verpächter lediglich kein Kündigungsrecht des Pächters.

Fraglich ist, ob die Bewirtschaftungspflicht eine höchstpersönliche Verpflichtung des Pächters enthält, so dass die Kündigungssperre im Falle der Eröffnung des Insolvenzverfahrens eine unzumutbare Härte für den Verpächter bedeutet, die dieser nicht hinzunehmen hat. Zunächst einmal ist eine pauschale Beantwortung nicht möglich. Entscheidend ist die gewählte Verfahrensart. So werden ein Insolvenzverfahren, welches unter der Regie des Schuldners in Eigenverwaltung betrieben wird, sowie ein Insolvenzplanverfahren mit dem Ziel der Sanierung nicht gegen die Interessen des Verpächters sprechen.

Auch die Fortführung sowohl im vorläufigen als auch im eröffneten Verfahren schließen nicht aus, dass der Schuldner weiterhin den insolventen landwirtschaftlichen Betrieb bewirtschaftet. Insofern gibt es kein schutzwürdiges Interesse des Verpächters, das ihm hinsichtlich der Kündigungssperre eine vom Gesetzeswortlaut abweichende Position verschaffen müsste. Sollte es zu einer Liquidation des landwirtschaftlichen Betriebes kommen, so wäre eine Übertragung der Pachtverträge an einen Erwerber nur dann möglich, wenn ein entsprechender Schuldübernahmevertrag geschlossen würde, an dem der Verpächter maßgeblich beteiligt würde.

Ferner hat der Insolvenzverwalter ansonsten die Möglichkeit, von seinem Sonderkündigungsrecht Gebrauch zu machen, so dass die Pachtsache ohnehin an den Verpächter zurückfiele. Im Ergebnis wären die Interessen des Verpächters aufgrund des zum Pächter bestehenden Vertrauensverhältnisses nur dann gefährdet, wenn der Insolvenzverwalter und die Gläubigerversammlung ohne Mitwirkung des insolventen Pächters eine Betriebsfortführung beschließen. Wenn allerdings die vertragliche Bindung für den Insolvenzverwalter fortbesteht, ist er im Rahmen von § 80 InsO verpflichtet, die bisherigen Verträge so zu übernehmen, wie sie zum Zeitpunkt der Insolvenzeröffnung konkret bestanden. Dies betrifft sowohl die Nutzungsart als auch Abreden über Fruchtfolgen, Düngung u. s. w.

In der Praxis wird sich der Insolvenzverwalter, sollte der Schuldner nicht mitwirken wollen, ein Lohnunternehmen mit der Bewirtschaftung der Pachtflächen beauftragen. Der Lohnunternehmervertrag als Dienstvertrag hat keine Überlassung der tatsächlichen Sachherrschaft zur Folge, so dass es sich nicht um eine vertragswidrige Gebrauchsüberlassung an Dritte handelt.[356] Die Bewirtschaftung

---

356 *Lukanow* in: Faßbender/Hötzel/Lukanow, Landpachtrecht, § 589 Rn. 6.

der Pachtflächen setzt zwar Kenntnis und Qualifikation des Bewirtschafters voraus, diese sind jedoch nicht als höchstpersönlich anzusehen, sondern vielmehr als objektivierbar. So wird es eine Vielzahl von Landwirten geben, die aufgrund ihrer Qualifikation geeignet sind, die Flächen ordnungsgemäß zu bewirtschaften. Nicht das persönliche, sondern das fachliche Vermögen steht im Landpachtvertrag im Vordergrund. Darüber hinaus sind die Interessen des Verpächters auch insoweit geschützt, als dass ihm bei nicht ordnungsgemäßer Bewirtschaftung ein außerordentliches fristloses Kündigungsrecht zusteht, welches unstreitig nicht von der Kündigungssperre erfasst ist.

Die Annahme der Kündigungsmöglichkeit aufgrund der Unanwendbarkeit der Kündigungssperre im Landpachtvertrag hätte auch weitreichende Folgen für die gesamte Insolvenzmasse und die Abwicklung des Insolvenzverfahrens. Denn unter bestimmten Voraussetzungen könnten der Insolvenzmasse Vermögenswerte entzogen werden, die rechtlich zwar dem Eigentümer der Flächen zustehen, aber die vom insolventen Pächter benötigt werden, um seinen landwirtschaftlichen Betrieb insgesamt fortzuführen. Viele Lieferrechte sind immer noch an die bewirtschaftete Fläche gebunden. Die akzessorische Milchquote müsste beispielsweise an den Verpächter zurückgewährt werden, obwohl diese im Falle einer Fortführung oder bei Eigenverwaltung benötigt würde, um den Betrieb aufrecht zu erhalten.

Darüber hinaus gibt es viele landwirtschaftliche Betriebe, die eine Vielzahl von Pachtflächen und unterschiedliche Verpächter haben. D.h. aufgrund der Konsequenzen, die sich aus den verschiedenen möglichen Reaktionen der Verpächter auf die Insolvenz des Pächters ergeben, wäre die Fortführung gar nicht in der gebotenen Kürze, wie es ein landwirtschaftlicher Betrieb in der Regel fordert, möglich.

Eine verpächterseitige Kündigung der Landpachtverträge könnte im Ergebnis die Fortführung des Betriebes unmöglich machen. Der Sinn und Zweck, den § 112 InsO verfolgt, ist gerade im Landpachtrecht von erheblicher Bedeutung. Flächen und Rechte müssen zunächst zusammengehalten werden, damit überhaupt kurzfristig eine Fortführung gewährleistet ist.

Die Anwendbarkeit des § 112 InsO erscheint daher ebenso für Landpachtverträge sach- und interessengerecht.

9. Zwischenergebnis

Der Umgang mit dem Landpachtvertrag gehört für den Insolvenzverwalter sowohl in der Verpächter- als auch in der Pächterinsolvenz zu seinen entscheidenden Aufgaben. Wie sich gezeigt hat, sind alle Entscheidungen, die das Schicksal des Pachtvertrages betreffen, von besonderer Bedeutung für den Verlauf der Insolvenz. Eine Kündigungsmöglichkeit besteht für den Insolvenzverwalter nach § 109 Abs. 1 InsO nur in der Pächterinsolvenz, wobei eine Kündigungsfrist von drei Monaten einzuhalten ist. Sollte sich der Insolvenzverwalter zur Fortführung des Betriebes entscheiden, trifft ihn die Verpflichtung zur ordnungsgemäßen Bewirtschaftung. Insoweit ist bei der Auswahl des Betriebsleiters, sollte der insolvente Betriebsinhaber nicht zur Verfügung stehen und kein Eigenverwaltungsverfahren angeordnet worden sein, darauf zu achten, dass entsprechende Sachkunde vorhanden ist.

Einen weiteren Schwerpunkt in der Behandlung des Landpachtvertrages bilden die mit dem Pachtgegenstand übergehenden Rechte oder solche Rechte, die gerade nicht mit dem Landpachtvertrag übergehen, aber die Bewirtschaftung der gepachteten Flächen durch den Pächter voraussetzen. Dabei handelt es sich insbesondere um die Milchquotenrechte, um die Zahlungsansprüche und um die Zuckerrübenlieferrechte.

Letztlich beinhaltet das Landpachtrecht einige besondere Verwendungsersatz- und Ausgleichsansprüche, die im Hinblick auf ihre Folgen für die Insolvenzmasse bedacht werden müssen und auch den Fortgang des Insolvenzverfahrens beeinflussen können.

Bei einer nicht rechtzeitigen Rückgabe des Pachtgegenstandes ist eine der Höhe der Pacht nach entsprechende Nutzungsentschädigung zu zahlen.

Vertragliche Lösungsklauseln sind in einem Landpachtvertrag aufgrund § 112 InsO grundsätzlich nicht zulässig.

III. Der Pflugtausch

Der Pflugtausch stellt eine besondere Form der Nutzungsüberlassung dar. Hierbei handelt es sich um die Überlassung von Eigentums- oder Pachtflächen an einen anderen Bewirtschafter, der seinerseits eigene oder Pachtflächen im Tauschwege zur Verfügung stellt.[357] Die Gegenleistung liegt bei solchen Vertragsgestaltungen also nicht in der Erbringung eines Pachtzinses, sondern in der Überlassung einer anderen landwirtschaftlichen Fläche. Pflugtauschvereinbarungen werden zur Sicherung einer Fruchtfolge oder zum Zwecke der Arrondierung von Betriebsflächen vereinbart.[358]

Mit einer Pflugtauschvereinbarung wird ein gegenseitiges Vertragsverhältnis begründet, auf das die Vorschriften zum Landpachtrecht analoge Anwendung

---

357 *Lukanow* in: Faßbender/Hötzel/Lukanow, Landpachtrecht, § 589 Rn. 7.
358 *Puls*, Zur Kündigung von Pflugtauschverträgen, NL-BzAR 2003, S. 152.

finden. Die gegenseitige Pflicht zur Überlassung des unmittelbaren Besitzes an anderen Grundstücken jeder Vertragspartei, macht diese zum Pächter der ihm überlassenen Grundstücke und zum Verpächter der als Gegenleistung überlassenen Grundstücke.[359]

Im Insolvenzfall finden daher die §§ 108 ff. InsO Anwendung.

IV. Der Bewirtschaftungsvertrag

1. Grundlagen des Bewirtschaftungsvertrages

Die Flächenbearbeitung findet alternativ zum Landpachtvertrag auch auf Grundlage von Bewirtschaftungsverträgen statt. Dabei handelt es sich um eine relativ lockere Kooperationsform, die nicht nur in Ackerbauregionen, sondern gerade auch in Gebieten mit intensiver Viehhaltung eine zunehmende Rolle spielt.[360] Die Bewirtschaftung von Flächen auf diesem Wege erfährt eine zunehmende Bedeutung, weil Landwirte sich aus Kostengründen dafür entscheiden, nicht alle in dem Betrieb anstehenden Arbeiten selbst vorzunehmen, sondern sich zu diesem Zwecke externe Dienstleister zu Hilfe zu nehmen.[361] Im Rahmen eines Bewirtschaftungsvertrages führt der Bewirtschafter im Auftrage seines Dienstherrn einzelne Arbeiten bis hin zur kompletten Bewirtschaftung des ganzen Betriebes aus.[362] Für den Auftraggeber ist darüber hinaus gewährleistet, dass der Auftragnehmer moderne Technik einsetzt und deswegen hohe Erträge erzielt.

Der Bewirtschaftungsvertrag stellt vor allem in den neuen Bundesländern eine Alternative zum Pachtvertrag dar, weil das Kriterium der Selbstbewirtschaftung, welches Voraussetzung für den verbilligten Flächenerwerb nach dem Entschädigungs- und Ausgleichsleistungsgesetz ist, gewährleistet ist. Gemäß § 2 Abs. 1 S. 4 Flächenerwerbsverordnung liegt eine Selbstbewirtschaftung immer dann vor, wenn dem Käufer das wirtschaftliche Ergebnis zum Vor- oder Nachteil gereicht und er für den Betrieb wesentliche Entscheidungen selbst trifft. Darüber hinaus spielt die Selbstbewirtschaftung auch im Hinblick auf die Betriebsprämie eine erhebliche Rolle, da gemäß Art. 2a) VO (EG) Nr. 73/2009 nur der Betriebsinhaber diese beantragen darf. Der Betriebsinhaber muss landwirtschaftliche Flächen bewirtschaften und über eine entsprechende Anzahl von Zahlungsansprüchen verfügen.

---

359 BGH, Urt. v. 13. 7. 2007 – V ZR 189/06 –, AgrarR 1999, S. 212.
360 Vgl. *Schwerdtle*, (vgl. Fn. 71), S. 18 ff.
361 *Brüggemann*, (vgl. Fn. 77), S. 80.
362 Vgl. *Schwerdtle*, (vgl. Fn. 71), S. 51.

Der Bewirtschaftungsvertrag kann sich als Dienstvertrag gemäß § 611 BGB oder als Geschäftsbesorgungsvertrag gemäß § 675 BGB darstellen.[363] Der Bewirtschafter erhält überwiegend ein Festentgelt pro ha Arbeitsfläche und unterliegt hinsichtlich der Arbeitserledigung den Weisungen des Auftraggebers. Problematisch wird die Einordnung, wenn der Bewirtschafter am Unternehmensrisiko beteiligt wird, indem er eine erfolgsabhängige Vergütung erhält. Wenn das Risiko vollkommen auf den Bewirtschafter abgewälzt wird, kann der Bewirtschaftungsvertrag steuerrechtlich als Landpachtvertrag qualifiziert werden. Auch ist es möglich, dass bei einer Verlagerung der Aufgaben und Risiken, der Bewirtschaftungsvertrag als Gesellschaftsvertrag eingestuft wird.[364]

Wenn der Auftraggeber Pächter landwirtschaftlicher Flächen ist, kommt die Abgrenzung zur Unterverpachtung zum Tragen. Unabhängig von der Vertragsbezeichnung ist ein Unterpachtverhältnis nämlich immer dann anzunehmen, sobald der Bewirtschafter eigenständige Entscheidungen trifft in Bezug auf die Art und Weise der Bewirtschaftung und wenn er den wirtschaftlichen Erfolg selbst trägt.[365]

2. Der Bewirtschaftungsvertrag in der Insolvenz

Als Dienstvertrag unterliegt der Bewirtschaftungsvertrag dem Wahlrecht des Insolvenzverwalters gemäß §§ 103 ff. InsO. Handelt es sich hingegen um einem Geschäftsbesorgungsvertrag, so erlischt zunächst das Vertragsverhältnis gemäß §§ 116, 115 InsO mit Eröffnung des Insolvenzverfahrens. Problematisch sind allerdings Konstellationen, in denen der Auftraggeber Pächter landwirtschaftlicher Flächen ist, kein schriftlicher Vertrag existiert und auch die Annahme eines Unterpachtverhältnisses möglich erscheint. Die Annahme einer Unterpacht würde dazu führen, dass der Verpächter, sollte eine Nutzungsüberlassung an Dritte nicht vertraglich vereinbart worden sein, ein außerordentliches Kündigungsrecht hat, welches auch nicht von der Kündigungssperre des § 112 InsO erfasst wäre.

Der Bewirtschaftungsvertrag bietet sich allerdings im Rahmen der Betriebsfortführung an, wenn der Schuldner seine eigene Arbeitskraft nicht zur Verfügung stellt, da eine kurzfristige Beendigung eines Bewirtschaftungsvertrages möglich ist.

---

363 OLG Rostock, Urt. v. 19. 11. 2009 – AZ. 4 U 47/06 –; vgl. dazu auch *Glas* in: Dombert/Witt, MAH-Agrarrecht, § 7 Rn. 153.
364 BFH, Urt. v. 20. 11. 2008 – V 247/07 –, BeckRS 2008, 33840.
365 *Piltz* in: Dombert/Witt, MAH-Agrarrecht, § 8 Rn. 89.

V. Der Liefervertrag

Der landwirtschaftliche Betrieb ist geprägt von Lieferverhältnissen, da die erzeugten Produkte überwiegend auf Grundlage abgeschlossener Lieferverträge abgenommen werden. Typischerweise wird die Abnahme von Milch, der Verkauf von Getreide und Früchten und anderen Substraten sowie von Gülle durch Lieferverträge geregelt. Allerdings können sich die Beziehungen zwischen Lieferant und Abnehmer auch an gesellschaftsrechtlichen Grundsätzen orientieren. Da es sich um Sukzessivlieferungsverträge handelt, richtet sich das Schicksal der teilweise erbrachten Leistungen nach dem § 105 S. 1 InsO. Das bedeutet, dass bei Erfüllungswahl des Insolvenzverwalters die Rückstände aus der Zeit vor Eröffnung des Insolvenzverfahrens Insolvenzforderungen bleiben und nur der Neu-Bezug als Masseschuld zu qualifizieren ist.

1. Milchliefervertrag

Der schuldrechtliche Milchliefervertrag wird zwischen der Molkerei und dem Landwirt als Lieferanten geschlossen. Darin verpflichtet sich der Landwirt für die Dauer des Vertrages, die gesamte in seinem Betrieb erzeugte Milch, die auf der Grundlage der Referenzmengenbescheinigung festgelegt wird, an die Molkerei zu verkaufen. Regelmäßig werden Qualitätsanforderungen an die Milch betreffend Keimzahl, Zellzahl, Hemmstoffe, Gefrierpunkt, Temperatur, pH-Wert gestellt. Bei Nichteinhaltung dieser Standards werden entsprechende Qualitätsabzüge vereinbart. Da die Milch regelmäßig auf dem Hof des Landwirts abgeholt wird, geht das Risiko ab dort auf die Molkerei über. Das Milchgeld wird monatlich dem Landwirt überwiesen.

Der Umgang mit einem solchen Liefervertrag wird den Insolvenzverwalter nicht vor besondere Probleme stellen, da entweder der Landwirt seine Milchlieferung bereits eingestellt hat oder der Milcherzeugungsbetrieb trotz Insolvenz fortgeführt wird, so dass der Insolvenzverwalter einen Anspruch auf das ermittelte Milchgeld hat, welches er zur Insolvenzmasse ziehen kann und seinerseits zur Weiterbelieferung der vereinbarte Milchmenge verpflichtet ist. Insoweit steht dem Insolvenzverwalter das Recht zur Ausübung seines Wahlrechtes gemäß § 103 InsO zu.

2. Zuckerrübenliefervertrag

Zwischen Zuckerhersteller und Landwirt werden schuldrechtliche Lieferverträge geschlossen, ausgestaltet als Dauerlieferverträge oder als jährliche Lieferverträge. In der Praxis handelt es sich überwiegend um formularmäßige Verträge. Die Bedingungen für den Zuckerrübenanbau, die Anlieferungen und den Übergang von Lieferrechten sind in entsprechenden Branchenvereinbarungen geregelt.[366]

Der Insolvenzverwalter hat auch hier das Erfüllungswahlrecht. Bei Zuckerrübenlieferrechten, die aufgrund gesellschaftsrechtlicher Konstellationen ausgegeben wurden, hat der Insolvenzverwalter die vertraglichen Bestimmungen einzuhalten und ist insofern in seiner freien Masseverwertung eingeschränkt.

3. Substratliefervertrag

Im Bereich der Biogaserzeugung haben die Substratlieferverträge eine wirtschaftlich entscheidende Rolle, da gewährleistet sein muss, dass die Biogasanlage immer mit ausreichend Substrat versorgt wird, um Energie zu erzeugen. Die gesamte Wirtschaftlichkeit einer solchen Anlage hängt also entscheidend davon ab, dass rechtssichere Substratlieferverträge zwischen den Erzeugern des Substrates und den Betreibern der Biogasanlage abgeschlossen worden sind. Im Rahmen dieser Verträge verpflichtet sich der Landwirt zur Lieferung von Biomasse, welche für die Produktion von Methangas zur weiteren Gewinnung thermischer und elektrischer Energie notwendig ist. Biomasse in Substratlieferverträgen kann sowohl pflanzlichen (z.B. Mais, Hirse, Ganzpflanzensilage) als auch tierischen Ursprungs (Gülle, Kot) sein.[367] Da es sich im Bereich der pflanzlichen Substrate um landwirtschaftliche Hauptprodukte handelt, unterliegen diese naturbedingten Produktionsschwankungen, welche eine wirtschaftliche Ungewissheit mit sich bringen. Um eine kontinuierliche Belieferung zu gewährleisten, werden die Verträge zwischen Biogasanlagenbetreiber und Landwirt meist über mehrere Jahre abgeschlossen. Grundsätzlich lassen sich die Substratlieferverträge in zwei unterschiedliche Grundtypen unterscheiden. In dem einen Fall verpflichtet sich der Lieferant zur Lieferung bestimmter, vertraglich vereinbarter Mengen Substrat, wobei sowohl die Wahl der Art und Weise der Beschaffung des Substrates als auch das Risiko etwaiger Lieferengpässe beim Landwirt liegen. In dem anderen

---

366 *Grages* in: Deuringer/Fischer/Fauck, Verträge in der Landwirtschaft, S. 152 ff.
367 *Glas* in: Dombert/Witt MAH-Agrarrecht, § 7 Rn. 163; eine gesetzliche Definition der Biomasse findet sich in § 2 Biomasseverordnung.

Fall verpflichtet sich der Lieferant, bestimmte Flächen oder eine bestimmte Größenordnung an landwirtschaftlichen Nutzflächen mit Substrat anzubauen und sämtliche Feldfrüchte an den Biogasanlagenbetreiber zu liefern.[368] Im letzteren Fall trägt der Biogasanlagenbetreiber das Risiko etwaiger Minderernten.

Substratlieferverträge sind rechtlich als typengemischte Verträge zu qualifizieren.[369] Wenn der Landwirt sich zur Lieferung bestimmter Mengen Substrat verpflichtet hat, handelt es sich um einen Kauf- oder Werklieferungsvertrag gemäß § 651 BGB. Besteht die Verpflichtung des Landwirts hingegen darin, das Substrat selbst anzubauen, liegt ein Werklieferungsvertrag vor. Darüber hinaus enthalten die Substratlieferverträge oft weitere Vertragselemente, die nach den jeweils einschlägigen Vorschriften zu behandeln sind. So enthalten die Verträge nicht selten Vereinbarungen zur Lagerung oder zum Transport des Substrates. Gemeinsam ist den Substratlieferverträgen die Lieferung des Substrates über einen Zeitraum von mehreren Jahren, so dass es sich um Sukzessivlieferverträge in Form von Ratenlieferungsverträgen handelt.

Der Insolvenzverwalter hat sowohl in der Insolvenz des Biogasanlagenbetreibers als auch in der des Lieferanten das Erfüllungswahlrecht gemäß § 103 InsO.

VI. Der Jagdpachtvertrag

1. Das Jagdrecht (Pflichten des Insolvenzverwalters)

Gemäß § 1 Abs. 1 S. 1 Bundesjagdgesetz (BJagdG)[370] ist das Jagdrecht die ausschließliche Befugnis, auf einem bestimmten Gebiet wildlebende Tiere, die dem Jagdrecht unterliegen (Wild), zu hegen, auf sie die Jagd auszuüben und sie sich anzueignen.[371] Das Jagdrecht ist in Deutschland als unselbstständiges Recht an den Bestand von Eigentum gebunden.[372] Die Ausübung der Jagd steht daher nur dem Eigentümer als Eigentumsbefugnis zu.[373] Aufgrund dieser strengen Akzessorietät ist das Jagdrecht nicht selbstständig übertragbar und kann nicht selbst-

---

368 Vgl. Fn. 367, Rn. 168 f.

369 Vgl. Fn. 367, Rn. 170.

370 Bundesjagdgesetz (BJagdG) in der Fassung der Bekanntmachung vom 29. 9. 1076 (BGBl. I S. 2849), zuletzt geändert durch Art. 3 des Gesetzes vom 6. 12. 2011 (BGBl. I S. 2557).

371 Die Länder haben den Inhalt des Jagdrechts zum Teil konkretisiert.

372 Vgl. *Fickendey-Engels* in: Dombert/Witt, MAH-Agrarrecht, § 21 Rn. 7.

373 RGZ 70, 73; BGH, Urt. v. 11. 2. 1958 – AZ.: VIII ZR 1/57 –, NJW 1958, S. 785, BVerwG, Urt. v. 25. 3. 1965 – AZ.: I C 142.60 –, RdL 1965, S. 219.

ständiger Gegenstand der Zwangsvollstreckung sein.[374] Das Jagdrecht ist somit ein subjektives und absolutes, gegen jedermann geltendes Recht. Mit dem Jagdrecht ist die Pflicht zur Hege verbunden. Das Jagdrecht enthält auch eine Pflicht zur Jagdausübung, da sich nur bei einer flächendeckenden und ausreichenden Bejagung Überpopulationen, Wildseuchen und Wildschäden vermeiden lassen.[375]

Als Befugnis, die Jagd ausüben zu können, setzt das Jagdausübungsrecht einen Jagdbezirk gemäß §§ 4, 7 BJagdG voraus. Auf Grundflächen, die zu keinem Jagdbezirk gehören, ruht hingegen die Jagd. Die Eigentümer der Grundflächen, die zu einem gemeinschaftlichen Jagdbezirk gehören, bilden eine Jagdgenossenschaft. Die Jagdgenossenschaft nutzt gemäß § 10 BJagdG die Jagd in der Regel durch Verpachtung. Sie kann die Verpachtung auf den Kreis der Jagdgenossen beschränken. In einem gemeinschaftlichen Jagdbezirk verbleibt somit das Jagdrecht bei den jeweiligen Grundeigentümern. Das Jagdausübungsrecht wird allerdings vom Eigentum kraft Gesetzes abgespalten und auf die Jagdgenossenschaft übergeleitet, verbunden mit einer Zwangsmitgliedschaft des jeweiligen Grundeigentümers.[376]

2. Die Jagdpacht

Gemäß § 11 BJagdG kann die Ausübung des Jagdrechts in seiner Gesamtheit an Dritte verpachtet werden. Die Jagdpacht gewährt dem Pächter die Nutzung des Jagdrechts; Gegenstand eines solchen Vertrages ist gemäß § 11 Abs. 1 S. 1 BJagdG nicht das Jagdrecht, sondern das Jagdausübungsrecht, welches grundsätzlich dem Eigentümer zusteht, aber im Gegensatz zum Jagdrecht übertragen werden kann. Die Jagdpacht stellt eine Rechtspacht dar, weil kein zwingendes Eigentum an dem zu bejagenden Grund und Boden und auch kein Besitzrecht vorausgesetzt werden.[377] Der Besitz verbleibt somit beim Grundeigentümer oder Nutzungsberechtigten und kann von diesem in jeder anderen Weise genutzt werden, sofern hierdurch nicht die Jagdausübung mehr als erforderlich beeinträchtigt wird. Der Jagdpachtvertrag ist ein privatrechtlicher gegenseitiger Vertrag, so dass die pachtrechtlichen Vorschriften der §§ 581 ff. BGB Anwendung finden, soweit keine

---

374 Vgl. *Noethen* in: Kindl/Meller-Hannich/Wolf, Gesamtes Recht der Zwangsvollstreckung, § 864 Rn. 6.
375 BVerwG, Urt. v. 14. 4. 2005 – 3 C 31/04 –, NVwZ 2006, S. 92 ff.
376 Vgl. Fn. 375.
377 *Weidenkaff* in: Palandt, vor § 581 Rn. 18; *Metzger* in: Lorz/Metzger/Stöckel, Jagdrecht, Fischereirecht, § 11 Rn. 2.

speziellen jagdrechtlichen Bestimmungen entgegenstehen.[378] Auf der Grundlage des Pachtvertrages ist es dem Pächter gestattet, die Jagd auszuüben und sich die dem Jagdrecht unterliegenden Gegenstände, nämlich das herrenlose Wild, anzueignen. Den Pächter treffen als Gegenleistung die gesetzlichen Pflichten zur ordnungsgemäßen Jagdausübung, zur Wildhege und zur Pachtzinszahlung.

Gemäß § 11 Abs. 4 S. 1 BJagdG ist ein Jagdpachtvertrag aufgrund seiner langen Vertragsdauer von mindestens neun Jahren schriftlich abzuschließen.

Der Jagdpächter muss jagdpachtfähig im Sinne des § 11 Abs. 5 BJagdG sein, was nur dann der Fall ist, wenn er einen gültigen Jahresjagdschein besitzt und schon vorher einen solchen während drei Jahren in Deutschland besessen hat. Sind diese Voraussetzungen nicht gegeben, ist der Pachtvertrag nichtig. Auf Pächterseite können in einem Jagdbezirk mehrere Pächter nebeneinander in einem Gesamthandsverhältnis die Jagdausübung erhalten (Mitpacht).[379]

a) Kündigung des Jagdpachtvertrages in der Insolvenz des Jagdverpächters

Da es sich bei der Jagdpacht um eine Rechtspacht handelt, besteht das Vertragsverhältnis nicht automatisch gemäß § 108 InsO fort, sondern unterliegt dem Erfüllungswahlrecht des Insolvenzverwalters gemäß § 103 InsO, soweit die Forderungszuständigkeit des Insolvenzverwalters gegeben ist. Unstreitig handelt es sich bei dem Jagdausübungsrecht um ein vermögenswertes Recht, da auf der einen Seite die Jagdpacht dem Pächter den Gebrauch und die Nutzung des Jagdausübungsrechtes gewährt und auf der anderen Seite der Verpächter einen entsprechenden Pachtzins erhält. In der Insolvenz des Jagdverpächters besteht ein vertraglicher Anspruch auf die Pachtzinszahlung. Unstreitig ist die Forderungszuständigkeit des Insolvenzverwalters gegeben, so dass dieser an Stelle des insolventen Jagdverpächters die Pachtzinsforderung gegen den Jagdpächter geltend machen kann.

Veräußert der Insolvenzverwalter den Jagdbezirk, ohne die Erfüllung des Jagdpachtvertrages abgelehnt zu haben, so tritt der Erwerber anstelle des Schuldners in den Jagdpachtvertrag ein.

b) Der Jagdpachtvertrag in der Insolvenz des Jagdpächters

In der Insolvenz des Jagdpächters ist fraglich, ob dem Insolvenzverwalter das Erfüllungswahlrecht gemäß § 103 InsO zusteht, welche Möglichkeiten der Erfül-

---

378 BGH, Urt. v. 21. 2. 2008 – III ZR 200/07 –, NZM 2008, S. 462 (463).
379 *Mitzschke/Schäfer*, Bundesjagdgesetz, § 11 Rn. 91.

lung bestehen und ob und inwieweit dem Insolvenzverwalter ein Verwertungsrecht an der Jagdausübung zusteht.

aa) Anwendbarkeit des § 103 InsO auf den Jagdpachtvertrag in der Insolvenz des Jagdpächters

Bei dem Jagdpachtvertrag könnte es sich um einen Vertrag mit beschlagsfreiem Inhalt handeln. Der Schuldner verliert gemäß § 80 InsO seine Verwertungs- und Verfügungsbefugnis nur über das zur Insolvenzmasse gehörende Vermögen, somit das gesamte pfändbare Vermögen. Über nicht dem Insolvenzbeschlag bzw. der Zwangsvollstreckung unterliegende Gegenstände kann der Schuldner frei verfügen.[380] Allerdings ist die Massezugehörigkeit des Leistungsgegenstandes keine Voraussetzung des § 103 InsO, sondern des auf §§ 80 Abs. 1, 159 InsO beruhenden Rechtes des Insolvenzverwalters, den betreffenden Gegenstand verwerten zu dürfen.[381] Somit unterliegt der Jagdpachtvertrag zunächst dem Erfüllungswahlrecht des Insolvenzverwalters.

bb) Ausübung des Jagdrechtes bei Erfüllung des Jagdpachtvertrages

Der Insolvenzverwalter hat bei Erfüllung des Jagdpachtvertrages auch die daraus resultierenden Konsequenzen zu bedenken. Wählt der Insolvenzverwalter Erfüllung des Vertrages, so hat er an Stelle des Schuldners den Vertrag zu erfüllen, da dieser zwischen ihm und der anderen Vertragspartei zu unveränderten Konditionen fortgeführt wird.[382] Voraussetzung ist allerdings die Jagdpachtfähigkeit im Sinne des § 11 Abs. 5 BJagdG. Erforderlich ist danach der Besitz eines Jahresjagdscheins, den der Insolvenzverwalter bereits drei Jahre vor Abschluss des Vertrages in Deutschland besessen haben muss. Sollte der Insolvenzverwalter diese Voraussetzung nicht erfüllen, so ist bei eigenmächtiger Jagdausübung der Tatbestand der Jagdwilderei gegeben. Eine vertragsgemäße Erfüllung wäre in diesem Fall nur durch Beauftragung des Schuldners oder eines Dritten Jagdscheininhabers möglich, wobei letztere Alternative von der Zustimmung des Jagdverpächters abhängig ist.

---

380 *Wittkowski* in: Nerlich/Römermann, InsO, § 80 Rn. 9.
381 *Marotzke* in: Kreft, InsO, § 103 Rn. 28.
382 Vgl. *Huber* in: MüKo-InsO, § 103 Rn. 148.

cc) Recht zur Verwertung des Jagdausübungsrechtes in der Insolvenz des Jagdpächters

Um von der Möglichkeit der Vertragserfüllung Gebrauch zu machen, sollte eine Erfolg versprechende Verwertung möglich sein, da das Interesse der Gläubigergesamtheit darin besteht, für die Insolvenzmasse günstige Vertragsbeziehungen fortzusetzen und die sich hieraus ergebenden Einnahmen zur Insolvenzmasse zu ziehen. Ein wirtschaftlicher Vorteil könnte dadurch erreicht werden, dass der insolvente Pächter beispielsweise das Jagdausübungsrecht zu einem geringen Pachtzins überlassen bekommen hat, so dass sich eine Unterverpachtung zu einem höheren Pachtzins Masse erhöhend auswirken könnte.

Fraglich erscheint in diesem Zusammenhang, ob dem Insolvenzverwalter insoweit ein Verwertungsrecht zusteht.

Hierzu muss die Wertung des § 36 Abs. 1 InsO herangezogen werden, wonach Gegenstände, die nicht der Zwangsvollstreckung unterliegen, nicht zur Insolvenzmasse gehören. Das Jagdausübungsrecht unterliegt nur dann eingeschränkt der Pfändung, wenn der Verpächter die Übertragung des Nutzungsrechtes auf einen Dritten gestattet hat (§ 857 Abs. 3 ZPO).[383] Grundsätzlich gilt jedoch das Verbot der Gebrauchsüberlassung an Dritte gemäß § 581 Abs. 2 BGB in Verbindung mit § 540 BGB, so dass Pachtverträge, die die Möglichkeit der Gebrauchsüberlassung an Dritte nicht vorsehen, nicht der Pfändung unterliegen und damit auch nicht massezugehörig sind. Ein Verwertungsrecht des Insolvenzverwalters in der Insolvenz des Jagdpächters kommt mithin nur dann in Betracht, wenn entweder der Vertrag eine Nutzungsüberlassung an Dritte vorsieht oder aber der Jagdverpächter der Übertragung zustimmt.

c) Jagderlaubnisscheine in der Insolvenz des Jagdpächters

Durch die Erteilung von Jagderlaubnisscheinen können Dritte, die nicht Pächter sind, an der Jagdausübung beteiligt werden. Fraglich ist, inwieweit zwischen dem Pächter und dem Jagderlaubnisscheininhaber eine rechtliche Beziehung entsteht oder ob es sich um ein bloßes Gefälligkeitsverhältnis handelt. Da die Erteilung von Jagderlaubnisscheinen gemäß §§ 540, 581 Abs. 2 BGB der Zustimmung des Verpächters bedarf, wird der Umfang der Erteilung von Jagderlaubnisscheinen gewöhnlich bereits im Jagdpachtvertrag geregelt.[384] Jagderlaubnisscheine können unentgeltlich oder entgeltlich ausgestaltet sein. Bei der Erteilung eines unentgelt-

---

383 LG Mönchengladbach, Beschl. v. 25. 8. 1983 – AZ.: 5 T 290/83 –, RdL 1984, S. 66; *Metzger* in: Lorz/Metzger/Stöckel, Jagdrecht, Fischereirecht, § 11 Rn. 2.
384 *Frank* in: Schuck, Bundesjagdgesetz, § 11 Rn. 174.

lichen Jagderlaubnisscheins wird es sich überwiegend um Gefälligkeitsverhältnisse ohne Rechtsbindungswillen handeln, da diese in den meisten Fällen auch nur für eine einmalige Jagderlaubnis ausgestellt werden.[385] Daraus folgt, dass die unentgeltlichen Jagderlaubnisscheine, die noch vom Schuldner ausgestellt wurden, gemäß §§ 115, 116 InsO mit Eröffnung des Insolvenzverfahrens erlöschen.

Ein entgeltlicher Jagderlaubnisschein erfordert eine wirtschaftliche Gegenleistung des Dritten und damit eine vertragliche Beziehung. Überwiegend wird der entgeltliche Jagderlaubnisschein als Unterpachtverhältnis qualifiziert, soweit zwischen dem Jagdpächter und dem Jagderlaubnisscheininhaber Abreden bestehen, wonach diesem eine bestimmte Abschusszahl gewährt wird, er das Wildbret selbst verwerten darf und sich an der Wildschadenspauschale beteiligen muss.[386] Eine Diskussion über die Rechtsnatur des entgeltlichen Jagderlaubnisscheines ist in der Regel überflüssig, da die Regelungen über die Jagderlaubnisscheine gemäß § 11 Abs. 3 BJagdG den Ländern übertragen wurden und diese in ihren Landesjagdgesetzen den Charakter des Vertragsverhältnisses bei einem entgeltlichen Jagderlaubnisschein geregelt haben. Überwiegend haben sich die einzelnen Bundesländer für eine Anwendung des § 11 BJagdG entschieden, so dass der Jagdpächter bzw. der Insolvenzverwalter die pachtrechtlichen Vorgaben zu beachten hat. Da es sich, wie bereits erörtert, insoweit um ein Unterpachtverhältnis handelt, hat der Schuldner als Jagdpächter die Rolle des Jagdverpächters inne, so dass auch in-soweit dem Insolvenzverwalter das Erfüllungswahlrecht des § 103 InsO zusteht.

d) Jagderlaubnisscheine in der Insolvenz des Jagdverpächters

In der Insolvenz des Jagdverpächters fehlt es im Verhältnis zum Jagderlaubnisinhaber an einer unmittelbaren Vertragsbeziehung. Die direkte Ausübung des Erfüllungswahlrechtes des Insolvenzverwalters dem Jagderlaubnisinhaber gegenüber ist daher rechtlich nicht möglich. In Anbetracht der Tatsache, dass entgeltliche Jagderlaubnisscheine den Regeln der Rechtspacht unterworfen sind, stellt sich die Frage in der Insolvenz des Jagdverpächters, ob die §§ 581 Abs. 2, 546 Abs. 2 BGB entsprechend angewendet werden können. Regelmäßig hat der Vermieter auch bei einer berechtigten Untervermietung einen Anspruch auf Herausgabe der Mietsache gemäß § 546 Abs. 2 BGB gegen den Dritten, der seinerseits Mieter des Hauptmieters ist. Aus dem Verweis des § 581 Abs. 2 BGB ist zu entnehmen, dass die Regelung des § 546 BGB auch im Pachtrecht Anwendung findet. In der Folge lässt

---

385 *Ders.*, Rn. 174.
386 OLG Hamm Urt. v. 18. 11. 1998 – 30 U 42/98 –, LG Aachen Urt. v. 30. 10. 2003 – B O 273/03 –.

sich bei einer Beendigung des Hauptpachtvertrages ein Anspruch des Jagdverpächters, faktisch gerichtet auf Unterlassung der Jagdausübung, herleiten.[387]

Im Ergebnis ist der Insolvenzverwalter über das Vermögen des Jagdverpächters berechtigt, den Herausgabeanspruch des § 546 BGB gegen den Unterpächter
geltend zu machen.

VII. Der Altenteilsvertrag

Das Rechtsinstitut „Altenteil" ist gesetzlich nicht definiert. Das Altenteil ist der
vertragsmäßig zugesicherte oder durch letztwillige Verfügung zugewandte In-
begriff von dinglich gesicherten Nutzungen und Leistungen zum Zwecke der persönlichen Versorgung des Berechtigten.[388] Es handelt sich somit um einen Misch-
vertrag, der regelmäßig im Zusammenhang mit einer Hofübergabe zustande
kommt. Einheitliche gesetzliche Bestimmungen und eine einheitliche dingliche
Rechtsform für das Altenteil fehlen. Die Regelungen sind gemäß Art. 96 EGBGB
den Landesgesetzgebern vorbehalten worden, die nur zum Teil in ihren Ausfüh-
rungsgesetzen zum BGB davon Gebrauch gemacht haben.[389] Zusammenfassend
handelt es sich um eine bäuerliche Rechtstradition, die es ermöglicht, zu Lebzeiten landwirtschaftliche Betriebe sozialverträglich zu überlassen. In der Bemessung des Altenteils sind die Vertragsparteien grundsätzlich frei.[390] Das Altenteil
soll einen Ausgleich dafür bieten, dass der Übergeber schon zu Lebzeiten die
Nutzungen des Hofes an den Hofübernehmer abgibt, so dass die Lebensbedürf-
nisse des Hofüberlassers maßgeblich sind.[391]

---

387 Vgl. OLG Brandenburg, Urt. v. 10. 12. 2001 – 3 U 24/00 –: „Ist der Jagdvertrag beendet, steht
dem Verpächter gegen den Pächter unabhängig von den sich aus § 1004 Abs. 1 S. 2 BGB ergebenden Rechten ein vertraglicher Anspruch aus § 556 BGB a. F. auf Unterlassung der Jagdausübung
zu."; LG Hildesheim, Urt. v. 15. 10. 2008 – 2 O 129/08 –, BeckRS 2008, 26046 Rn. 17: „Gemäß § 546
BGB, der für das Pachtrecht durch § 581 Abs. 2 BGB entsprechende Anwendung findet, ist am
Ende der Pachtzeit (...) die Herausgabe der Pachtsache geschuldet.
388 *Schöner/Stöber*, Grundbuchrecht, Rn. 1320 ff.
389 Im Geltungsbereich der HöfeO gelten: Art. 15 AGBGBNRW vom 20. 9. 1899; §§ 5–17 Nds.
AGBGB vom 4. 3. 1971, §§ 1–12 AGBGBSchl.-H vom 27. 4. 1974; außerhalb des Geltungsbereichs
der HöfeO gelten: §§ 6–17 Ba.Wü.AGBGB vom 26. 11. 1974; Art. 7–23 Bay.AGBGB vom 20. 9. 1982;
§ 27 AGBGB vom 28. 7. 1899; §§ 4–18 Hess.AGBGB vom 18. 12. 1984; §§ 2–18 AGBGBRh.-Pf. vom
18. 11. 1976; §§ 6–22 AGJusG vom 5. 2. 1997; §§ 4–22 Thüringer Zivilrechtsausführungsgesetz vom
3. 2. 2002.
390 *Lange/Wulff/Lüdtke-Handjery*, HöfeO, § 17 Rn. 47.
391 *Lange/Wulff/Lüdtke-Handjery*, HöfeO, § 17 Rn. 47.

1. Der schuldrechtliche Altenteilsvertrag

a) Allgemeines

Das Altenteil kann vertraglich oder durch Verfügung von Todes wegen begründet werden, wobei im Rahmen dieser Arbeit nur auf das vertraglich begründete Altenteil eingegangen wird. Nach ständiger Rechtsprechung des Bundesgerichtshofes gewährt ein Altenteilsvertrag dem Übergeber in der Regel vollen Unterhalt und ein Wohnrecht gegen Überlassung eines Gutes oder eines Grundstücks, kraft deren Nutzung sich der Übernehmer eine eigene Lebensgrundlage schaffen und gleichzeitig den dem Altenteiler geschuldeten Unterhalt gewinnen kann.[392] Die Ausgestaltung des Altenteils richtet sich nach dem Umfang und Wert des überlassenen Grundstücks, also ggf. nach Größe und Leistungsfähigkeit des Hofes, sowie nach den örtlichen Gegebenheiten und den persönlichen Bedürfnissen des Altenteilers.[393]

Der Altenteiler hat an der ihm eingeräumten Altenteilerwohnung oder an Altenteilsräumen ein eigenes Wohnrecht und damit eine dem Mieter oder Untermieter ähnliche Rechtsstellung.[394] Der Altenteilsverpflichtete hat dem Altenteilsberechtigten die Wohnung in einem zum vertragsgemäßen und zweckentsprechenden Gebrauch geeigneten Zustand zu überlassen und während der Dauer seiner Verpflichtung in diesem Zustand zu erhalten.[395] Der Altenteilsverpflichtete schuldet ferner ein monatliches Taschengeld, welches der Befriedigung persönlicher Bedürfnisse des Altenteilers dient. Weiterhin wird die sogenannte Hege und Pflege regelmäßig Bestandteil einer Altenteilsvereinbarung. Der Altenteiler kann auch selbst für die notwendige Betreuung sorgen und verlangen, dass die Kosten, soweit sie angemessen sind, vom Pflichtigen erstattet werden. Ferner ist üblich die Übernahme der Beerdigungskosten durch den Altenteilsverpflichteten zu leisten.[396]

b) Der schuldrechtliche Altenteilsvertrag in der Insolvenz

Bei dem Altenteilsvertrag handelt es sich um einen gegenseitigen Vertrag, der zum Zeitpunkt der Eröffnung des Insolvenzverfahrens seitens des Hofüberlassers bereits vollständig erfüllt ist, so dass der Anwendungsbereich der §§ 103 ff. InsO nicht eröffnet ist. Die gemäß § 46 InsO kapitalisierte Forderung auf wiederkehren-

---

392 BGH, DNotZ 2008, S. 124 ff.
393 *Wöhrmann*, Landwirtschaftserbrecht, § 14 Rn. 49.
394 *Wöhrmann*, Landwirtschaftserbrecht, § 14 Rn. 50.
395 Vgl. § 8 AGBGB Schl.-H.
396 Vgl. hierzu *von Garmissen* in: Dombert/Witt, MAH-Agrarrecht, § 11 Rn. 77.

de Leistungen des Altenteilers ist daher als Insolvenzforderung zur Tabelle anzumelden.

2. Die dingliche Eintragung des Altenteils im Grundbuch in der Insolvenz des Hofübernehmers und die Auswirkungen auf das Insolvenzverfahren

Die Eintragung in das Grundbuch ist für die wirksame Entstehung des Altenteils nicht erforderlich. Für den Fall der Zwangsversteigerung oder der Insolvenz ist es aber für den Hofüberlasser zweckmäßig, entsprechende Eintragungen vorgenommen zu haben.[397] Dafür muss der Eigentümer die vom Altenteiler beantragte Eintragung nach allgemeinen grundbuchrechtlichen Anforderungen bewilligen. Gemäß § 2 AGBGB Schl.-H. ist der Erwerber des Grundstücks verpflichtet, dem Berechtigten auf dessen schriftliches Verlangen unverzüglich folgende Rechte an dem Grundstück zu bestellen:

- eine Reallast zur Sicherung des Anspruchs auf wiederkehrende Leistungen, die er mit dem Gläubiger vereinbart hat,
- eine beschränkt persönliche Dienstbarkeit zur Sicherung eines mit dem Gläubiger eingeräumten Rechts, ein Gebäude oder Gebäudeteil auf dem Grundstück zu bewohnen oder mitzubewohnen oder einen Teil des Grundstücks in anderer Weise zu benutzen.

Trotz dieser materiellrechtlichen Trennung in verschiedene dingliche Rechte ermöglicht § 49 GBO eine einheitliche Bezeichnung der Rechte als „Altenteil" im Grundbuch, wenn auf die Eintragungsbewilligung Bezug genommen wird. Daher steht in der Abteilung II des Grundbuchs entgegen dem Grundsatz des § 874 BGB die Bezeichnung „Altenteil". Das Altenteil kann sowohl für eine als auch für mehrere Personen eingetragen werden. Wird das Recht für mehrere als Gesamtrecht bestellt, muss sich das Gemeinschaftsrechtsverhältnis mindestens aus der Eintragungsbewilligung ergeben.[398]

Der Altenteiler, dessen Berechtigung grundbuchlich gesichert ist, erhält eine privilegierte Gläubigerstellung in der Insolvenz des Hofübernehmers. Die beschränkt persönliche Dienstbarkeit berechtigt den Altenteilsberechtigten zur Aussonderung, da es sich insoweit um ein aussonderungsfähiges Recht handelt, welches der Insolvenzverwalter, sollte es vor Eröffnung des Insolvenzverfahrens unanfechtbar erworben worden sein, anzuerkennen hat. Insoweit steht dem

---

397 OLG Celle, RdL 1956, S. 118.
398 BGH, Beschl. v. 24. 11. 1978 – V ZB 6/76 –, NJW 1979, S. 421.

Altenteilsberechtigten bis zur zwangsweisen Verwertung des Objektes ein Wohnrecht zu.[399]

Durch die Einleitung des Zwangsversteigerungsverfahrens wird in vielen Fällen das mit dem Altenteilsrecht belastete Objekt verwertet, wobei auch der Altenteiler selbst aus seinen Rechten die Zwangsversteigerung betreiben kann, da die Reallast in einen Geldanspruch umgewandelt werden kann. Im Zwangsversteigerungsverfahren gilt für das Altenteil § 9 EGZVG. Danach bleibt es auch dann bestehen, wenn es nicht in das geringste Gebot fällt. Allerdings kann gemäß § 59 ZVG die Wirkung dieser Norm durch die Vereinbarung abweichender Versteigerungsbedingungen durch diejenigen Gläubiger, deren Rechte den gleichen oder einen besseren Rang haben, ausgeschlossen werden.

Für den Altenteiler ist es in der Konsequenz von entscheidender Bedeutung, erstrangig im Grundbuch eingetragen zu sein.

Die Rechte aus dem Altenteilsvertrag, die von der Reallast erfasst sind, ermöglichen dem Altenteiler die abgesonderte Befriedigung in der Insolvenz. Die Einzelansprüche können allerdings nur durch entsprechenden Antrag auf Einleitung eines Zwangsverwaltungsverfahrens im Rahmen der Insolvenz geltend gemacht werden.[400]

Das Bestehen eines grundbuchlich gesicherten Altenteils wird den freihändigen Verkauf eines landwirtschaftlichen Betriebes erheblich beeinträchtigen, da aufgrund des Wohnrechts und der monatlich zu erbringenden Leistungen eine erhebliche Belastung auf dem Grundstück ruht. Noch vor einigen Jahren war es üblich, pauschal alle Grundstücke des Betriebes durch das Altenteil im Grundbuch zu belasten. Diese umfassende Eintragung wurde unter anderem auch damit begründet, dass die Altenteilsberechtigten sich auf diese Weise ein Mitspracherecht für Entscheidungen von gewisser Tragweite ermöglichen konnten. In vielen jüngeren Fällen findet allerdings bereits eine Beschränkung auf das Hofgrundstück und evtl. auf weitere Betriebsflächen, die dem Wert des Baranteils entsprechen, statt.[401] Für den Insolvenzverwalter wird es häufig zielführend sein, vertragliche Regelungen mit den Altenteilsberechtigten zu finden, um die Zwangsversteigerung als Verwertungsmöglichkeit zu umgehen.

---

399 *Gottwald*, Insolvenzrechtshandbuch, § 41 Rn. 13; *Andres* in: Nerlich/Römermann, InsO, § 47 Rn. 47.

400 *Andres* in: Nerlich/Römermann, InsO, § 49 Rn. 11.

401 Vgl. hierzu *von Garmissen* in: Dombert/Witt, MAH-Agrarrecht, § 11 Rn. 262.

VIII. Ergebnis und Zusammenfassung zu F.

Im Bereich der Landwirtschaft gibt es eine Vielzahl von branchentypischen Verträgen. Fast in allen Landwirtschaftsinsolvenzen wird der Insolvenzverwalter mit dem Landpachtvertrag konfrontiert. Die Untersuchungen haben gezeigt, dass mit dem Umgang des Landpachtvertrages wichtige Weichen für den Fortgang des Insolvenzverfahrens gestellt werden. Das Schicksal des Landpachtvertrages in der Insolvenz bestimmt sich nach den §§ 108 ff. InsO, welche ab Eröffnung des Insolvenzverfahrens Anwendung finden. Während eines Insolvenzeröffnungsverfahrens gelten die vertraglichen Abreden fort.

Das „Schicksal" des Landpachtvertrages hängt entscheidend davon ab, welche Vertragspartei insolvent wird. In der Verpächterinsolvenz besteht keine Möglichkeit für den Insolvenzverwalter, sich aus dem Vertragsverhältnis zu lösen. Die Pachteinnahmen stehen der Insolvenzmasse zu, solange keine wirksamen Sicherungsrechte an ihnen bestellt wurden und das Zwangsverwaltungsverfahren beantragt wurde. Bei Veräußerung des Pachtgegenstandes übernimmt der Erwerber den Pachtvertrag und hat während der gesamten Dauer des Insolvenzverfahrens ein Sonderkündigungsrecht gemäß § 111 InsO. In der Pächterinsolvenz hat der Insolvenzverwalter eine Kündigungsmöglichkeit binnen einer Frist von drei Monaten, sollten keine kürzeren Fristen vereinbart worden sein. Nach Beendigung des Pachtverhältnisses ist der Pachtgegenstand in einem Zustand der fortgesetzten ordnungsgemäßen Bewirtschaftung zurückzugeben. Die Kosten der Räumung sind in der Pächterinsolvenz als Insolvenzforderungen anzumelden, es sei denn, der Insolvenzverwalter hat durch die Inbesitznahme und Nutzung des Pachtgegenstandes Masseverbindlichkeiten begründet. Bei Beendigung des Landpachtvertrages sind Zahlungsansprüche nicht an den Verpächter zurückzugewähren, wenn die Vertragsparteien keine anderslautenden vertraglichen Abreden getroffen haben. Das „Schicksal" der Milchquote hängt davon ab, ob sie flächenakzessorisch ist und damit der Vertrag vor dem 1. 4. 2000 geschlossen wurde oder ob die Flächenakzessorietät bereits aufgehoben wurde. Im letzteren Fall ist die Milchquote unabhängig vom Pachtgegenstand zu beurteilen, so dass eine Rückgabepflicht nur bei einer Gesamtbetriebsübertragung gemäß § 22 MilchQuotV besteht. Die flächenakzessorische Milchquote geht hingegen bei Beendigung des Vertrages gemäß § 7 Abs. 2 MGV auf den Verpächter über, solange der Pächter nicht von seinem Übernahmerecht Gebrauch macht. Gleiches gilt für Altpachtverträge", die vor dem 2. 4. 1984 abgeschlossen wurden.

Zuckerrübenlieferrechte sind dann bei Vertragsbeendigung an den Verpächter zurückzugewähren, wenn sie mit übertragen wurden. Hat der Verpächter zwar rübenanbaufähiges Land, allerdings ohne entsprechende Zuckerrübenlieferrechte verpachtet, besteht kein Anspruch auf Rückübertragung.

Weiterhin existieren im Landpachtrecht diverse Verwendungsersatzansprüche. In der Insolvenz des Verpächters hat der Pächter gemäß § 51 Nr. 2 InsO ein Zurückbehaltungsrecht an der Pachtsache, soweit eine Wertsteigerung des Pachtgegenstandes vorliegt, anderenfalls ist der Anspruch zur Insolvenztabelle anzumelden. Allerdings ist der § 51 Nr. 2 InsO nicht für Verwendungen auf Grundstücke anwendbar.

In der Verpächterinsolvenz können wertverbessernde Verwendungsersatzansprüche nur als Masseverbindlichkeiten geltend gemacht werden, wenn der Insolvenzverwalter seine Zustimmung erteilt hat. Sollte der Verpächter die Zustimmung noch vorinsolvenzlich erklärt haben, ist der Verwendungsersatzanspruch als Insolvenzforderungen zu qualifizieren.

In der Pächterinsolvenz kann der Verwendungsersatzanspruch durch den Insolvenzverwalter geltend gemacht werden.

Der Pächter hat weiterhin gemäß § 596 a Abs. 1 BGB einen Anspruch auf den Pachtausfallschaden, wenn das Vertragsverhältnis vorzeitig beendet wird. Dieser Anspruch beruht auf der Problemstellung, die sich aus der Verpflichtung des Pächters ergibt, einerseits die Flächen im Zustand einer ordnungsgemäßen Bewirtschaftung zurückgeben zu müssen und andererseits der Möglichkeit nur durch Trennung vom Grund und Boden Eigentum an den Früchten erwerben zu können.

Bei einer Eisern-Inventarverpachtung entsteht in den meisten Fällen ein Ausgleichsanspruch in Höhe des Saldos, der sich aus dem Vergleich der Schätzwerte bei Pachtbeginn und bei Pachtende ergibt. Die Schätzung des toten, lebenden und Feldinventars sowie von Nutzungs- und Lieferrechten erfolgt überwiegend nach den Regelungen der Schätzordnung.

Aufgrund des § 112 Nr. 1 und Nr. 2 InsO sind im Bereich des Landpachtrechtes Lösungsklauseln grundsätzlich unwirksam. Dies gilt unabhängig davon, ob sie an die Insolvenzeröffnung oder an andere, außerhalb der Insolvenz liegende, Umstände anknüpfen. Die Regelung des § 112 InsO ist auch auf das Landpachtrecht anwendbar, da der damit verbundene Eingriff in die Rechte des Verpächters keine unzumutbare Härte darstellt. Zwar ist der Pächter in Abgrenzung zum Mietrecht bis zur Beendigung des Vertragsverhältnisses zur ordnungsgemäßen Bewirtschaftung verpflichtet, dennoch rechtfertigt diese Situation nicht die Annahme einer höchstpersönlichen Vertragsbindung zwischen Verpächter und Pächter, die wiederum eine Unzumutbarkeit der Rechtsfolgen des § 112 InsO zur Folge haben könnte. Die ordnungsgemäße Bewirtschaftung setzt nicht das persönliche, sondern vielmehr das fachliche Vermögen voraus. Darüber hinaus könnte die verpächterseitige Kündigungsmöglichkeit die Ziele der Insolvenzordnung konterkarieren, da unter Umständen eine Fortführung und Sanierung des Betriebes nicht möglich wäre.

Besteht die Gegenleistung für die Nutzung landwirtschaftlicher Flächen nicht in Geld, sondern findet ein Tausch mit eigenen Flächen statt, so handelt es sich um einen Pflugtauschvertrag, auf den ebenfalls die Vorschriften des Landpachtrechts anwendbar sind. Alternativ zum Landpachtvertrag werden in der Landwirtschaft auch Bewirtschaftungsverträge geschlossen, die als Dienstverträge zu qualifizieren sind und damit dem Wahlrecht des Insolvenzverwalters unterfallen.

Weiterhin ist die Landwirtschaft durch Lieferverhältnisse geprägt, die auf der Grundlage schuldrechtlicher oder gesellschaftsrechtlicher Normen vereinbart werden. Schuldrechtliche Abreden unterliegen in der Insolvenz dem Erfüllungswahlrecht des Insolvenzverwalters, an gesellschaftsrechtliche Vorgaben ist der Insolvenzverwalter gebunden.

Die Landwirtschaft ist thematisch unmittelbar mit dem Jagdrecht verbunden, da die Jagd auf land- und forstwirtschaftlichen Flächen ausgeübt wird. Bei der Jagdpacht handelt es sich um eine Rechtspacht. Der Insolvenzverwalter ist daher befugt, von seinem Erfüllungswahlrecht Gebrauch zu machen. Die Jagdpachteinnahmen sind insolvenzzugehörig. Auch in der Jagdpächterinsolvenz hat der Insolvenzverwalter die Möglichkeit, gemäß § 103 InsO zu entscheiden, ob das Vertragsverhältnis fortgeführt werden soll. Eine Verwertung ist allerdings nur dann möglich, wenn der Vertrag die Unterverpachtung vorsieht oder der Verpächter der Übertragung zustimmt. Der Insolvenzverwalter ist nur befugt, den Vertrag fortzuführen, wenn er die jagdrechtlichen Voraussetzungen erfüllt. Durch Jagderlaubnisscheine können Dritte, die nicht an dem Pachtverhältnis beteiligt sind, an der Jagdausübung beteiligt werden. Unentgeltliche Jagderlaubnisscheine erlöschen in der Insolvenz gemäß §§ 115, 116 InsO. Für entgeltliche Jagderlaubnisscheine sind überwiegend pachtrechtliche Vorschriften anzuwenden. In der Pächterinsolvenz kann der Insolvenzverwalter wiederum von seinem Erfüllungswahlrecht gemäß § 103 InsO Gebrauch machen, da es sich um ein Unterpachtverhältnis handelt. In der Verpächterinsolvenz steht dem Insolvenzverwalter in analoger Anwendung des § 546 BGB ein Herausgabeanspruch gegen den Unterpächter zu.

Sollte in die Insolvenzmasse ein Hof im Sinne der Höfeordnung fallen, so enthält der Hofübergabevertrag regelmäßig auch den Altenteilsvertrag. Der Altenteiler, dessen Berechtigung in der Regel zusätzlich grundbuchlich gesichert ist, erhält eine privilegierte Gläubigerstellung in der Insolvenz des Hofübernehmers. Die beschränkt persönliche Dienstbarkeit berechtigt den Altenteilsberechtigten zur Aussonderung.

Die Rechte aus dem Altenteilsvertrag, die von der Reallast erfasst sind, ermöglichen dem Altenteiler die abgesonderte Befriedigung in der Insolvenz. Die

Einzelansprüche können allerdings nur durch entsprechenden Antrag auf Einleitung eines Zwangsverwaltungsverfahrens im Rahmen der Insolvenz geltend gemacht werden.[402]

---

402 *Andres* in: Nerlich/Römermann, InsO, § 49 Rn. 11.

G. Die Insolvenzanfechtung

Das Insolvenzanfechtungsrecht gibt dem Insolvenzverwalter das Instrument an die Hand, gläubigerbenachteiligende „Rechtshandlungen" des Schuldners durch Anfechtung zu beseitigen und dadurch aus der Masse vor Verfahrenseröffnung entfernte Vermögensgegenstände wieder zurückzuführen.[403] Für die landwirtschaftliche Insolvenz sind zwei Rechtshandlungen besonders hervorzuheben, die möglicherweise zur Anfechtung berechtigen könnten. Zum einen handelt es sich um die Anfechtung der Übertragung einer Milchquote, zum anderen um die Anfechtung einer vertraglichen Hofüberlassung im Wege der vorzeitigen Erbfolge. Da in Schleswig-Holstein die Höfeordnung (HöfeO) als spezielles Anerbenrecht gilt, wird die Betrachtung auf diese Regelungen beschränkt.

I. Anfechtung von Milchquotenübertragungstatbeständen

Die Milchquote stellt gemäß § 26 MilchQuotV einen für die Insolvenzmasse verwertbaren Vermögensgegenstand dar. Vorinsolvenzliche Übertragungstatbestände sind somit grundsätzlich auf ihre insolvenzrechtliche Anfechtbarkeit hin zu überprüfen.

1. Anfechtbarkeit der Übertragung flächengebundener Milchquote in der Landpächterinsolvenz

a) Beendigung von Landpachtverträgen, die vor dem 1. 4. 2000 abgeschlossen wurden

Die flächen- oder betriebsgebundene Milchquote ist im Wege der Einzelzwangsvollstreckung nicht pfändbar und damit auch nicht massezugehörig. Der Verordnungsgeber hat bei Vertragsbeendigung eine Übertragbarkeit der Milchquote ausgeschlossen. Die gesetzlich vorgesehene Rückübertragung auf den Verpächter kann daher mangels objektiver Gläubigerbenachteiligung keine anfechtbare Rechtshandlung darstellen.

---

[403] *Smid*, Praxishandbuch Insolvenzrecht, § 20 Rn. 1.

b) Anfechtung der Betriebsübertragung gemäß § 22 Abs. 1 MilchQuotV

Gemäß § 8 Abs. 1 MilchQuotV kann Milchquote seit dem 1. 4. 2000 nur flächen- und betriebsungebunden übertragen werden. § 22 Abs.1 MilchQuotV enthält hierzu einen Ausnahmetatbestand, indem bei dauerhafter Übertragung, bei Verpachtung oder bei anderer zeitweiliger Überlassung eines gesamten Milchviehbetriebes dauerhaft gleichsam die Übertragung der Milchquote möglich sein soll. Da der Betrieb als selbstständige Produktionseinheit fortgeführt werden muss, kann die Milchproduktion auch als Betriebszweig mit den dazu dienenden Sachmitteln übertragen werden.[404]

Im Hinblick auf die Anfechtbarkeit einer dauerhaften Betriebsübertragung kommt es auf das Verhältnis von Leistung und Gegenleistung an. Bei einem Erwerb zum Verkehrswert ist eine Gläubigerbenachteiligung nicht gegeben, da es sich um ein Bargeschäft im Sinne des § 142 InsO handelt, es sei denn die Voraussetzungen der Vorsatzanfechtung gemäß § 133 InsO liegen vor. Sollte eine Gleichwertigkeit von Leistung und Gegenleistung nicht gegeben sein, so bestimmt sich die Anfechtung einer solchen Betriebsübertragung nach den allgemeinen Grundsätzen über die Schenkungsanfechtung.

Bei einer Verpachtung oder anderen zeitweiligen Überlassung stellt sich die Frage der Anfechtbarkeit in der Verpächterinsolvenz nur dann, wenn auch unbewegliche Gegenstände verpachtet werden. Bei der Überlassung von beweglichen Gegenständen steht dem Insolvenzverwalter das Erfüllungswahlrecht nach § 103 InsO zu.

Die Einräumung eines Pachtvertrages über einen gesamten Milchviehbetrieb mit Immobiliarvermögen könnte eine nach § 132 InsO anfechtbare Rechtshandlung darstellen. Zu den danach anfechtbaren Rechtsgeschäften gehört auch die Einräumung langfristiger Rechte etwa durch Miet- oder Pachtverträge, soweit der Insolvenzverwalter hieran gemäß §§ 103 ff. InsO gebunden ist.[405] Da dem Insolvenzverwalter in der Insolvenz des Verpächters gemäß § 108 InsO kein Sonderkündigungsrecht zusteht, die Pachtverträge vielmehr fortbestehen, würde dadurch die Rückgabe des Milchbetriebes und der Milchquote verhindert, verbunden mit der Folge, dass eine Verwertung durch den Insolvenzverwalter vereitelt werden kann. Allerdings könnte in dieser Konstellation der Einwand des Bargeschäftes gemäß § 142 InsO greifen und damit die Anfechtung nicht durchsetzbar sein, wenn dem Pächter der Gebrauch des Milchbetriebes und/oder der flächenlosen Milchquote gegen angemessene Pachtzahlung gewährt wurde. Maßgeblich ist ein enger zeitlicher Zusammenhang zwischen der Erbringung von Leistung und

---

404 *Lhotzky* in: Faßbender/Hötzel/Lukanow, Landpachtrecht, 2. Teil A. Rn. 23.
405 *Hirte* in: Uhlenbruck, InsO, § 132 Rn. 2.

Gegenleistung.[406] Pachtzahlungen sind gemäß § 587 BGB am Ende der Pachtzeit oder nach Ablauf der einzelnen Zeitabschnitte zu leisten, es sei denn, die Parteien vereinbaren abweichende Zahlungsmodalitäten. Trotz eines möglicherweise langen Zeitraumes zwischen der Überlassung der Pachtsache und der Pachtzinszahlung muss die Unmittelbarkeit nach den Gepflogenheiten im Geschäftsverkehr beurteilt werden.[407]

Es bedarf daher im Ergebnis einer Einzelfallbetrachtung, ob die Zahlungsabreden für derartige Pachtverträge typischerweise im Rechtsverkehr erfolgen und ob die Pachtzinszahlung der Höhe nach angemessen ist. Sollte dies der Fall sein, scheidet die Möglichkeit einer Anfechtung aufgrund des Bargeschäftseinwands aus. Anderenfalls greift dieser Einwand nicht, so dass die Rückgewähr der Milchquote oder des Übernahmepreises für die Insolvenzmasse realisiert werden kann.

In der Insolvenz des Pächters begründet die Rückübertragung der Milchquote bei Rückgabe des Milchviehbetriebs keinen Anfechtungstatbestand, da es sich um eine gesetzliche Rückübertragungspflicht handelt, so dass keine Gläubigerbenachteiligung vorliegt.

c) Anfechtbarkeit der Verlängerung des Pachtvertrages in der Verpächterinsolvenz

Wenn der Verpächter im anfechtungsrelevanten Zeitraum mit dem Pächter eine Abrede über die Verlängerung der akzessorischen Milchquote trifft, könnte darin ebenfalls eine anfechtbare Rechtshandlung im Sinne des § 132 InsO zu sehen sein. Zur Beurteilung etwaiger Anfechtungstatbestände wird daher auf die Ausführungen in b) verwiesen. Maßgeblich sind somit die Höhe des Pachtzinses sowie ein enger zeitlicher Zusammenhang zwischen Gebrauchsüberlassung und Pachtzinszahlung.

2. Anfechtbarkeit des Unterlassens des Übernahmerechtes gemäß § 129 Abs. 2 InsO

Fraglich ist, ob das Unterlassen der Ausübung des Übernahmerechts des Pächters gemäß § 49 Abs. 1 MilchQuotV eine anfechtbare Rechtshandlung nach § 129

---

406 *Paulus* in: Kübler/Prütting, InsO II, § 142 Rn. 5; *Kirchhof* in: MüKo-InsO, § 142 Rn. 16.
407 Vgl. zu derselben Problematik bei Kreditüberziehungen BGHZ 118, S. 173, NJW 1992 S. 1960 ff.

Abs. 2 InsO darstellen kann. Nach der ausdrücklichen Bestimmung in § 129 Abs. 2 InsO steht die Unterlassung einer Rechtshandlung einer Rechtshandlung durch positives Tun gleich. Das Übernahmerecht des Pächters kann in den Fällen des § 49 MilchQuotV ausgeübt werden, wenn es sich um Pachtverträge handelt, deren Laufzeit vor dem 1. 4. 2000 begann. Die Milchquote wird in diesem Fall innerhalb eines Monats nach Ablauf des Pachtvertrages gegen Entgelt ganz oder teilweise vom Pächter übernommen, der als Ausgleich für die Inanspruchnahme des Übernahmerechtes 67 % des Gleichgewichtspreises an den Verpächter zu zahlen hat. Der Pächter kann im Ergebnis 100 % der Milchquote zu 67 % des Börsenpreises erwerben. Damit findet zwar bei Ausübung des Übernahmerechtes ein unmittelbarer Austausch von Leistung und Gegenleistung statt, allerdings nur in Höhe von 67 % des Gleichgewichtspreises an dem Übertragungsstellentermin. Der Pächter hat damit die Möglichkeit, begünstigt Milchquote zu einem geringeren Preis zu erwerben.

Um eine Rechtshandlung im Sinne des § 129 Abs. 2 InsO zu verwirklichen, muss es der Pächter bewusst unterlassen haben, von seinem Übernahmerecht Gebrauch zu machen, da es bei einer unbewussten Unterlassung an der für eine Rechtshandlung erforderlichen Willensbetätigung fehlt.[408] Der Verpächter erhält durch die Nichtausübung des Übernahmerechtes einen Vermögenszuwachs in Form der Milchquote und ist damit Anfechtungsgegner. Fraglich ist, ob der Insolvenzschuldner tatsächlich sein Vermögen schmälert, indem er die Möglichkeit nicht nutzt, Milchquote günstig zu erwerben. Da das Insolvenzverfahren das Vermögen des Schuldners als Haftungsmasse im Sinne der §§ 35, 36 InsO erfasst, stehen nur die dem Schuldner haftungsrechtlich zugeordneten Gegenstände den Gläubigern zur Verfügung.[409] Die Übernahmemöglichkeit gemäß § 49 MilchQuotV besteht aber nur für Pachtverträge, deren Laufzeit vor dem 1. 4. 2000 begann. Wie bereits dargestellt, war die Milchquote für derartige Verträge flächen- und betriebsgebunden, so dass eine gesetzliche Rückübertragungspflicht für die Milchquote bestand. Die Rückübertragung und die Nichtausübung des Übernahmerechtes führen in der Folge nicht zu einer Minderung des schuldnerischen Vermögens, auf das die Gläubiger Zugriff nehmen könnten, sondern verhindern allenfalls dessen Mehrung in Höhe des Unterschiedsbetrages zwischen 100 % und 67 % des Börsenpreises. Eine solche Nichtwahrnehmung einer Erwerbschance ist aber nicht der Verkürzung des Schuldnervermögens gleichzuachten, so dass eine Anfechtbarkeit in diesen Fällen nicht gegeben ist.

---

408 BGH, Urt. v. 2. 4. 2009 – AZ.: IX ZR 236/07 –, ZIP 2009, S. 1080, ZInsO 2009, S. 1060; *Nerlich* in: Nerlich/Römermann, InsO, § 129 Rn. 37.
409 Vgl. *Henckel* in: Jaeger, InsO, § 129 Rn. 24.

3. BGH Urteil vom 28. 9. 2006 zur Anfechtbarkeit der flächenungebundenen Milchquote

Der Bundesgerichtshof hat mit Urteil vom 28. 9. 2006 die Anfechtbarkeit von Milchquote in einem Insolvenzverfahren über das Vermögen eines vormaligen Pächters verneint.[410] Der Entscheidung lag ein Sachverhalt zugrunde, wonach der Pächter zwei landwirtschaftliche Betriebe bewirtschaftete. Einen Betrieb, der in Niedersachsen gelegen war, pachtete er von seiner Mutter. Pachtgegenstand war unter anderem eine flächengebundene Milchquote. Den anderen Betrieb bewirtschaftete der insolvente Pächter in den neuen Bundesländern. Um auch dort Milchviehwirtschaft betreiben zu können, erwarb er flächenungebundene Milchquote. Nachdem er die Milchproduktion vollständig nach Niedersachen verlagert hatte, vereinbarte er im anfechtungsrelevanten Zeitraum mit seiner Mutter Folgendes:

> „Sämtliche bestehenden Kartoffel-, Zuckerrüben- und Milchlieferrechte werden, soweit sie nicht ohnehin mit Rückgabe des Hofes an den Verpächter übergehen, hiermit an diesen übertragen.“

Ausweislich der Übertragungsbescheinigung wurde die Übertragung der Milchquote beider Betriebe auf die Mutter bestätigt. Als Grundlage wurde die zwischen den Parteien getroffene privatrechtliche Vereinbarung herangezogen. Der Insolvenzverwalter focht die Übertragung des aus den neuen Bundesländern mitgebrachten Milchkontingents auf die Beklagte durch die Vereinbarung als gläubigerbenachteiligende Rechtshandlung an.

Der Bundesgerichtshof vertrat in dieser Entscheidung den Standpunkt, dass durch die Verlagerung der Milchproduktion auf den Betrieb in Niedersachsen auch die flächenungebundene Milchquote in den neuen Bundesländern zu einem betriebsakzessorischen Recht wurde. Durch die Einbringung der Milchquote habe der Pächter eine Betriebsbindung geschaffen, die auch nach Aufgabe der Milcherzeugung fortbestehe. Eine Anfechtbarkeit sei aus diesem Grunde nicht gegeben.

Vor dem Hintergrund dieses Urteils hat der Verordnungsgeber im Rahmen einer Verordnungsänderung in § 48 Abs. 3 S. 2 MilchAbgV klargestellt, dass auch diejenige Milchquote, die der Pächter nach Inkrafttreten der Zusatzabgabenverordnung erworben hat oder noch erwirbt oder die im Rahmen der bis zum 1. 4. 2000 geltenden Sonderregelungen in den neuen Bundesländern zugeteilt worden sind, nicht Bestandteil des Übertragungsanspruchs des Verpächters wird. Dies

---

410 BGH, Urt. v. 28. 9. 2006 – AZ.: IX ZR 98/05 –, WM 2007, S. 223 ff.

entspreche dem Verbot des § 7 Abs. 1 ZAV, nach Inkrafttreten der ZAV neue Betriebs- und Flächenbindungen entstehen zu lassen.[411]

Die Entscheidung des Bundesgerichtshofes ist daher auf vergleichbare Fälle nicht mehr anzuwenden. Infolgedessen können privatschriftliche Abreden zwischen den Vertragsparteien des Pachtvertrages keine Änderungen im Hinblick auf die Frage nach der Flächenbindung bewirken. Die Übertragung von nicht flächengebundenen Milchquoten kann daher grundsätzlich auf das Bestehen etwaiger Anfechtungstatbestände hin geprüft werden.

4. Anfechtbarkeit einer Übertragung zwischen Verwandten in gerader Linie, Ehegatten oder eingetragenen Lebenspartner gemäß § 21 Abs. 2 MilchQuotV

Gemäß § 21 Abs. 2 MilchQuotV kann eine Milchquote zwischen Verwandten in gerader Linie, Ehegatten oder eingetragenen Lebenspartnern übertragen werden. Es handelt sich insoweit um eine weitere Ausnahme von dem Grundsatz, dass Übertragungen ausschließlich im Rahmen des Übertragungsstellenverfahrens erfolgen sollen. Die im Wege des § 21 Abs. 2 MilchQuotV übertragene Milchquote ist stets flächenungebunden und unterliegt keiner Bindungsfrist. Bei Inanspruchnahme des Verwandtenprivilegs ist daher weder Bedingung, dass mit der Milchquotenübertragung gleichzeitig der Milchviehbetrieb, noch dass Flächen aus diesem Betrieb übergehen, überlassen oder zurückgewährt werden.[412]

Die Frage des einschlägigen Anfechtungstatbestandes ist in den Fällen der Übertragung der Milchquote unter nahen Angehörigen abhängig von der Vereinbarung einer Gegenleistung. Da der Insolvenzschuldner, der eine Milchquote auf Verwandte oder Ehepartner überträgt, seine eigene Milcherzeugung ganz oder teilweise aufgibt, spricht auch unter Berücksichtigung des § 26 MilchQuotV nichts gegen die Pfändbarkeit und damit gegen die Massezugehörigkeit der übertragenen Milchquote. Eine Anfechtung ist daher uneingeschränkt möglich. Gemäß § 9 Abs. 1 MilchQuotV in Verbindung mit § 8 Abs. 2 MilchQuotV müssen allerdings die Verwandten oder Ehepartner entweder selbst Milcherzeuger sein oder die Milchquote bis zum Ablauf des zweiten Übertragungsstellentermins auf einen Milcherzeuger übertragen werden. Fand eine Übertragung an einen Milcherzeuger statt, hat der Insolvenzverwalter einen Wertersatzanspruch gemäß § 143 InsO in Verbindung mit den bereicherungsrechtlichen Vorschriften.

---

411 Verordnung zur Durchführung der EG-Milchabgabenverordnung (MilchAbgV) vom 16. 2. 2007, abgedruckt in BR-Drucks. 935/06, S. 7.

412 *Lhotzky* in: Faßbender/Hötzel/Lukanow, Landpachtrecht, 2. Teil, A. Landpacht- und Milchordnungsrecht, Rn. 32.

Ist eine geldwerte Gegenleistung vereinbart, so richtet sich die Anfechtung nach den §§ 130, 131, 133 InsO. Bei Prüfung der jeweiligen Tatbestandsmerkmale ist zu berücksichtigen, dass es sich bei den Anfechtungsgegnern grundsätzlich um nahestehende Personen im Sinne des § 138 Abs. 1 InsO handelt, für die eine gesetzliche Vermutung besteht, dass sie Kenntnis von dem Gläubigerbenachteiligungsvorsatz des Schuldners haben. Darüber hinaus ist bei Rechtsgeschäften, für die Gegenleistungen erbracht wurden, der Bargeschäftseinwand gemäß § 142 InsO zu beachten. Danach sind Leistungen des Schuldners, für die unmittelbar eine gleichwertige Gegenleistung in sein Vermögen gelangt ist, nur anfechtbar, wenn die Voraussetzungen des § 133 Abs. 1 InsO gegeben sind.

Fehlt es an der Vereinbarung einer Gegenleistung und ist die Übertragung damit unentgeltlich erfolgt, richtet sich die Anfechtung nach §§ 134 Abs. 1, 143 InsO.

5. Zwischenergebnis

Im Ergebnis sind nur wenige Fälle denkbar, in denen die Übertragung einer Milchquote der Anfechtung unterliegt. Seit dem 1. 4. 2000 ist die Übertragung – abgesehen von den beschriebenen Ausnahmefällen – nur über die Börse möglich, so dass grundsätzlich eine Anfechtung wegen der als Gegenleistung erbrachten Kaufpreiszahlung nicht möglich ist.

In dem gesetzlichen Ausnahmefall der Betriebsübertragung mit Milchquote handelt es sich um ein einheitliches Rechtsgeschäft. Bei einer dauerhaften Überlassung ist daher das gesamte Rechtsgeschäft zu überprüfen. Sollte der Milchbetrieb zum Verkehrswert überlassen worden und dem insolventen Veräußerer und der Gläubigergemeinschaft damit ein Gegenwert zugeflossen sein, scheidet eine Anfechtung wegen des Bargeschäftseinwands aus. Für den Fall der Milchquotenübertragung an nahe Angehörige im Sinne des § 138 InsO, die außerhalb des Übertragungsstellenverfahrens und flächen- und betriebsungebunden stattfinden darf, ist zu prüfen, ob und inwieweit eine Gegenleistung vereinbart wurde. Dementsprechend sind entweder die Vorschriften über die Schenkungsanfechtung oder die Anfechtungstatbestände über andere Rechtshandlungen anwendbar. Die Verpachtung einer flächengebundenen Milchquote stellt ebenfalls nur dann einen anfechtbaren Sachverhalt dar, soweit die Gegenleistung in Form der Pacht der Höhe nach unangemessen ist und der Gläubigergemeinschaft hierdurch ein Nachteil entsteht. Auch muss ein enger zeitlicher Zusammenhang zwischen den vertraglichen Leistungspflichten bestehen, der sich nach den Gepflogenheiten im Rechtsverkehr für das jeweilige Rechtsgeschäft bestimmt. Der Verzicht auf das Übernahmerecht stellt in der Pächterinsolvenz keine anfechtbare Rechtshandlung dar. Voraussetzung wäre, dass der Pächter durch die Rückgabe der Milchquote sein Vermögen, welches in die Haftungsmasse gemäß § 35 InsO fällt, mindert. Da die flächengebundene Milchquote nicht der Pfändung unterliegt, ist sie auch nicht insolvenzzugehörig. Es handelt sich lediglich um die Nichtwahrnehmung einer Erwerbschance, die keine Gläubigerbenachteiligung zur Folge hat.

II. Anfechtung der Hofüberlassung

Auch durch die vorinsolvenzliche vertragliche Hofübergabe können Anfechtungstatbestände verwirklicht werden. Gegenstand dieser Untersuchung sind die in Schleswig-Holstein geltenden Vorschriften für das landwirtschaftliche Erbrecht, die in der Höfeordnung (HöfeO) verankert sind.

Die Höfeordnung wird gemeinhin als Anerbenregelung verstanden.[413] Es handelt sich hierbei um eine vom allgemeinen Erbrecht abweichende Sonderregelung der Erbfolge in bestimmten landwirtschaftlichen Besitzungen, welche diese ungeteilt an einen oder mehrere Miterben übergehen lässt.[414] Die Anfechtung einer Hofüberlassung wird somit immer dann eine Rolle spielen, wenn ein ehemaliger Betriebsinhaber innerhalb der anfechtungsrelevanten Zeiträume seinen landwirtschaftlichen Betrieb insgesamt oder Teile davon an einen Hofübernehmer übertragen hat. Zu bedenken ist, dass ein Insolvenzverfahren über das Vermögen eines Altenteils unter Umständen auch als Verbraucherinsolvenzverfahren eröffnet werden kann, so dass gemäß § 313 Abs.2 InsO zur Anfechtung nicht der Treuhänder, sondern jeder Insolvenzgläubiger berechtigt ist. Gemäß S. 3 kann die Gläubigerversammlung allerdings den Treuhänder mit der Anfechtung beauftragen.

1. Hofeigenschaft

Die Höfeordnung setzt für die Vererbung landwirtschaftlicher Betriebe zunächst voraus, dass es sich um einen Hof im Sinne der Höfeordnung handelt. Dazu muss es sich um eine land- oder forstwirtschaftliche Besitzung im räumlichen Geltungsbereich der Höfeordnung handeln, die im Alleineigentum einer natürlichen Per-

---

413 Vgl. *Lange/Wulff/Lüdtke-Handjery*, Höfeordnung, § 4 Rn. 1; *Leipold* in: MüKo-BGB, Bd. 9 Erbrecht, §§ 1922–2385, Einleitung vor § 1922 Rn. 119.
414 *Kreuzer* in: HAR I, Spalte 259.

son oder im gemeinschaftlichen Eigentum von Ehegatten steht oder zum Gesamt-
gut einer fortgesetzten Gütergemeinschaft gehört, sofern sie einen Wirtschaftswert von mindestens 10.000 € hat. Gemäß § 1 Abs. 1 S. 2 HöfeO bemisst sich der
Wirtschaftswert nach § 46 BewG. Der Wirtschaftswert gibt die reine Ertragsfähigkeit des Betriebes wieder, aus der sich Rückschlüsse auf die Erhaltungswürdigkeit
des Hofes ziehen lassen.[415] Liegt der Wirtschaftswert der Besitzung zwischen
5.000 und 10.000 €, wird die Besitzung gemäß § 1 Abs. 1 S. 3 HöfeO dann zum
Hof, wenn der Hofeigentümer erklärt, dass sie ein Hof im Sinne der Höfeordnung
sein soll.[416] In letzterem Fall wirkt die Eintragung des Höfevermerks im Grundbuch konstitutiv, während sie ansonsten deklaratorischen Charakter hat. Da das
Höferecht fakultativ ist, verliert der Hof gemäß § 1 Abs. 4 HöfeO seine Hofes-
eigenschaft, wenn der Eigentümer eine entsprechende Erklärung abgibt und der
grundbuchlich verlautbarte Höfevermerk im Grundbuch gelöscht ist.

2. Die vertragliche Hofübergabe

Die Höfeordnung statuiert ein Sondererbrecht, demzufolge ein Hof als Teil der
Erbschaft lediglich einem der Hoferben zufällt. Die Erbfolge ist gesetzlich geregelt, soweit keine davon abweichende Regelung von dem Erblasser getroffen
wurde (§ 7 HöfeO). Der Hofeigentümer kann den Nachfolger gemäß § 7 Abs. 1 S. 1
HöfeO durch letztwillige Verfügung oder durch Hofübergabe zu Lebzeiten allerdings auch bestimmen. Unter insolvenzanfechtungsrelevanten Gesichtspunkten
ist nur der Hofübergabevertrag, der zu Lebzeiten des Erblassers vollzogen wird,
zu untersuchen. Diese Form der Hofübergabe hat in den landwirtschaftlichen
Familienbetrieben vor allem darum so große Bedeutung, weil sie dem Hofeigentümer die Möglichkeit eröffnet, sich bei Erreichen der Altersgrenze auf das Altenteil zurückzuziehen, die Altersrente zu beziehen und die Hofnachfolge noch zu
Lebzeiten seinen Wünschen entsprechend zu regeln und eintreten zu lassen.[417]

a) Der erbrechtliche Bezug des Hofübergabevertrages

Die Rechtsnatur des Hofübergabevertrages ist im Rahmen der landwirtschaftlichen Insolvenz in mehrfacher Hinsicht von Bedeutung. Zunächst ist im Falle der
Insolvenz der Hofübernehmers zu unterscheiden, ob es sich um ein erbrechtliches

---

415 Vgl. § 3 HöfeO.
416 Vgl. *Lange/Wulff/Lüdtke-Handjery*, Höfeordnung, § 4 Rn. 2.
417 *Wöhrmann*, Landerbrecht, § 17 Rn. 3.

Geschäft handelt oder um ein Rechtsgeschäft, das noch zu Lebzeiten vollzogen wird. Während im laufenden Insolvenzverfahren eine Erbschaft gemäß § 36 InsO in die Insolvenzmasse fallen würde, ist das Vermögen, welches der Schuldner während der Wohlverhaltensphase von Todes wegen oder mit Rücksicht auf ein künftiges Erbrecht erwirbt, gemäß § 295 Abs. 1 Nr. 2 InsO nur zur Hälfte an den Treuhänder herauszugeben.

b) Exkurs: Die Hofüberlassung an den Schuldner während der Wohlverhaltensphase

Gemäß § 295 Abs. 1 Nr. 2 InsO kann der Treuhänder während der Wohlverhaltensphase Vermögen, welches der Schuldner von Todes wegen oder mit Rücksicht auf ein künftiges Erbrecht erwirbt, nur zur Hälfte für die Insolvenzmasse generieren. Durch diese Formulierung wurde es dem Insolvenzschuldner sehr leicht gemacht, diesen Tatbestand zu umgehen. Fälle, die unter die zweite Alternative zu subsumieren wären, können somit einfach zeitlich verschoben werden, um eine Teilhabe der Gläubiger an der Erbmasse zu verhindern. Aus diesem Grunde wird ein Rechtsgeschäft, durch das Vermögen mit Rücksicht auf ein künftiges Erbrecht übertragen werden soll, in der Praxis während der Insolvenz sehr selten vorkommen.

Dennoch soll in der gebotenen Kürze umrissen werden, ob die lebzeitige Hofübergabe mit Rücksicht auf ein künftiges Erbrecht erfolgt und damit hälftig der Insolvenzmasse zusteht, oder ob sie nicht auch als Schenkung zu qualifizieren ist, für die gerade keine Herausgabeverpflichtung während der Wohlverhaltensphase seitens des Schuldners besteht.[418]

Da das Gesetz keine Definition des Übergabevertrages enthält, hat der Bundesgerichtshof in einer Entscheidung eine Begriffsdefinition herausgearbeitet.[419] Danach erfordert der Hofübergabevertrag die Übertragung des Vermögens oder eines Teils davon durch den künftigen Erblasser auf einen oder mehrere als (künftige) Erben in Aussicht genommene Empfänger. Der Bundesgerichtshof verneint jeden erbrechtlichen Bezug. Unterscheidungsmerkmal zum unentgeltlichen oder entgeltlichen Übertragungsgeschäft zu Lebzeiten ist daher die Bezeichnung des Empfängers als Erben, denn nicht jeder Vermögensempfänger ist ein in Aussicht genommener Erbe.[420]

---

418 *Andres* in: Andres/Leithaus, InsO, § 295 Rn. 5.
419 BGH, Urt. v. 30. 1. 1991 – AZ.: IV ZR 299/89 –, BGHZ 113, 310.
420 *Wöhrmann*, Landerbrecht, § 17 Rn. 4.

Gerade aber das Motiv des Übergebens und die Bezeichnung des Empfängers als Erben ist ausreichend, um die Hofübergabe unter den Tatbestand des § 295 Abs. 1 Nr. 2 InsO subsumieren zu können, da auch hier der o. g. Definition des Bundesgerichtshofes entsprechend zum Ausdruck gebracht wird, dass der Erwerb mit Rücksicht auf ein künftiges Erbrecht erfolgt sein muss. Gerade dies ist bei einer vertraglichen Hofübergabe der Fall.

Sollte der Schuldner somit während der Wohlverhaltensphase einen Hof überlassen bekommen, ist gemäß § 295 Abs. 1 Nr. 2 InsO die Hälfte des Wertes für die Befriedigung der Gläubiger auszukehren. Darunter ist der Wert zu verstehen, den der Schuldner bei einer Veräußerung erzielt oder erzielen kann, abzüglich etwaiger Kosten und Belastungen. Gezahlt wird also der Nettobetrag, um den der Schuldner bei wirtschaftlicher Betrachtung bereichert ist.[421]

c) Hofübergabe als entgeltliches oder unentgeltliches Rechtsgeschäft

Für die erfolgreiche Durchsetzung von Anfechtungsansprüchen ist die Ermittlung der richtigen Anspruchsgrundlage entscheidend. Wesentlich ist in diesem Zusammenhang die Beurteilung der Frage, ob die Hofübergabe als entgeltliches oder als unentgeltliches oder aber als teilweise unentgeltliches Rechtsgeschäft zu qualifizieren ist.

Durch die vertragliche Hofübergabe erstrebt der Hofüberlasser in den meisten Fällen keinen Austausch von Leistung und Gegenleistung.[422] In der Regel wird allerdings zwischen den Vertragsparteien ein Altenteil vereinbart, wobei sich die Gegenleistung nicht in einem Altenteil erschöpfen muss. Es können auch andere Nutzungsrechte vereinbart werden, die über ein Altenteil hinausgehen. Ferner finden sich in den Hofübergabeverträgen vielfach Regelungen über die Abfindung der weichenden Erben gemäß §§ 12, 13 HöfeO.[423] Eine lebzeitige Hofübertragung ohne die Sicherstellung der Lebensgrundlage des Hofüberlassers und einer angemessenen Abfindung der weichenden Erben ist selten vorzufinden.

Die Beurteilung von Leistung und Gegenleistung kann bei Hofübergaben erhebliche Schwierigkeiten bereiten. So mindert die vereinbarte Übernahme von Verbindlichkeiten sowie dinglicher Belastungen oftmals den Wert der Zuwendung. Darüber hinaus bedarf die Beurteilung des Altenteils einer angemessenen

---

421 *Römermann* in: Nerlich/Römermann, InsO, § 295 Rn. 31.
422 BGH, Urt. v. 7. 4. 1989 – AZ.: V ZR 252/87 –, NJW 1989, S. 2122 ff.; *Wulff*, Zur Rechtsnatur des Übergabevertrages, RdL 52, S. 113 ff.; BGH, Urt. v. 17. 10. 1952 – AZ.: V ZR 157/51 –, RdL 53, S. 10; OLG Celle RdL 60, S. 293.
423 Vgl. Musterformulierungsbeispiele für den Hofübergabevertrag bei *von Garmissen* in: Dombert/Witt, MAH-Agrarrecht, § 11 Rn. 208 ff.

Berechnungsgrundlage. Oftmals wird der Insolvenzverwalter einen Sachverständigen mit der Frage der Beurteilung des Hofes und des Altenteils beauftragen müssen, um einer möglichen Haftung aus dem Weg zu gehen. Allerdings wird man anerkennen müssen, dass die in einem Übergabevertrag vereinbarten Leistungen den Verkehrswert des Hofes meist nicht erreichen, so dass sich der überwiegende unentgeltliche Charakter nur schwer bezweifeln lässt.[424]

Die überwiegende Rechtsprechung qualifiziert den Hofübergabevertrag als Schenkung unter Auflage.[425] Begründet wird diese Auffassung damit, dass die in einem Übergabevertrag vereinbarten Leistungen des Übernehmers in der Regel nicht eine Gegenleistung im eigentlichen Sinne für die Übertragung des Grundbesitzes, sondern eine aus dem Vermögen zu leistende Auflage darstellen.[426] Der Zuwendungsempfänger erbringe gerade keine entgeltliche Gegenleistung, da der gesamte Gegenstand geschenkt werde und nicht nur der nach Erfüllung der Auflage verbleibende Teil.[427] Zur Annahme einer Schenkung unter Auflage genüge es, dass nach dem Parteiwillen eine, wenn auch nur geringfügige Bereicherung oder auch nur ein immaterieller Vorteil beim Empfänger verbleiben solle, da anderenfalls ein entgeltliches Rechtsgeschäft vorliege. Die Anfechtung einer Schenkung unter Auflage richtet sich nach den §§ 134, 143 InsO.

3. Die Anfechtung gemäß §§ 134, 143 InsO

Die Schenkungsanfechtung verfolgt den Zweck, die Gläubiger gegen die Folgen unentgeltlicher Leistungen des Schuldners innerhalb eines bestimmten Zeitraumes vor dem Antrag auf Eröffnung des Insolvenzverfahrens zu schützen. Die Gläubiger sollen nicht gezwungen sein, die Großzügigkeit des Schuldners zu finanzieren.[428] Der Insolvenzverwalter soll daher die Möglichkeit haben, freigiebige Zuwendungen aus dem Vermögen des Schuldners zugunsten der Insolvenzmasse auch dann rückgängig zu machen, wenn die Voraussetzungen der §§ 130–133 InsO nicht gegeben sind.[429]

Voraussetzung ist zunächst eine unentgeltliche Leistung des Schuldners. Es muss daher eine Schmälerung des Schuldnervermögens stattgefunden haben und der Leistungsempfänger darf vereinbarungsgemäß keine ausgleichende Gegen-

---

424 *Wöhrmann*, Landerbrecht, § 17 Rn. 44.
425 BGH, RdL 1951, S. 294; BGH RdL 1952, S. 11, NJW 1952, S. 20; BayObLG, AgarR 1989, S. 133.
426 BGH, Beschl. v. 9. 10. 1951 – AZ.: V BLw 67/50 –, BGHZ 3, S. 203–206, NJW 1952, S. 50.
427 *Dendorfer* in: Dauner-Lieb/Langen, BGB Schuldrecht, § 525 Rn. 9.
428 BGH, Urt. v. 15. 3. 1972 – AZ.: VIII ZR 159/70 – BGHZ 58, S. 240 (243).
429 *Kreft* in: HK-InsO, § 134 Rn. 2.

leistung erbracht haben.[430] Der Wertvergleich von Leistung und Gegenleistung bestimmt sich vorrangig nach objektiven Gesichtspunkten.[431] Die Unentgeltlichkeit ist zu bejahen, wenn der Leistungsempfänger kein Vermögensopfer mit entsprechendem Gegenwert für die Zuwendung erbracht hat.

a) Die Anfechtung der Schenkung unter Auflage gemäß § 134 InsO

Schenkungen unter Auflage unterliegen als einseitige, wenngleich zweckbeschränkte Zuwendungen, im Ganzen der Rückgewähr nach Maßgabe der §§ 134, 143 InsO.[432]

Sollte eine vertragliche Hofübergabe nach Auslegung des notariellen Kaufvertrags somit als Schenkung unter Auflage zu qualifizieren sein, ist dieses Rechtsgeschäft gemäß §§ 134, 143 InsO anfechtbar. Die Annahme einer Schenkung setzt voraus, dass der Wert des Hofes den der versprochenen Gegenleistung übersteigt. In der Praxis wird es an dieser Stelle regelmäßig zu Schwierigkeiten kommen, da die Prüfung eine genaue Berechnung der Gegenleistung voraussetzt, was bei einem Altenteil regelmäßig schwierig sein wird. Sollte der Hofübernehmer im Rahmen des Hofübergabevertrages gleichsam zur Zahlung von Abfindungsbeträgen an die weichenden Erben verpflichtet sein, ist die Vermutung gerechtfertigt, dass die Hofüberlasser auch dem Hofübernehmer zumindest teilweise eine unentgeltliche Leistung zukommen lassen wollen.[433]

Darüber hinaus sind auch die auf dem Hof ruhenden Belastungen zu berücksichtigen. In der Regel übernimmt der Hofübernehmer durch ausdrückliche Bestimmung sämtliche auf dem Hof ruhenden Schulden.[434] Insofern bedarf es einer wirtschaftlichen Betrachtung, ob der Hof unterhalb oder oberhalb seiner Wertgrenzen durch Grundpfandrechte belastet ist.[435] Bei einer wertausschöpfenden Belastung scheidet eine unentgeltliche Leistung aus.

Bei Annahme einer Schenkung unter Auflage muss der übergebene Hof in die Insolvenzmasse zurückgeführt werden, um dann verwertet zu werden.[436] Im

---

430 BGH, ZIP 1992, S. 1089 f.; 2008, S. 1292.
431 *Kreft* in: HK-InsO, § 134 Rn. 8.
432 *Zeuner* in: Leonhardt/Smid/Zeuner, InsO, § 134 Rn. 14; *Kirchhof* in: MüKo-InsO, § 134 Rn. 12.
433 *Henckel* in: Jaeger, InsO, § 134 Rn. 31.
434 *Wöhrmann*, Landerbrecht, § 17 Rn. 58.
435 Es wird auf die einschlägige Rechtsprechung hingewiesen, die sich mit der Anfechtbarkeit wertausschöpfend belasteten Grundvermögens beschäftigt, da insoweit in der Landwirtschaftsinsolvenz dieselben Grundsätze Anwendung finden. BGHZ 21, 179, 187, NJW 1993, S. 663, 665; BGH NJW 1989, S. 2122.
436 *Henckel* in: Jaeger, InsO, § 134 Rn. 31.

Gegenzug ist dem Hofübernehmer als Anfechtungsgegner der Aufwand zur Erfüllung der Auflage zu erstatten. Sollte die Hofübergabe als entgeltliches Rechtsgeschäft anzusehen sein, weil der Wert der Auflage dem Wert des Hofes entspricht, so ist eine Anfechtung nur nach den §§ 131, 133, 143 InsO möglich.

b) Ansicht von Henckel

Nach Ansicht von *Henckel* sollte der Hofüberlassungsvertrag allerdings anfechtungsrechtlich stets als gemischte Schenkung angesehen werden.[437] Zur Begründung führt er an, dass die von der Rechtsprechung vorgenommene Einordnung als Auflagenschenkung unter dem Gesichtspunkt der Anwendbarkeit schenkungsrechtlicher Vorschriften erfolgt sei. In keinem Urteil habe ein anfechtungsrechtlicher Tatbestand zur Beurteilung zu Grunde gelegen. Die Rechtsfolge der Rückgewähr des gesamten Hofes in die Insolvenzmasse empfindet *Henckel* als unangemessen, da die Annahme einer gemischten Schenkung zu haftungsrechtlich angemesseneren Ergebnissen führe. Im Falle einer gemischten Schenkung könne der Übernehmer den Hof behalten, wenn er in die Insolvenzmasse den Betrag zahle, um den der Wert des Hofes denjenigen der Gegenleistung übersteige. Eine Rückgewähr des gesamten Hofes hingegen würde den Interessen der Gläubigergemeinschaft nicht entsprechen, da eine Rückgewähr nur Zug um Zug gegen Wertersatz der Aufwendungen zur Erfüllung der Auflage erfolgen würde.

aa) Anfechtung der gemischten Schenkung

Kennzeichen der gemischten Schenkung ist eine nur teilweise unentgeltliche Leistung. Es handelt sich dabei um einen einheitlichen Vertrag, bei dem der Wert der Leistung des einen dem Wert der Leistung des anderen nur teilweise entspricht, die Vertragsparteien dies wissen und übereinstimmend wollen, dass der überschießende Wert unentgeltlich gegeben wird.[438] Über die Anwendbarkeit schenkungsrechtlicher Vorschriften bei der gemischten Schenkung besteht Uneinigkeit.[439] Vermittelnd setzt sich jedoch eine Auffassung durch, die interessengerechte und differenzierte Lösungen verlangt.[440] Aus anfechtungsrechtlicher Sicht ist zu berücksichtigen, dass es im Interesse der Gläubiger vorrangig gebo-

---

437 *Henckel* in: Jaeger, InsO, § 134 Rn. 31.
438 NJW-RR 1996, S. 754.
439 Vgl. hierzu Nachweise für Trennungs- und Einheitstheorie *Wimmer-Leonhardt* in: Staudinger, Buch 2, Schuldrecht, §§ 516–534, § 516 Rn. 25, 205.
440 *Wimmer-Leonhardt* in: Staudinger, Buch 2, Schuldrecht, §§ 516–534, § 516 Rn. 207; *Kollhosser* in: MüKo, Band 3, §§ 433–610, § 516 Rn. 29.

ten ist, den Wertüberschuss der Leistung des Schuldners der Masse zuzuführen.[441] Der Empfänger der anfechtbaren Leistung hat den Wertüberschuss der Masse zurückzugewähren, wenn die Leistung teilbar ist. Der entgeltliche Teil kann darüber hinaus nach Maßgabe der §§ 132 oder 133 InsO zurückverlangt werden, soweit die Voraussetzungen vorliegen.[442] Ist die Leistung hingegen unteilbar, so ist sie im Ganzen zurückzugewähren, wenn der unentgeltliche Charakter des Geschäftes überwiegt oder ein Interesse der Gläubiger an der Rückgewähr gerade dieser Leistung besteht.[443] Für den Fall der Hofübergabe würde dies bedeuten, dass der Hofübernehmer den Wertüberschuss, der sich aus einem Wertvergleich zwischen Leistung und Gegenleistung ergibt, an die Insolvenzmasse entrichtet, es sei denn, die Gläubigergemeinschaft hat im Einzelfall ein erhebliches Interesse an der Rückgewähr des Hofes.

bb) Stellungnahme

Die Überlegungen von *Henckel* sind interessengerecht und sollten in der Praxis Anwendung finden. Im Regelfall ist eine Rückübertragung des Hofes nicht gewollt, so dass die Zahlung des Differenzbetrages seitens des Hofübernehmers als Anfechtungsgegner die bevorzugte Lösung darstellt. Die Rückgewähr des Hofes würde zunächst auch eine Betriebsfortführung bedeuten. Zu berücksichtigen ist, dass den Insolvenzverwalter mit dem Zeitpunkt der Rückgewähr sofort sämtliche Verpflichtungen treffen, die sich bei der Bewirtschaftung eines Hofes ergeben.

III. Ergebnis und Zusammenfassung zu G.

Im Mittelpunkt stand zunächst die Untersuchung, welche Sachverhalte ausschließlich in der Landwirtschaftsinsolvenz zur Anfechtung berechtigen könnten und wie diese zu behandeln sind. Darüber hinaus können weitere anfechtungsrelevante Tatbestände vorliegen, die aber branchenübergreifend beurteilt werden und auf die im Rahmen dieser Arbeit nicht eingegangen wird. Zunächst wurde die Übertragung der Milchquote im anfechtungsrelevanten Zeitraum untersucht. Dabei ist zu differenzieren, ob die zugrunde liegenden Vertragsverhältnisse vor dem 1. 4. 2000 begründet wurden oder danach. Bis zu diesem Zeitpunkt war die

---

441 *Henckel* in: Jaeger, InsO, § 134 Rn. 29.
442 *Henckel* in: Jaeger, InsO, § 134 Rn. 28; Zeuner in: Leonhardt/Smid/Zeuner, InsO, § 134 Rn. 14.
443 *Henckel* in: Jaeger, InsO, § 134 Rn. 28; Zeuner in: Leonhardt/Smid/Zeuner, InsO, § 134 Rn. 14; Hirte in: Uhlenbruck, InsO, § 134 Rn. 39.

Milchquote flächengebunden ausgestaltet, so dass sie automatisch mit Rückgabe der Pachtsache auf den Verpächter übergeht. Aus diesem Grunde ist eine Gläubigerbenachteiligung zu verneinen und die Anfechtbarkeit nicht gegeben. Dies gilt auch für den Fall der Nichtausübung des Übernahmerechtes, welches dem Pächter im Rahmen des § 49 MilchQuotV zusteht. Da die Möglichkeit, begünstigt Milchquote zu erwerben, allerdings nicht zu einer Verkürzung des Schuldnervermögens führt, sondern lediglich als Nichtwahrnehmung einer Erwerbschance zu beurteilen ist, liegt keine anfechtbare Handlung vor. Auch nach dem Systemwechsel zum Börsenzwang sieht die Milchquotenverordnung Tatbestände vor, die einen Übergang der Milchquote auch außerhalb des Übertragungsstellenverfahrens ermöglichen. Zunächst ist die Übertragung eines gesamten Milchviehbetriebs durch Vereinbarung möglich. Diese kann sowohl dauerhaft als auch zeitweilig vereinbart werden. Bei der zeitweiligen Übertragung ist die Milchquote bei Rückgewähr des Milchviehbetriebes ebenfalls an den Verpächter zu übertragen, so dass in der Pächterinsolvenz mangels Gläubigerbenachteiligung kein Anfechtungstatbestand gegeben ist. In der Verpächterinsolvenz bestimmt sich die Anfechtbarkeit nach allgemeinen Grundsätzen, nämlich nach der Beurteilung der Gegenleistung. Ist der Pachtzins der Höhe nach angemessen und der zeitliche Abstand zwischen den beiden vertraglich vereinbarten Gegenleistungen verkehrsüblich, so scheidet eine Anfechtbarkeit aus. Gleiches gilt bei einer Verlängerung eines Pachtvertrages, der erstmals vor dem 1. 4. 2000 geschlossen wurde und daher die Rückübertragung der Milchquote bei Pachtende vorsieht. Bei einer dauerhaften Betriebsübergabe ist das gesamte Rechtsgeschäft zu betrachten. Auch hier muss der Bargeschäftseinwand geprüft werden, soweit dem Überlasser ein Gegenwert zugeflossen ist, der grundsätzlich der Gläubigergemeinschaft als Befriedigungsmöglichkeit zur Verfügung steht.

Darüber hinaus wurde die Anfechtbarkeit des Hofüberlassungsvertrages nach der in Schleswig-Holstein geltenden Höfeordnung untersucht, wobei nur die vertragliche Hofübergabe Gegenstand der Untersuchungen war. Damit die Höfeordnung überhaupt anwendbar ist, muss es sich um einen Hof gemäß § 1 HöfeO handeln, was zunächst voraussetzt, dass ein bestimmter Wirtschaftswert erreicht wird und sich der Hof im Geltungsbereich der Höfeordnung befindet. Von Bedeutung ist weiterhin die Rechtsnatur des Hofübergabevertrages. Obwohl die Höfeordnung ein Sondererbrecht statuiert, demzufolge der Hof lediglich einem Hoferben zufallen soll, verneint der Bundesgerichtshof einen erbrechtlichen Bezug eines solchen Vertrages, sondern sieht die Bezeichnung des Hofübernehmers als Erben lediglich als Motiv der Übergabe an. Im Rahmen eines Exkurses wurde untersucht, inwieweit ein in der Wohlverhaltensphase überlassener Hof zur Insolvenzmasse gehört. Im Ergebnis ist bei einem unbelasteten Hof die Hälfte des Wertes gemäß § 295 Abs. 1 Nr. 2 InsO an die Insolvenzmasse auszukehren, da auch insoweit das Motiv der Hofüberlassung und der Bezeichnung des Übernehmers als Erben ausreichend ist.

Für die Frage nach der Anfechtbarkeit einer Hofüberlassung ist zunächst die Anspruchsgrundlage herauszuarbeiten. Entscheidend ist die Beantwortung der Frage, ob es sich um ein entgeltliches oder unentgeltliches Rechtsgeschäft handelt. Aufgrund des regelmäßig vereinbarten Altenteils als Gegenleistung sowie der gesetzlich vorgesehenen Verpflichtung zur Abfindung der weichenden Erben handelt es sich sowohl nach herrschender Literaturmeinung als auch nach ständiger Rechtsprechung um eine Schenkung unter Auflage, so dass sich die Anfechtbarkeit nach § 134 InsO richtet. Rechtsfolge bei der Schenkung unter Auflage ist die Rückgewähr des Hofes im Ganzen. Diese Rechtsfolge wird von *Henckel* zutreffend kritisiert. So stellt er fest, dass die Rückgewähr des Hofes in den überwiegenden Fällen nicht das von der Gläubigergemeinschaft gewünschte Ergebnis darstelle. Vielmehr sei dieser daran gelegen, den Differenzbetrag zwischen Leistung und Gegenleistung für die Insolvenzmasse generieren zu können. Dieses Ergebnis könne man erreichen, wenn man den Hofübergabevertrag als gemischte Schenkung qualifiziert. Die Annahme einer gemischten Schenkung erscheint interessengerecht, zumal den Insolvenzverwalter ab dem Zeitpunkt der Rückgewähr des Hofes auch sämtliche Pflichten treffen, die mit der Fortführung des Hofes verbunden sind.

H. Möglichkeiten der Verfahrensgestaltung in der Landwirtschaftsinsolvenz

Gemäß § 157 InsO beschließt die Gläubigerversammlung im Berichtstermin, ob das Unternehmen des Schuldners stillgelegt oder vorläufig fortgeführt werden soll. Darüber hinaus kann die Gläubigerversammlung den Verwalter beauftragen, einen Insolvenzplan auszuarbeiten und ihm das Ziel des Plans vorgeben. Letztlich kann das Gericht auch ein Eigenverwaltungsverfahren anordnen, wenn keine Nachteile für die Gläubiger zu erwarten sind. Demzufolge entscheiden die Gläubiger über den Fortgang des schuldnerischen Unternehmens, wobei die Gläubigerversammlung die getroffene Entscheidung hinsichtlich der Zukunft des Unternehmens später widerrufen darf.[444]

Die Betriebsfortführung sanierungsfähiger Unternehmen ist kein eigenständiges Ziel der Insolvenzordnung.[445] Sofern jedoch die Sanierung oder übertragende Sanierung in Betracht kommt, handelt es sich regelmäßig um die für die Gläubiger günstigere Masseverwaltung, weil der Wert eines laufenden Unternehmens erheblich höher ist als dessen Zerschlagungswert.[446] Durch die Unternehmensfortführung kann daher in der Regel auch eine höhere Quote zugunsten der ungesicherten Gläubiger erzielt werden. Die Fortführung eines Unternehmens setzt voraus, dass im Zeitpunkt der Insolvenzantragstellung das Unternehmen noch am Geschäftsverkehr teilnimmt und nicht bereits eingestellt ist.[447] Im Folgenden werden die verschiedenen Möglichkeiten des Verfahrensablaufs aufgezeigt, wobei jeweils auf die landwirtschaftspezifischen Besonderheiten eingegangen wird.

I. Fortführung im Insolvenzeröffnungsverfahren

Die Verpflichtung des vorläufigen Insolvenzverwalters, den schuldnerischen Betrieb fortzuführen, bestimmt sich zunächst nach dem Umfang seiner Befugnisse.

Es ist somit zu unterscheiden, ob das Insolvenzgericht einen „schwachen" oder „starken" Insolvenzverwalter gemäß § 21 Abs. 2 Nr. 1 InsO eingesetzt hat. Wird die vorläufige Verwaltung gemäß § 22 Abs. 1 InsO mit einem allgemeinen

---

444 *Decker* in: Hamburger Kommentar zum Insolvenzrecht, § 157 Rn. 13.

445 Vgl. BT-Drucks. 12/2443, S. 83.

446 *Wellensiek*, Sanieren oder Liquidieren? – Unternehmensfortführung und -sanierung im Rahmen der neuen Insolvenzordnung –, WM 1999, S. 405 (406).

447 *Haarmeyer* in: MüKo-InsO, § 22 Rn. 93.

Verfügungsverbot des Schuldners angeordnet, so erhält der vorläufige Insolvenzverwalter bereits zu diesem Zeitpunkt die vollständige Verwaltungs- und Verfügungsbefugnis. Bei der Anordnung der Verwaltung ohne das allgemeine Verfügungsverbot gemäß § 22 Abs. 2 InsO, jedoch mit der Anordnung eines Zustimmungsvorbehaltes, wird ein „schwacher" vorläufiger Insolvenzverwalter eingesetzt. In diesem Fall ist der Schuldner zunächst selbst in den Grenzen des Zustimmungsvorbehaltes verfügungsbefugt.

Gemäß § 22 Abs. 1 S. 1 in Verbindung mit S. 2 Nr. 2 1. Hs. InsO besteht die Verpflichtung des „starken" vorläufigen Insolvenzverwalters, das vom Schuldner betriebene Unternehmen bis zu der gerichtlichen Entscheidung über den Insolvenzeröffnungsantrag fortzuführen. Die grundsätzliche Entscheidung über den Gang des Verfahrens obliegt der Gläubigerversammlung, weswegen die Entscheidung über die Art und Weise der Verwertung nicht während des vorläufigen Insolvenzverfahrens vorweggenommen werden darf. Aber auch der „schwache" vorläufige Insolvenzverwalter mit Zustimmungsbefugnis kann gemeinsam mit dem Schuldner, dessen Lieferanten, Banken etc. im Wege von durch wirtschaftliche Vernunft geprägten Verhandlungen unter Beachtung der rechtlichen Prinzipien von Gläubigergleichbehandlung und Gläubigerautonomie den Betrieb fortführen.[448] Unterschiede ergeben sich für die Gläubiger und die Durchsetzbarkeit ihrer Ansprüche, die während der Dauer des vorläufigen Insolvenzverfahrens entstanden sind. Führt der „starke" vorläufige Insolvenzverwalter das schuldnerische Unternehmen fort, so begründet dieser nach Maßgabe des § 55 Abs. 2 InsO Masseverbindlichkeiten, die aus der Insolvenzmasse zu erfüllen sind. Bei der Fortführung durch den „schwachen" vorläufigen Insolvenzverwalter ist durch die Rechtsprechung inzwischen hinreichend geklärt, dass die im Insolvenzeröffnungsverfahren begründeten Verbindlichkeiten lediglich als Insolvenzforderungen gemäß § 38 InsO zur Insolvenztabelle angemeldet werden können.[449]

Der vorläufige Insolvenzverwalter darf in dem Zeitraum des vorläufigen Insolvenzverfahrens nur Handlungen vornehmen, die keine Vorwegnahme der Entscheidung bedeuten. Dies wäre typischerweise bei einem Verkauf des landwirtschaftlichen Unternehmens der Fall. Möglich ist lediglich die Veräußerung einzelner Vermögensgegenstände im Interesse der Vermögenssicherung.[450] Beispielsweise muss es dem vorläufigen Insolvenzverwalter rechtlich möglich sein, im Rahmen eines Notverkaufes Tiere zu verkaufen, wenn die artgerechte Versorgung nicht gewährleistet ist.

---

448 *Thiemann* in: Leonhardt/Smid/Zeuner, InsO, § 22 Rn. 80.
449 BGH, Urt. v. 18. 7. 2002 – IX ZR 195/01 –, DZWIR 2002, S. 470 ff.
450 BT-Drucks. 12/2443, S. 117.

Entscheidend für den Erfolg einer Fortführung im vorläufigen Insolvenzverfahren ist die Berechtigung, Gegenstände nutzen und verwerten zu dürfen, an denen Aus- und Absonderungsrechte bestehen. In der Regel benötigt der vorläufige Verwalter das gesamte vorhandene Anlage- und Umlaufvermögen, weswegen ein rechtmäßiger Zugriff darauf gewährleistet sein muss. § 21 Abs. 2 Nr. 5 InsO berechtigt ihn daher zur Nutzung und Verwertung des Sicherungseigentums und zur Einziehung zedierter Forderungen.

Trotz der Fortführungspflicht ist der vorläufige Insolvenzverwalter nicht von der Verpflichtung zur Entwicklung eines entsprechenden Fortführungskonzeptes entbunden. Vielmehr ist die Fortführung des Geschäftsbetriebes ohne eine plausible und nachvollziehbare Fortführungskonzeption pflichtwidrig und vom Insolvenzgericht zu unterbinden.[451] Insofern hat der vorläufige Insolvenzverwalter eine Verpflichtung zur Analyse der Krisenursachen und zur Prüfung der Sanierungs- und Fortführungsfähigkeit des Unternehmens. Diese kann nur dann gegeben sein, wenn Aussicht darauf besteht, dass aus dem schuldnerischen Betrieb nachhaltig ein Einnahmenüberschuss erwirtschaftet werden kann.

II. Unternehmensfortführung im eröffneten Insolvenzverfahren

Der Insolvenzverwalter hat gemäß § 158 InsO im eröffneten Insolvenzverfahren das Unternehmen grundsätzlich bis zur ersten Gläubigerversammlung fortzuführen. Die Betriebsfortführung ist daher zunächst der gesetzlich vorgesehene Regelfall. Eine darüber hinausgehende Betriebsfortführung bedarf gemäß § 157 InsO der Zustimmung der Gläubigerversammlung. Kommt der Beschluss zur Fortführung des Betriebes im Berichtstermin nicht zustande, darf der Insolvenzverwalter das Unternehmen nur insoweit fortführen, als dies nach seinem Ermessen zur Verwertung der Insolvenzmasse erforderlich ist.[452] Die Insolvenzordnung enthält keine Regelungen darüber, wie lange eine Fortführung nach dem Berichtstermin vorgenommen werden kann. In § 157 InsO ist jedoch von einer vorläufigen Fortführung die Rede. Theoretisch sind drei Zeitpunkte denkbar, nämlich bis zur Unternehmenszerschlagung, bis zur Veräußerung des Unternehmens im Ganzen oder bis zu dem Zeitpunkt des Wegfalls der Insolvenzgründe, was eine dauerhafte Fortführung zum Zwecke der Sanierung bedeutet.[453]

---

451 OLG München, ZIP 1991, S. 13, 67; *Mönning* in: Nerlich/Römermann, InsO, § 22 Rn. 75.
452 *Hess* in: Hess/Weis/Wienberg-Hess, InsO, § 159 Rn. 76.
453 *Smid* in: Leonhard/Smid/Zeuner, InsO, § 157 Rn. 3.

In der Praxis sind der Fortführung des Unternehmens oftmals betriebswirtschaftliche Grenzen gesetzt, da sie über einen langen Zeitraum nur dann möglich sein kann, wenn ausreichend Betriebsmittel vorhanden sind. Aus der Einschränkung des § 157 InsO wird deutlich, dass eine dauerhafte Fortführung zum Zwecke der Sanierung lediglich im Rahmen eines Insolvenzplanverfahrens möglich sein soll.

1. Absonderungsrechte während der Betriebsfortführung

Um den Betrieb des Unternehmens fortführen zu können, ist der Insolvenzverwalter darauf angewiesen, die Gegenstände des Anlage- und Umlaufvermögens, insbesondere die zur Produktion notwendigen Maschinen und das Vieh weiterhin nutzen zu können. Daher muss er dafür Sorge tragen, dass das schuldnerische Unternehmen nicht „auseinanderfällt". Um dies zu verhindern, ermöglicht § 166 InsO dem Insolvenzverwalter eine wirtschaftlich effiziente Reorganisation des insolventen Unternehmens mit Gegenständen, an denen Absonderungsrechte bestehen. Da den Sicherungsgläubigern bei einer langen Fortführungs- oder auch Abwicklungsdauer durch den Gebrauch des Sicherungsgutes Nachteile entstehen, bestimmt § 172 Abs. 1 InsO, dass der Insolvenzverwalter den aus der Nutzung resultierenden Wertverlust auszugleichen hat.[454] Bei einer Verzögerung der Verwertung haben die Gläubiger ferner gemäß § 169 InsO einen Anspruch auf Zinszahlung, soweit das Sicherungsgut verwertungsfähig ist.[455]

2. Die Mitwirkung des Insolvenzschuldners

Das Fehlen der für den Betrieb eines landwirtschaftlichen Unternehmens erforderlichen Qualifikation ist ein großes Problem bei einer beabsichtigten Fortführung. Die rechtlichen Schwerpunkte der Insolvenzverwaltertätigkeit haben dazu geführt, dass der Job des Insolvenzverwalters überwiegend von Rechtsanwälten ausgeübt wird, die in Projektarbeit häufig mit Betriebswirten und Steuerberatern zusammenwirken.[456] Darin wird deutlich, dass das Büro eines Insolvenzverwalters sich auf gewerbliche Unternehmen jeder Branche einstellen kann, aber

---

454 *Smid*, Kreditsicherheiten, § 2 Rn. 104.
455 BGH, Urt. v. 20. 2. 2003 – AZ.: IX ZR 81/02 –, WM 2003, S. 694.
456 *Mönning*, Betriebsfortführung in der Insolvenz, Rn. 1182.

gerade der persönliche und fachliche Einsatz für die Leitung eines landwirtschaftlichen Unternehmens nur schwierig und auch nicht kurzfristig zu realisieren ist.

Sinnvoll erscheint eine Fortführung daher dann, wenn der Schuldner aktiv in die Fortführung eingebunden wird und weiterhin als Betriebsleiter zur Verfügung steht. In einem landwirtschaftlichen Betrieb sind die Abläufe auf den Betriebsinhaber zugeschnitten, kaum übertragbar und auf eine individuelle Strategie ausgerichtet. Nur der Insolvenzschuldner kann aufgrund seiner örtlichen Präsenz den dauerhaft ordnungsgemäßen Ablauf gewährleisten. Auch die einzelnen Faktoren der Geschäftsführung wie Organisation, Vertrieb und Produktion werden vielfach nur durch den betriebsleitenden Landwirt umgesetzt.

Diese Situation stellt den Insolvenzverwalter auch vor erhebliche Probleme, da es nicht einfach sein wird, mit dem „alleinherrschenden Landwirt" eine Fortführung zu gestalten. Typischerweise wird es der Landwirt entweder besser wissen oder verstimmt sein, wenn nicht seiner Vorgaben entsprechend gehandelt wird. Dasselbe gilt für landwirtschaftliche Kooperationen und Gesellschaften, die durch eine geringe Anzahl von Gesellschaftern und eine strenge Arbeitsteilung geprägt sind, wobei in diesen Fällen die Funktionen des ausscheidenden Gesellschafters auch im Interesse der übrigen Gesellschafter von diesen übernommen werden können. Landwirtschaftliche Unternehmen, die ohnehin durch einen angestellten Betriebsleiter geführt werden, während der Eigentümer vielleicht sogar weit entfernt seinen Lebensmittelpunkt hat, eignen sich aufgrund der Möglichkeit zur Übernahme von Arbeitsverhältnissen besser für eine Fortführung ohne den persönlichen Einsatz des Betriebsleiters.

Im Ergebnis wird es für alle Beteiligten sinnvoll sein, die Tätigkeit des Insolvenzverwalters auf eine Aufsichts- und Überwachungsfunktion zu beschränken. Die Kenntnisse des Schuldners und seine Verbindungen zu Lieferanten und Kunden sind in der Landwirtschaft unverzichtbar. Die Einbindung des Schuldners kann entsprechend der Rechtsform des landwirtschaftlichen Unternehmens geschehen, indem er als Betriebsleiter, als geschäftsführender Gesellschafter oder als persönlich haftender Gesellschafter tätig wird. Seine Vergütung könnte in diesen Fällen über die insolvenzrechtlichen Unterhaltsansprüche geregelt werden. Da eine Verpflichtung zur Mitwirkung im Insolvenzverfahren nicht besteht, kann der Insolvenzverwalter eine Einbeziehung des Schuldners in die Betriebsfortführung gegen seinen Willen nicht beanspruchen.[457]

---

457 Vgl. Ausführungen hierzu in: *Koch*, Die Insolvenz des selbständigen Rechtsanwalts, S. 104 ff.

Der Erfolg einer Unternehmensfortführung in der Landwirtschaft hängt daher entscheidend von der Zusammenarbeit von Insolvenzschuldner, Insolvenzverwalter und den Gläubigern ab.

3. Die Betriebsfortführung von Biogasanlagen

Die Fortführung einer Biogasanlage stellt den Insolvenzverwalter vor eine Vielzahl von Fragestellungen und rechtlichen Problemen, die sich aus der öffentlich-rechtlichen Genehmigungssituation ergeben, soweit die Anlage im privilegierten Außenbereich gemäß § 35 Baugesetzbuch (BauGB)[458] betrieben wird. Unabhängig davon, ob die Biogasanlage einer Baugenehmigung bedarf oder sie immissionsschutzrechtlich genehmigungsbedürftig ist, müssen die bauplanungsrechtlichen Vorschriften, insbesondere der § 35 Abs. 1 Nr. 6 BauGB eingehalten werden.[459]

a) Der Insolvenzverwalter als Biogasanlagenbetreiber

Auch wenn das Betreiben einer Biogasanlage in den meisten Fällen eine gewerbliche Tätigkeit darstellt, weil überwiegend die Rechtsform der GmbH oder GmbH & Co. KG gewählt wird, wurde herausgearbeitet, dass auch die Nutzung der Bodenfruchtbarkeit zur Erzeugung von Energie als landwirtschaftliche Urproduktion angesehen wird, so dass die rechtlichen Probleme, die im Rahmen der Fortführung in der Insolvenz des Biogasanlagenbetreibers auftreten können, einer gesonderten Untersuchung bedürfen.

Bau- oder bundesimmissionsschutzrechtliche Genehmigungen setzen gemäß § 35 Abs. 1 BauGB das Bestehen der Privilegierungsvoraussetzungen für den Bau und das Betreiben einer Anlage im Außenbereich voraus. Genehmigungen, die einen privilegierten Bau im Außenbereich zulassen, enthalten in vielen Fällen darüber hinausgehende Nebenbestimmungen in Form von auflösenden Bedingungen, wonach die Privilegierung mit einem Betreiberwechsel erlischt.[460] Daraus ergibt sich, dass nicht jedermann der Betrieb einer im Außenbereich errichteten Anlage gestattet ist. Der Begriff des Betreibers ist im Gesetz nicht definiert.

---

458 Baugesetzbuch (BauGB) in der Fassung der Bekanntmachung vom 23. 9. 2004 (BGBl. I S. 2414), zuletzt geändert durch Art. 1 Gesetz zur Förderung des Klimaschutzes bei der Entwicklung in den Städten und Gemeinden vom 22. 7. 2011 (BGBl. I S. 1509).
459 Für Anlagen nach der 4. BImSchV müssen gemäß § 6 Abs. 1 Nr. 2 BImSchG ebenfalls die bauplanungsrechtlichen Vorgaben eingehalten werden.
460 Vgl. VG Stade, Urt. v. 9. 12. 2008 – AZ.: 2 A 1457/07 –, BeckRS 2009, 30172.

Allgemein versteht man darunter die Person, die die Anlage im eigenen Namen, auf eigene Rechnung und eigenes Risiko und Verantwortung führt.[461]

Da gemäß § 80 Abs. 1 InsO mit Eröffnung des Insolvenzverfahrens das Recht des Schuldners, das zur Insolvenzmasse gehörende Vermögen zu verwalten und über es zu verfügen, auf den Insolvenzverwalter übergeht, gilt dies auch für die Betreibereigenschaft, soweit der Insolvenzverwalter den Betrieb der genehmigungsbedürftigen Anlage fortführt. Es muss also kumulativ der Übergang der Verwaltungs- und Verfügungsbefugnis sowie die Besitzergreifung vorliegen.[462] In der Konsequenz bedeutet die Freigabe der genehmigungspflichtigen Anlage, dass der Insolvenzverwalter nicht in die Betreiberstellung des Schuldners einrückt.

Die Fortführung einer Biogasanlage bedeutet somit einen Betreiberwechsel im öffentlich-rechtlichen Sinne. In der Konsequenz ist der Insolvenzverwalter daher nur berechtigt, die Anlage nach Maßgabe und im Rahmen der erteilten Genehmigung zu betreiben, sofern die Genehmigung keine entgegenstehenden Nebenbestimmungen enthält.

aa) Die Erfüllung des Tatbestandsmerkmals „Im Rahmen eines Betriebes"

Um die Biogasanlage im Außenbereich betreiben zu können, müssen allerdings die Privilegierungsvoraussetzung des § 35 Abs. 1 BauGB weiterhin vorliegen. Unproblematisch ist das Fortführen einer solchen Anlage nur dann, wenn entweder auch die Voraussetzungen des § 35 Abs. 2 BauGB vorliegen und die Anlage auch als sonstiges Vorhaben im Außenbereich errichtet und betrieben werden könnte, oder wenn der Außenbereich bereits durch einen Bebauungsplan oder einen geänderten Flächennutzungsplan überplant wurde. Das Vorhaben zur energetischen Nutzung von Biomasse muss gemäß § 35 Abs. 1 Nr. 6 BauGB einem Betrieb nach Nummer 1, 2 oder 4 dienen. Für ein landwirtschaftliches Insolvenzverfahren wird dieser Punkt regelmäßig dann zu Problemen führen, wenn der Eigentümer des landwirtschaftlichen Basisbetriebes und der Betreiber der Biogasanlage nicht identisch sind und lediglich der Betreiber der Biogasanlage insolvent wird.

Das Innenministerium des Landes Schleswig-Holstein und des Ministeriums für Landwirtschaft, ländliche Räume und Umwelt Schleswig-Holstein haben in diesem Zusammenhang Auslegungshinweise zu § 35 Ab.1 Nr. 6 BauGB erlassen, wonach es unter anderem heißt:

---

461 *Jarass*, BImSchG, § 3 Rn. 70.
462 *Windel* in: Jaeger, InsO, § 80 Rn. 122.

[...] *Die Privilegierungsvoraussetzung „im Rahmen eines Betriebs..." erfordert daher die Über-*
einstimmung zwischen dem Betreiber des landwirtschaftlichen Betriebs (Basisbetrieb) und
dem Betreiber der Biomasseanlage (Betreiberidentität) [...].

[...] *Sind Dritte an der Betreibergesellschaft der Anlage beteiligt, hat der Landwirt die oben*
genannten Voraussetzungen nachzuweisen. Besteht die Betreibergesellschaft dauerhaft nur aus
Gesellschaftern im Sinne des § 35 Abs. 1 Nr. 6 b) BauGB, bestehen gegen eine Aufteilung des
Gesellschaftskapitals im Verhältnis der Zahl der Gesellschafter keine Bedenken; der Inhaber des
Basisbetriebs muss dabei allerdings maßgeblichen Einfluss auf die Gesellschaft haben [...].[463]

Auch die Rechtsprechung, die in diesem Bereich ergangen ist, fordert als Voraus-
setzung für die Erfüllung des Privilegierungstatbestandes entweder Personeni-
dentität oder, wenn diese nicht gegeben ist, einen maßgeblichen Einfluss des
Inhabers des landwirtschaftlichen Basisbetriebes auf die Betreibergesellschaft.
Ein maßgeblicher Einfluss soll nur dann gegeben sein, wenn der Inhaber des
Basisbetriebes Mehrheitsgesellschafter der Betreibergesellschaft ist.[464]

Im Fall der Insolvenz führt der Insolvenzverwalter die Anlage zunächst selbst
fort oder beauftragt einen Dritten mit dem Betrieb. Möglich ist auch die Anordnung eines Eigenverwaltungsverfahrens. Wenn über den landwirtschaftlichen
Basisbetrieb nicht auch das Insolvenzverfahren eröffnet wurde, ist die Personenidentität zwischen den Betreibern des Basisbetriebes und der Biogasanlage nicht
mehr gegeben, soweit kein Eigenverwaltungsverfahren beantragt wurde. Der
Inhaber des Basisbetriebes hat in diesem Fall keinen maßgeblichen Einfluss auf
den Betrieb der Anlage, so dass die Voraussetzungen der Privilegierung zunächst
einmal nicht mehr gegeben sind.

Sollte die Genehmigung zusätzlich unter der auflösenden Bedingung ergangen sein, dass bei einem Betreiberwechsel die Privilegierungsvoraussetzungen
entfallen, so wird die Genehmigung mit Eintritt der Bedingung unwirksam.[465]
Sollte die Genehmigung keine derartige Nebenbestimmung enthalten, kann die
zuständige Behörde die Genehmigung gemäß § 49 Abs. 2 Nr. 3 Verwaltungsverfahrensgesetz (VwVfG) oder gemäß § 21 Abs. 1 Nr. 3 BImSchG widerrufen, wobei
die Entscheidung im behördlichen Ermessen steht. Die Rechtsfolge des Bedin-
gungseintritts oder der bestandskräftigen Widerrufsentscheidung ist der Erlass
einer Stilllegungsverfügung oder einer Beseitigungsanordnung gemäß der jewei-

---

463 Innenministerium des Landes Schleswig-Holstein und des Ministerium für Landwirtschaft,
Umwelt und ländliche Räume Schleswig-Holstein, Auslegungshinweise zu § 35 Abs. 1 Nr. 6
BauGB vom 26. 9. 2007.
464 VG München, Urt. v. 29. 6. 2011 – AZ.: M 9 K 11. 2929 –, juris Rn. 54 ff.; VG Stade, Urt. v. 12. 5.
2011 – AZ.: 2 A 130/10 –, juris Rn. 44.
465 *Stelkens* in: Stelkens/Bonk/Sachs, VwVfG, § 36 Rn. 75.

ligen Landesbauordnungen oder § 20 Abs. 2 S. 1 BImSchG. Aufgrund der nach § 35 Abs. 5 S. 2 BauGB abzugebenden Verpflichtungserklärung besteht für eine solche Anlage auch kein Bestandsschutz.

Die Genehmigungssituation dieser Anlagen führt regelmäßig dazu, dass sich der Insolvenzverwalter mit den zuständigen Behörden zur Findung einer Lösung zusammensetzen muss. In vielen Fällen wird kein Interesse der Behörde daran bestehen, den Fortbetrieb der Anlage zu verhindern, so dass interessengerechte Lösungsansätze gefunden werden können. Probleme kann allerdings die Verwertung der Anlage bereiten, indem diese an einen Investor veräußert werden soll, allerdings eine Übernahme des Basisbetriebes nicht in Frage kommt. In solchen Fällen kommt dann häufig nur die Zerschlagung der Anlage und die Veräußerung der Bestandteile in Betracht.

bb) Gesicherte Nachhaltigkeit und Dauerhaftigkeit des Anlagenbetriebes

Als weiteres ungeschriebenes Tatbestandsmerkmal ist es nach ständiger Rechtsprechung erforderlich, dass ein im Außenbereich privilegiertes, der Landwirtschaft dienendes Vorhaben auf eine gesicherte Nachhaltigkeit der Bewirtschaftung und Dauerhaftigkeit des Betriebes angelegt sein muss.[466] Das gilt sowohl für den landwirtschaftlichen Basisbetrieb als auch für die Biogasanlage.[467]

Hierzu ist der gesicherte Nachweis darüber erforderlich, dass die Biomasse überwiegend von Betriebsflächen des eigenen und von nahe gelegenen Betriebsflächen der Kooperationspartner stammt und dies auf Dauer – zumindest mittelfristig – gesichert ist. Aus der Insolvenz des Biogasanlagenbetreibers ergeben sich Zweifel am nachhaltigen Bestand des privilegierten Vorhabens, soweit der Insolvenzverwalter keine Fortführung plant. Für den Fall einer Fortführung der Anlage muss dann allerdings gewährleistet sein, dass der Insolvenzverwalter auch weiterhin auf die Betriebsflächen zugreifen kann. Auch wenn der Insolvenzverwalter an den entsprechenden Pachtverträgen festhalten kann, hat er darauf zu achten, dass die Pachtzahlungen regelmäßig erfolgen, damit kein Kündigungsrecht der Verpächter entsteht.[468]

---

466 BVerwG, Urt. v. 11. 12. 2008 – AZ.: 7 C 6/08 –, BeckRS 2009, 31519; BVerwG, Urt. v. 16. 12. 2004 – AZ.: 4 C 7.04 – BVerwGE 122, S. 308, (310).
467 BVerwG, Urt. v. 11. 12. 2008 – AZ.: 7 C 6/08 –, BeckRS 2009, 31519.
468 BVerwG, Urt. v. 11. 12. 2008 – AZ.: 7 C 6/08 –, BeckRS 2009, 31519.

b) Zwischenergebnis

Der Betrieb einer Biogasanlage kann den Insolvenzverwalter vor eine Vielzahl tatsächlicher und rechtlicher Probleme stellen, zu deren Lösung er auf die Mitwirkung des Inhabers des landwirtschaftlichen Basisbetriebes sowie auf die Genehmigungsbehörden angewiesen ist. Sollte der Insolvenzverwalter ein Betriebskonzept vorlegen können, aus dem sich ein wirtschaftlicher Fortbetrieb der Anlage ergibt, werden sich die Behörden nicht in den Weg stellen. Sollte hingegen mittel- oder langfristig die Zerschlagung geplant sein, so ist auch der kurzfristige Betrieb der Anlage nicht möglich. Generell ist ein solches Verfahren aufgrund der persönlichen Bindung des Genehmigungsnehmers für ein Eigenverwaltungsverfahren geeignet. Dies gilt auch für die Verbindung mit einem Insolvenzplan. Selbstverständlich sind auch hier wieder die Krisenursachen zu untersuchen. Sollte die Anlage bereits in der Herstellungsphase aufgrund von Baumängeln oder eines zu hohen Nachfinanzierungsvolumens unrentabel geworden sein, so kommt neben der Möglichkeit eines Investors nur die Zerschlagung der Anlage in Betracht.

4. Die umweltrechtliche Haftung

a) Die Rolle des Umweltrechts in der Landwirtschaft

Das Verhältnis der konventionellen Landwirtschaft zum Umweltschutz ist ein langjähriger Gegenstand politischer und rechtlicher Kontroversen. Die intensive Landwirtschaft gilt als eine wesentliche Ursache für den Rückgang der biologischen Vielfalt.[469] Als Ursachen lassen sich eine übermäßige Viehwirtschaft, verstärkter Pflanzenschutz- und Düngemitteleinsatz, Vereinfachung von Fruchtfolgen, veränderte (intensivere) Bodenbearbeitungsmethoden, Flurbereinigung, Intensivierung der Grünlandnutzung, Melioration landwirtschaftlich genutzter Flächen (insbesondere Eindeichung und Entwässerung von Feuchtgebieten und Auen und Umbruch von Grünland zu Ackerland) und die Aufgabe traditioneller Bewirtschaftungssysteme anführen.[470] Noch nicht abschließend geklärte Risiken für die Natur entstehen durch die Ausbringung gentechnisch veränderter Pflanzen.[471]

---

469 BMU, Umweltbericht 2006: Umwelt-Innovation-Beschäftigung, S, 98.

470 Vgl. *Knickel/Janßen/Schramek*, Naturschutz und Landwirtschaft, Kriterienkatalog zur „guten fachlichen Praxis", 2001, S. 11.

471 SRU, Umweltgutachten 2004: Umweltpolitische Handlungsfähigkeit sichern, BT-Drs. 15/3600, S. 407; vgl. auch *Kowarik/Heink/Bartz*, „Ökologische Schäden" in Folge der Ausbringung gentechnisch veränderter Organismen im Freiland – Entwicklung einer Begriffsdefinition und

Angesichts der Tatsache, dass 53,5 % der gesamten Fläche der Bundesrepublik Deutschland landwirtschaftlich genutzt wird und knapp 30 % von Wald bedeckt ist, der ganz überwiegend forstwirtschaftlich genutzt wird, ist der Naturschutz zur Erreichung seiner Ziele auf eine naturverträgliche Land- und Forstwirtschaft angewiesen.[472] Zu Recht wird daher von einer Spannungslage zwischen moderner Landwirtschaft einerseits und ökologisch begründeten Anforderungen des Umweltschutzes andererseits gesprochen. Die erheblichen Umweltbelastungen beruhen auf dem Kreislauf, der dadurch entsteht, den Anforderungen der Dynamik des Wirtschaftsgeschehens gerecht werden zu wollen und auf der anderen Seite die sinkenden Preisniveaus für landwirtschaftliche Erzeugnisse auffangen zu müssen, was nur durch Intensivierungs-, Spezialisierung- und Rationalisierungsmaßnahmen möglich ist.

b) Allgemeines Umweltrecht und Agrarumweltrecht

Zum Umweltrecht gehören die Rechtsnormen, die beabsichtigen, die natürlichen Lebensgrundlagen des Menschen und die von ihm gestaltete und bebaute Umwelt zu schützen.[473] Für bestimmte Rechtsgebiete des Umweltrechtes, die sich der Beziehung zwischen Landwirtschaft und Umweltpflege widmen, hat sich der Begriff des „Agrarumweltrechts" entwickelt. Nach *Hötzel* wird das Agrarumweltrecht wie folgt definiert:

> „Zum Agrarumweltrecht zählen die Regelungen des Umweltrechts, die aus Gründen des Umweltschutzes für die landwirtschaftliche Betriebsführung und Produktion die rechtlichen Rahmenbedingungen setzen."[474]

Das Agrarumweltrecht versucht die unter a) dargestellten Konflikte zu lösen, wobei die Landschaft zum einen durch Flächenplanung geschützt und zum anderen die landwirtschaftliche Betätigung in die umweltrechtlichen Ziele eingebunden wird, um eine umweltverträgliche Landbewirtschaftung zu gewährleisten.

---

eines Konzeptes zur Operationalisierung, BfN-Skript 166, 2006, S. 37 f. und 93 f. zur Bestimmung ökologischer Schäden und zur möglichen Auswirkung der Agrogentechnik.

472 Bundesamt für Naturschutz, Daten zur Natur 2004, S. 17 und S. 28; SRU, Umweltgutachten 2004, BT-Drs. 15/3600, S. 173.

473 *Grimm*, (vgl. Fn. 11), Rn. 416.

474 *Hötzel*, Umweltvorschriften für die Landwirtschaft, S. 31.

c) Prinzipien und Instrumente des Agrarumweltrechts

Die tragenden Grundsätze sind das Vorsorge-, Verursacher- und Kooperationsprinzip. Das bedeutet, dass das primäre Ziel in der Vermeidung von Umweltbelastungen liegt. Treten Umweltbelastungen dennoch auf, so hat der Verursacher die Kosten dieser Belastung oder Schädigung zu tragen. Im Rahmen des Kooperationsprinzips findet eine Zusammenarbeit zwischen Staat und der Gesellschaft statt, um einvernehmliche Lösungen im Umweltrecht zu erreichen.[475]

Als Instrumente zur Umsetzung der umweltrechtlichen Ziele hat der Gesetzgeber verschiedene Mechanismen zum Einsatz gebracht. Dabei handelt es sich um die Umweltplanung als vorsorgende Umweltpolitik, um ordnungsrechtliche Instrumente, gerichtet auf die unmittelbare Abwehr von Umweltgefahren oder auf die Verhinderung und Abwehr von Umweltschädigungen sowie die Implementierung der Umweltverträglichkeitsprüfung und des Umwelt-Audit-Verfahrens als Ausdruck des Kooperationsprinzips.[476]

Ein weiteres und noch sehr junges Instrument, welches in der Landwirtschaft als umweltrechtliches Steuerungsinstrument angewandt wird, sind die cross compliance Vorschriften.[477] Es kann an dieser Stelle offen bleiben, ob diese Vorschriften als Sanktionsmittel oder als Tatbestandsvoraussetzung für die Gewährung von Direktzahlungen zu qualifizieren sind, da sie vom Insolvenzverwalter in beiden Fällen zu beachten sind, um eine Haftung zu vermeiden.

d) Die öffentlich-rechtliche Verantwortlichkeit des Insolvenzverwalters

Das immer engmaschiger werdende Netz öffentlich-rechtlicher Pflichten liegt auch über der Insolvenzverwaltung.[478] Auch nach Verfahrenseröffnung gelten daher die Bestimmungen des öffentlichen Rechts weiter, so dass der Insolvenzverwalter ohne Ausnahme bei einer auch nur vorübergehenden Fortführung des Betriebes dem geltenden öffentlichen Recht unterliegt.[479] Der Insolvenzverwalter tritt mit Eröffnung des Insolvenzverfahrens daher in sämtliche öffentlich-rechtlichen Pflichten des Schuldners ein. Sowohl dem Schuldner als auch mittelbar den Gläubigern würde bei einer anderen Wertung ein nicht zu rechtfertigender Vorteil eingeräumt werden, indem diese nicht durch die Kosten belastet würden.[480] Zu

---

475 *Grimm*, (vgl. Fn. 11), Rn. 417.

476 *Turner/Böttger/Wölfle*, Agrarrecht, S. 244 ff.

477 Vgl. hierzu: *Von Eickstedt*, (vgl. Fn. 177), S. 74 ff.

478 *Windel* in: Jaeger, InsO, § 80 Rn. 119.

479 BVerwG, ZIP 1998, S. 2167 ff.; *Lüke* in: Kölner Schrift zum Insolvenzrecht, Kap. 22, Umweltrecht und Insolvenz, Rn. 11.

480 *Lüke* in: Kölner Schrift zum Insolvenzrecht, Kap. 22, Umweltrecht und Insolvenz, Rn. 11.

bedenken ist weiterhin, dass das „Nachrücken" in die Pflichtenstellung des bisherigen Verantwortlichen bzw. seiner Organe gegebenenfalls auch eine strafrechtliche Verantwortlichkeit des Insolvenzverwalters bei Nichtbeachtung der umweltrechtlichen Vorgaben gemäß §§ 326 ff. StGB impliziert.[481]

Die Frage der öffentlich-rechtlichen Verantwortlichkeit des Insolvenzverwalters als Zustands- und Handlungsstörer ist in der Rechtsprechung und in der Literatur umstritten. Rechtspolitisch geht es jedoch um die aus der ordnungsrechtlichen Haftung resultierenden Folge, ob die vor Insolvenzeröffnung begründeten Ansprüche wegen etwaiger Kosten der Ersatzvornahme als Insolvenzforderungen oder als Masseverbindlichkeiten zu qualifizieren sind.[482] Ferner geht es um die Handlungspflicht der Insolvenzmasse einschließlich der Kostentragung für etwaige Sanierungsmaßnahmen, sowie um das rechtlich zulässige Instrumentarium, um diesen Pflichten zu entgehen.[483]

aa) Sanierungskosten oder Kosten der Ersatzvornahme als Insolvenzforderungen oder Masseverbindlichkeiten?

Die Frage der Einordnung der Kosten für die Sanierung der Umweltlasten oder der Ersatzvornahmekosten ist Kern des Streites um die öffentlich-rechtliche Verantwortlichkeit in der Insolvenz. Angesichts der in der Praxis häufig anfallenden hohen Kosten kann die Entscheidung zwischen der Einordnung der Ersatzvornahmekosten und der Sanierungskosten als Insolvenzforderung oder als Masseverbindlichkeit oft über den weiteren Gang des Insolvenzverfahrens entscheiden.[484] Auch hängt von der Frage der Forderungsklassifikation ab, ob der Insolvenzverwalter die Notwendigkeit sieht, zum Mittel der Freigabe zu greifen, um damit eine Haftungsentlastung zu erreichen.[485]

---

481 *Seidel/Fitsch*, Umweltrecht und Insolvenz – Aktuelle Entwicklungen, DZWIR 2005, S. 278 (278).
482 *Ott/Vuia* in: MüKo-InsO, § 80 Rn. 138.
483 *Seidel/Fitsch*, Umweltrecht und Insolvenz – Aktuelle Entwicklungen, DZWIR 2005, S. 278.
484 *Lwowski/Tetzlaff*, Umweltrisiken und Altlasten in der Insolvenz, Teil E. Rn. E 2.
485 *Lwowski/Tetzlaff*, Umweltrisiken und Altlasten in der Insolvenz, Teil E. Rn. E 2.

(1) Qualifizierung der „Umweltkosten" bei Störungen oder Gefahren nach Insolvenzeröffnung

Umweltpflichten sind, soweit sie im Zusammenhang mit der Tätigkeit des Insolvenzverwalters stehen, auch gegenüber diesem durchsetzbar.[486] In diesem Fall ist der Insolvenzverwalter als Störer in Anspruch zu nehmen. Die Verantwortlichkeit ergibt sich entweder aus Spezialgesetzen oder aus den allgemeinen Grundsätzen über die Störerhaftung im Polizei- und Ordnungsrecht.[487] Die Kosten der Sanierung oder der behördlichen Ersatzvornahme sind in diesem Fall als Masseverbindlichkeiten zu qualifizieren. Im Ergebnis hat der Insolvenzverwalter Störungen und Gefahren, die erst nach der Eröffnung des Insolvenzverfahrens entstehen, zu Lasten der Insolvenzmasse zu beseitigen.[488] Die ordnungsrechtliche Verantwortlichkeit für den Zustand einer Sache trifft den Insolvenzverwalter aufgrund seiner Stellung als neuer Inhaber der tatsächlichen Sachherrschaft. Er ist daher zustandsverantwortlich für alle Gefahren, die von der von ihm nach Insolvenzeröffnung übernommenen und verwalteten Insolvenzmasse ausgehen.[489]

(2) Qualifizierung der „Umweltkosten" bei Störungen oder Gefahren vor Insolvenzeröffnung

Die Qualifizierung von Sanierungskosten und Kosten der Ersatzvornahme für Störungen und Gefahren, die bereits vor Insolvenzeröffnung entstanden sind, wird uneinheitlich gesehen, wobei sich die Rechtsprechung des Bundesgerichtshofes und die des Bundesverwaltungsgerichtes zunächst unversöhnlich gegenüberstanden. Der Bundesgerichtshof stellt in seinen Entscheidungen auf den Verursachungszeitpunkt ab und urteilt nach insolvenzrechtlichen Haftungsgrundsätzen.[490] Wurden die Gefahren oder Störungen vor Insolvenzeröffnung verursacht, so handele es sich danach um Insolvenzforderungen im Sinne des § 38 InsO. Die Ersatzvornahmekosten seien daher als Insolvenzforderungen im Verfahren geltend zu machen, da sie auf einem vor Verfahrenseröffnung begrün-

---

486 Ausführlich hierzu *Petersen*, Ordnungsrechtliche Verantwortlichkeit und Insolvenz, NJW 1992, S. 1204 ff.

487 BVerwG, Urt. v. 23. 9. 2004 – AZ.: 7 C 22/03 –, NJW 2005, S. 379; *Ott/Vuia* in: MüKo-InsO, § 80 Rn. 142.

488 *Karsten Schmidt*, Altlasten, Ordnungspflicht und Beseitigungskosten im Konkurs-Wege und Irrwege der verwaltungsgerichtlichen Praxis, NJW 1993, S. 2833; *Hefermehl* in: MüKo-InsO, § 55 Rn. 79.

489 BVerwG, Urt. v. 22. 7. 2004 – AZ.: 7 C 17/03 –, NZI 2005, S. 55; *Hefermehl* in: MüKo-InsO, § 55 Rn. 83.

490 BGH, Urt. v. 5. 7. 2001 – AZ.: IX ZR 327/99 –, BGHZ 148, S. 252 (259); Urt. v. 18. 4. 2002 – AZ.: IX ZR 161/09, ZInsO 2002, S. 524 f.

deten Lebenssachverhalt bzw. einer vor Eröffnung eingetretenen Störung beruhen.[491] Eine Qualifizierung der Ersatzvornahmekosten als Masseverbindlichkeiten komme nur dann in Betracht, wenn im Zusammenhang mit der Betriebsfortführung des umweltbelasteten Betriebes durch den Insolvenzverwalter nach Insolvenzeröffnung Neuschäden verursacht worden sind.[492]

Die ursprüngliche Rechtsprechung des Bundesverwaltungsgerichtes war hingegen durch die stringente Anwendung umweltrechtlicher Anknüpfungspunkte geprägt. Deshalb richtet sich die Einordnung der Ordnungspflicht nicht danach, ob eine Gefahrenlage vor oder nach Eröffnung des Insolvenzverfahrens entstanden ist, da die Insolvenzeröffnung insoweit keine Zäsur darstelle.[493] In diesem Zusammenhang hatte das Bundesverwaltungsgericht in der „Schmelzhütten"-Entscheidung[494] entschieden, dass der Insolvenzverwalter auch für die Beseitigung der vor Verfahrenseröffnung verursachten Umweltschäden in Anspruch genommen werden könne, da er den insolventen Betrieb auch nach Verfahrenseröffnung fortgeführt habe und damit in die immissionsschutzrechtliche Betreiberstellung eingerückt sei. Offengelassen wurde in dieser Entscheidung, ob die Inbesitznahme einer genehmigungsbedürftigen Anlage zur Begründung der Ordnungspflicht ausreiche. Inzwischen entspricht es allerdings der herrschenden Literaturmeinung, dass ein Einrücken in die Betreiberstellung dann nicht gegeben sei, wenn der Insolvenzverwalter die Anlage nach bloßer Besitzergreifung infolge des Übergangs der Verwaltungs- und Verfügungsbefugnis stilllege.[495]

In einer weiteren Entscheidung kam das Bundesverwaltungsgericht zu dem rechtlichen Ergebnis, dass der Insolvenzverwalter als Inhaber der tatsächlichen Gewalt für die Sanierung bereits vor Insolvenzeröffnung kontaminierter Grundstücke im Sinne des Bundes-Bodenschutzgesetzes herangezogen werden könne.[496] Dieses Ergebnis sei immer dann gerechtfertigt, wenn – wie in § 4 Abs. 3 S. 1 BBodSchG – die tatsächliche Gewalt über ein Grundstück ausreiche, da der Insolvenzverwalter dann mit Inbesitznahme ordnungspflichtig werde.[497]

---

491 *Hefermehl* in: MüKo-InsO, § 55 Rn. 95.

492 BGH, Urt. v. 5. 7. 2001 – AZ.: IX ZR 327/99 –, BGHZ 148, 252, 259.

493 BVerwG, Urt. v. 22. 10. 1998 – AZ.: 7 C 38.97 –, NJW 1999, S. 1416 f.

494 BVerwG, Urt. v. 22. 10. 1998 – AZ.: 7 C 38.97 –, NJW 1999, S. 1416 f.

495 *Dahl*, Altlasten und Ersatzvornahmekosten in der Insolvenz, NJW-Spezial 2010, S. 341; *Hefermehl* in: MüKo-InsO, § 80 Rn. 38.

496 BVerwG, Urt. v. 23. 9. 2004 – AZ.: 7 C 22. 03 –, NJW 2005, S. 379.

497 *Dahl*, (vgl. Fn. 495), S. 341.

In einer späteren Entscheidung des Bundesverwaltungsgerichtes[498] wurde eine Zustandsverantwortlichkeit des Insolvenzverwalters für vor Insolvenz entstandene Schäden verneint. Diesem Urteil lag ein Sachverhalt aus dem Kreislaufwirtschafts- und Abfallgesetzes (KrW-/AbfG) zu Grunde. Bei der Verantwortlichkeit nach § 3 Abs. 5 KrW-/AbfG knüpfe das Gesetz an eine Handlung des Pflichtigen an, weswegen bei einer Verantwortlichkeit, die vor Eröffnung des Insolvenzverfahrens entstanden sei, eine einfache Insolvenzforderung im Sinne des § 38 InsO vorliege. Eine Heranziehung des Insolvenzverwalters bzw. der Insolvenzmasse als Handlungsverantwortlichen für vorinsolvenzlich begründete Sanierungs- oder Ersatzvornahmekosten komme nicht in Betracht. Mit dieser Entscheidung hatte das Bundesverwaltungsgericht daher dem klagenden Insolvenzverwalter Recht gegeben und damit Auswege aus der grundsätzlichen ordnungsrechtlichen Verantwortlichkeit aufgezeigt.[499]

Allerdings kann diesem Urteil keine generelle Umkehr der bisherigen Rechtsauffassung des Bundesverwaltungsgerichts entnommen werden. Vielmehr lässt sich aus den Urteilen entnehmen, dass es sich letztendlich um einzelfallbezogene Entscheidungen handelt, in denen differenziert auf die verschiedenen Anknüpfungspunkte der umweltrechtlichen Spezialgesetze abgestellt wird. Es ist davon auszugehen, dass auch in Zukunft in diesem Bereich eine konsequente Rechtsanwendung stattfinden wird.[500]

bb) Freigabe kontaminierter Grundstücke

Nach der Auffassung des Bundesverwaltungsgerichtes kann im Ergebnis eine Zustandsverantwortlichkeit des Insolvenzverwalters auch für vorinsolvenzliche Tatbestände gegeben sein, so dass die Kosten der Beseitigung von Umweltlasten

---

498 BVerwG, Urt. v. 22. 7. 2004 – AZ.: 7 C 17. 03 –, ZInsO 2004, S. 917 f. Dem Urteil lag folgender Sachverhalt zu Grunde:

Ein insolventes Maschinenbauunternehmen war Pächterin eines Betriebsgrundstückes, auf dem Behälter mit verschiedenen Stoffen lagerten. Die Umweltbehörde klassifizierte diese Behälter im Rahmen einer Betriebsbesichtigung nach Eröffnung des Insolvenzverfahrens als Abfälle und forderte vom Insolvenzverwalter deren Beseitigung. Der Insolvenzverwalter veräußerte das gesamte Anlagevermögen an einen Investor, der den Betrieb fortführte. In einer Erklärung gegenüber der Umweltbehörde teilte der Insolvenzverwalter mit, dass er eine Entsorgung der Abfälle, die bereits vor Eröffnung des Verfahrens abgelagert wurden, nicht vornehmen würde. Nachdem erließ die Behörde gegen den Insolvenzverwalter eine Beseitigungsverfügung. Das BVerwG verneinte eine ordnungsrechtliche Verantwortlichkeit, da durch die Veräußerung eine Befreiung von der Haftung stattgefunden habe.

499 *Vierhaus*, Umweltrechtliche Pflichten des Insolvenzverwalters (Teil I), ZInsO, S. 127 ff., 128.

500 *Vierhaus*, (vgl. Fn. 499), S. 128.

in der Konsequenz dieser Rechtsprechung von der Insolvenzmasse getragen werden müssten. Um eine Haftung der Insolvenzmasse zu vermeiden, greifen die Insolvenzverwalter zu dem Instrument der Freigabe. In der Folge wird der Vermögensgegenstand aus dem Insolvenzbeschlag freigegeben, womit die Verwaltungs- und Verfügungsbefugnis des Insolvenzschuldners wieder auflebt.[501]

Nachdem der Bundesgerichtshof[502] in seinen Entscheidungen stets die Möglichkeit der Freigabe anerkannte, indem immer wieder hervorgehoben wurde, dass das Ordnungsrecht nicht den insolvenzrechtlichen Handlungsmöglichkeiten entgegenstehen könne, hat auch das Bundesverwaltungsgericht schließlich die Freigabe als Mittel zur Entlastung der Masse in Fällen der Zustandsverantwortlichkeit auch ordnungsrechtlich grundsätzlich anerkannt.[503] Allerdings ist die Freigabe nur insoweit möglich, als keine spezialgesetzlichen Regelungen entgegenstehen.[504]

cc) Zwischenergebnis

Eine endgültige Lösung des Problemkreises der öffentlich-rechtlichen Verantwortlichkeit des Insolvenzverwalters ist aufgrund der divergierenden Rechtsprechung ohne eine eindeutige Regelung in der Insolvenzordnung nicht zu erwarten. Dies liegt bereits daran, dass sich das Bundesverwaltungsgericht sowie der Bundesgerichtshof mit unterschiedlichen Streitgegenständen zu beschäftigen haben. Bei den verwaltungsgerichtlichen Urteilen geht es um die Fragestellung der Rechtmäßigkeit eines Verwaltungsaktes, Prüfungsmaßstab der Rechtmäßigkeitskontrolle sind die gesetzlichen Ermächtigungsgrundlagen, die sich in den Vorschriften des allgemeinen Ordnungsrechts befinden. Darüber hinaus sind auch die Rechtmäßigkeit des allgemeinen Verwaltungsrechts sowie die des Verfassungsrechts zu überprüfen.[505] Der Streitgegenstand der zivilgerichtlichen Entscheidungen betrifft hingegen einen zivilrechtlichen Anspruch zwischen Privatpersonen.[506] Da es sich insoweit um unterschiedliche Rechtsbereiche handelt, die sich gegenseitig auch nicht verdrängen, ist auch eine Stellungnahme dieses Streitstandes im Rahmen dieser Arbeit nicht erforderlich. Der Insolvenzverwalter,

---

501 *Dahl*, (vgl. Fn. 495), S. 341; *Ott/Vuia* in: MüKo-InsO, § 80 Rn. 143.
502 BGH Urt. v. 21. 4. 2005 – AZ.: IX ZR 281/03 –, NJW 2005, S. 2015; BGH Urt. v. 1. 2. 2007 – AZ.: IX ZR 178/05, NJW-RR 2007, S. 1205.
503 *Dahl*, (vgl. Fn. 495), S, 341; BVerwG, Urt. v. 23. 9. 2004 – AZ.: 7 C 22. 03 –, NJW 2005, S. 379.
504 *Dahl*, (vgl. Fn. 495), S. 341; *Lüke* in: Kübler/Prütting/Bork, InsO, § 80 Rn. 102; *Kuleisa* in: Hamburger Kommentar zum Insolvenzrecht, § 80 Rn. 39.
505 *Vierhaus*, (vgl. Fn. 499), S. 128.
506 *Vierhaus*, (Vgl. Fn. 499), S. 128.

der sich in der Situation befindet, Adressat eines Verwaltungsaktes zu sein, aus dem sich die Verpflichtung der Insolvenzmasse zur Übernahme der „Umweltkosten" ergibt, muss die Rechtsprechung zunächst einmal als gegeben hinnehmen. Die zentrale Frage für den Insolvenzverwalter ist die Beurteilung der Rechtmäßigkeit der Bescheide im Hinblick darauf, ob diese durch die gesetzliche Grundlage der jeweiligen umweltrechtlichen Vorschrift gedeckt sind und ob die verwaltungsverfahrensrechtlichen Anforderungen erfüllt sind.[507] Durch die Einigung der beiden obersten Gerichte über die Möglichkeit der Freigabe des kontaminierten Vermögensgegenstandes erhält der Insolvenzverwalter diese Handlungsoption, soweit keine zwingenden rechtlichen Vorschriften dagegen sprechen.

e) Haftungstatbestände aus dem Agrarumweltrecht

Im Folgenden beschränkt sich die Darstellung der vom Insolvenzverwalter in der Landwirtschaftsinsolvenz zu beachtenden umweltrechtlichen Vorschriften auf diejenigen des Agrarumweltrechts. Darüber hinaus erstreckt sich die Haftung selbstverständlich auch auf die Vorschriften des allgemeinen Umweltrechts und des allgemeinen Polizei- und Ordnungsrechts. Insbesondere spielen bei dem Erwerb von Landwirtschaftsbetrieben in den neuen Bundesländern viele weitere umweltrechtlichen Vorschriften, die nicht ausschließlich dem Agrarumweltrecht zuzuordnen sind, eine erhebliche Rolle, da die vor der Wiedervereinigung betriebenen Produktionsgesellschaften neben dem eigentlichen landwirtschaftlichen Betrieb noch Tankstellen, Werkstätten und andere Betriebe zum Gegenstand hatten, so dass regelmäßig ein Sanierungsaufwand besteht.[508] Auch im Rahmen der Darstellung des Haftungsumfangs, der sich aus dem Agrarumweltrecht ergibt, ist aufgrund der umfangreichen Gesetzgebung eine Einschränkung vorzunehmen. So werden die Haftungsnormen, die sich aus den Anforderungen an den ökologischen Landbau sowie aus der Klärschlammverordnung des Bundes ergeben, nicht betrachtet, da sie nicht repräsentativ für alle landwirtschaftlichen Betriebe stehen. In den Pachtverträgen finden sich häufig Regelungen, wonach die Aufbringung von Klärschlamm aufgrund der haftungsrechtlichen Konsequenzen untersagt ist.

---

507 *Vierhaus*, (vgl. Fn. 499), S. 129.
508 *Hahn/Taube*, Vertragshandbuch für den Unternehmenskauf in der Landwirtschaft, S. 31.

aa) Haftung nach dem Bundesimmissionsschutzgesetz

Gemäß § 4 Abs. 1 S. 1 Bundesimmissionsschutzgesetz (BImSchG)[509] sind Anlagen genehmigungspflichtig, die in besonderem Maße geeignet sind, schädliche Umwelteinwirkungen hervorzurufen oder in anderer Weise die Allgemeinheit oder Nachbarschaft zu gefährden, erheblich zu benachteiligen oder erheblich zu belästigen. Insoweit findet die Vierte Bundes-Immissionsschutzverordnung (BImSchV) Anwendung, die eine abschließende Auflistung der Anlagen enthält, die nach § 4 BImSchG genehmigungspflichtig sind.

Im Bereich der Landwirtschaft entfaltet das Bundesimmissionsschutzgesetz Wirkungen bei dem Bau und Betrieb von Viehhaltungsanlagen, Lagerung und Ausbringung von Wirtschaftsdünger, der Anwendung von Pflanzenschutzmitteln und aller lärmverursachenden Handlungen sowie bei der Errichtung und dem Betrieb von Biogasanlagen. Zentrale Norm ist insoweit § 4 Abs. 1 S. 3 BImSchG in Verbindung mit der 4. BImSchV, in deren Anhang unter der Nr. 7.1 die für die landwirtschaftliche Erzeugung genehmigungsbedürftigen Anlagen genannt sind.[510] Als Betreiber einer genehmigungsbedürftigen Anlage ergeben sich die Pflichten aus § 5 BImSchG, wobei in Abs. 1 die Betreiberpflichten während des Betriebes der Anlage und in Abs. 3 die Pflichten nach Betriebseinstellung geregelt sind. Für Betreiber nicht genehmigungspflichtiger Anlagen gelten die Anforderungen des § 22 BImSchG.

---

[509] Bundesimmissionsschutzgesetz (BImSchG) in der Fassung der Bekanntmachung vom 26. 9. 2002 (BGBl. I S. 3830), zuletzt geändert durch Art. 2 des Gesetzes vom 24. 2. 2012 (BGBl. I S. 212).

[510] Anlagen zum Halten oder zur Aufzucht von Geflügel oder Pelztieren oder zum Halten oder zur getrennten Aufzucht von Rindern und Schweinen mit

a) 20.000 Hennenplätzen
b) 40.000 Junghennenplätzen
c) 40.000 Mastgeflügelplätzen
d) 20.000 Truthühnermastplätzen
e) 350 Rinderplätzen
f) 1.000 Kälberplätzen
g) 2.000 Mastschweineplätzen
h) 750 Sauenplätzen
i) 6.000 Ferkelplätzen
j) 1.000 Pelztierplätzen

bb) Haftung nach dem Wasserhaushaltsgesetz

Zum 1. 3. 2010 ist das Gesetz zur Neuregelung des Wasserrechts (Wasserhaus-haltsgesetz-WHG) in Kraft getreten.[511] Die Materie des Wasserrechts war bisher durch die Rahmengesetzgebung des Bundes gekennzeichnet und ist nunmehr im Rahmen der Föderalismusreform als eine bundeseinheitliche Regelung ausgestaltet worden. Das Wasserhaushaltsgesetz umfasst das Haushalten bei der Nutzung sowie den Schutz der Gewässer.

Die Benutzung von Gewässern bedarf grundsätzlich der behördlichen Erlaubnis gemäß § 8 WHG, soweit die Benutzungstatbestände des § 9 WHG gegeben sind.

Für die Landwirtschaft relevant ist in diesem Zusammenhang der Tatbestand des § 9 Abs. 1 Nr. 1 WHG, wonach es sich bei dem Entnehmen und Ableiten von Wasser aus oberirdischen Gewässern um erlaubnispflichtige Benutzungen handelt. Durch Pump- oder Schöpfvorrichtungen wird oftmals das Wasser von Gräben und Kanälen zur Beregnung von Grundstücken genutzt. Auch der Tatbestand des § 9 Abs. 1 Nr. 4 WHG ist für die Landwirtschaft von besonderer Bedeutung. Danach ist das Einbringen und Einleiten von Stoffen in Gewässer erlaubnispflichtig. Um das Einbringen von Stoffen handelt es sich, wenn Dünger oder Pflanzenschutzmittel an oberirdischen Gewässern mit Geräten ausgebracht wird, die auch die Wasserfläche überstreichen.[512] Die Tatbestände des § 9 WHG setzen allerdings ein zweckgerichtetes, gewässerbezogenes Verhalten voraus. Als Auffangvorschrift für Maßnahmen, die zwar nicht unter die Tatbestände des § 9 Abs. 1 WHG fallen, die aber unter bestimmten Voraussetzungen dazu geeignet sind, Gewässer nachteilig zu verändern, dient § 9 Abs. 2 Nr. 2 WHG. Hierzu zählt auch das übermäßige Aufbringen von Dünger und Klärschlamm auf bestellte Böden, das Ausbringen von Saatgut, das mit Schädlingsbekämpfungsmitteln behandelt ist, sowie die Verwendung von Pestiziden bei geringem Flurabstand des Grundwassers.[513]

Zu beachten ist, dass das Aufbringen von Wirtschaftsdünger dann nicht dem Benutzungsbegriff des § 9 Abs. 2 WHG unterfällt, wenn dieser nach „guter fachlicher Praxis" gemäß § 2 Abs. 1 S. 1 Düngeverordnung aufgebracht wird. Um eine Gefährdungshaftung zu vermeiden, sollten stets Düngepläne geführt werden, die Flächen, Höhen der Abgaben, die Nutzungsart und Abgabezeiten dokumentieren.

Die Haftungsanspruchsgrundlage findet sich in § 89 Abs. 1 WHG, wobei es sich um eine Gefährdungshaftung handelt. Danach ist schadensersatzpflichtig,

---

511 Gesetz zur Ordnung des Wasserhaushalts (Wasserhaushaltsgesetz – WHG) vom 31. 7. 2009, BGBl. I S. 2585.
512 OVG Lüneburg, ZfW 1992, Nr. 46; *Dombert* in: Dombert/Witt, MAH-Agrarrecht, § 13 Rn. 18.
513 *Czychowski/Reinhardt*, WHG, § 9 Rn. 67.

wer in ein Gewässer Stoffe einbringt oder einleitet oder wer in anderer Weise auf ein Gewässer einwirkt und dadurch die Wasserbeschaffenheit nachteilig verändert.

Nach § 89 Abs. 2 WHG ist zudem der Inhaber einer Anlage zum Schadensersatz verpflichtet, wenn aus der Anlage, die bestimmt ist, Stoffe herzustellen, zu verarbeiten, zu lagern, abzulagern, zu befördern oder wegzuleiten, derartige Stoffe in ein Gewässer gelangen, ohne in dieses eingebracht oder eingeleitet zu sein. Die besondere Relevanz dieser Vorschrift für die Landwirtschaft liegt in dem Anlagenbegriff, der sowohl feste als auch bewegliche Einrichtungen erfasst. Aus dem landwirtschaftlichen Bereich fallen hierunter insbesondere Misthaufen, Jauche- und Dunggruben, Futtersilos und Güllefässer.[514]

Die Anforderungen an den Umgang mit wassergefährdenden Stoffen in der Landwirtschaft finden sich in § 62 Abs. 1 S. 3, S. 1 WHG. Danach müssen Anlagen zum Umschlagen wassergefährdender Stoffe sowie zum Lagern und Abfüllen von Jauche, Gülle und Silagesickersäften sowie von vergleichbaren in der Landwirtschaft anfallenden Stoffen so errichtet, unterhalten, betrieben und stillgelegt werden, dass der bestmögliche Schutz der Gewässer vor nachteiligen Veränderungen ihrer Eigenschaften erreicht wird. In ausgewiesenen Wasserschutzgebieten können für die land- und forstwirtschaftlichen Nutzungen darüber hinaus bestimmte Handlungen verboten und nur für beschränkt zulässig erklärt werden, die sich auf die Art und Weise der Bewirtschaftung und damit auch ertragsmindernd auswirken können.[515]

cc) Haftung nach dem Bundes-Bodenschutzgesetz

Das Bundes-Bodenschutzgesetz (BBodSchG)[516] verfolgt gemäß § 1 S. 1 den Zweck, nachhaltig die Funktion des Bodens zu sichern und wiederherzustellen.

In § 2 Abs. 2 Nr. 3 c) BBodSchG wird die Funktion des Bodens als Standort für land- und forstwirtschaftliche Nutzung hervorgehoben. Anhand der Nutzungsfunktion wird bestimmt, ob eine schädliche Bodenbeeinträchtigung vorliegt, um in einem weiteren Schritt feststellen zu können, ob diese geeignet ist, erhebliche

---

514 *Hilf* in: Giesberts/Reinhardt, Onlinekommentar Umweltrecht, WHG § 89 Rn. 48.1.

515 Handlungsverbote und -beschränkungen können in den Bereichen Gebietsgestaltung, Düngung und Pflanzenschutz, Produktionsabläufe und Lagerung angeordnet werden, vgl. hierzu im Einzelnen *Grimm*, (vgl. Fn. 11), Rn. 439.

516 Gesetz zum Schutz vor schädlichen Bodenveränderungen und zur Sanierung von Altlasten (Bundes-Bodenschutzgesetz – BBodSchG) vom 17. 3. 1998, BGBl. I S. 502, zuletzt geändert durch Art. 3 G zur Anpassung von Verjährungsvorschriften an das Schuldrechtsmodernisierungsgesetz vom 9. 12. 2004, BGBl. I S. 3214.

Nachteile oder Belästigungen für den Einzelnen oder die Allgemeinheit herbeizuführen.

Die Landwirtschaft wird durch einige Vorschriften aus dem Anwendungsbereich des Bundes-Bodenschutzgesetzes herausgenommen. Zunächst ergibt sich
aus § 3 Abs. 1 Nr. 4 BBodSchG der Vorrang des Düngemittel- und Pflanzenschutzrechts, soweit sich dort Regelungen über die Einwirkungen auf den Boden finden.
Gleiches gilt gemäß § 3 Abs. 1 Nr. 1 BBodSchG für die Vorschriften des Kreislauf-
wirtschafts- und Abfallgesetz.

Mit § 17 BBodSchG wird den Besonderheiten der landwirtschaftlichen Praxis
Rechnung getragen, indem der Gesetzgeber durch die darin enthaltenen Maß-
gaben an die gute fachliche Praxis und die Vorsorgepflicht des § 7 BBodSchG an-
knüpft.[517] Im Bereich der Landwirtschaft soll daher die Vorsorgepflicht gemäß § 1
BBodSchG erfüllt sein, soweit die Grundsätze der guten fachlichen Praxis eingehalten wurden. Deren Grundsätze fasst das Gesetz in nicht abschließenden Regel-
beispielen in § 17 Abs. 2 BBodSchG zusammen. Dem Grundsatz nach bedeutet die
gute fachliche Praxis der landwirtschaftlichen Bodennutzung die nachhaltige
Sicherung der Bodenfruchtbarkeit und Leistungsfähigkeit des Bodens als natürliche Ressource.[518]

Aus § 17 Abs. 3 BBodSchG ergibt sich, dass bei Einhaltung der in § 3
BBodSchG[519] genannten Fachgesetze die Gefahrenabwehrpflichten erfüllt sind.

---

517 *Dombert* in: Dombert/Witt, MAH-Agrarrecht, § 13 Rn. 39.
518 § 17 Abs. 2 S. 2 BodSchG. In Abs. 2 S. 2 sind sodann die Grundsätze enumerativ genannt:
1. dass die Bodenbearbeitung unter Berücksichtigung der Witterung grundsätzlich standortangepasst zu erfolgen hat,
2. dass die Bodenstruktur erhalten und verbessert wird.
3. dass Bodenverdichtungen, insbesondere durch Berücksichtigung der Bodenart, Bodenfeuch-
tigkeit und des von den zur landwirtschaftlichen Bodennutzung eingesetzten Geräten verursachten Bodendrucks, soweit wie möglich vermieden werden.
4. dass Bodenabträge durch eine standortangepasste Nutzung, insbesondere durch Berücksichtigung der Hangneigung, der Wasser- und Windverhältnisse sowie der Bodenbedeckung,
möglichst vermieden werden.
5. dass die naturbetonten Strukturelemente der Feldflur, insbesondere Hecken, Feldgehölze,
Feldraine und Ackerterrasse, die zum Schutz des Bodens erforderlich sind, erhalten werden.
6. dass die biologische Aktivität des Bodens durch entsprechende Fruchtfolgegestaltung erhalten und gefördert wird und
7. dass der standorttypische Humusgehalt des Bodens, insbesondere durch eine ausreichende
Zufuhr an organischer Substanz oder durch Reduzierung der Bearbeitungsintensität erhalten
wird.
519 Das BBodSchG findet auf schädliche Bodenveränderungen und Altlasten Anwendung,
soweit:

Durch die enumerative Aufzählung soll das Verhalten der Landwirte gesteuert werden. Zentrale Haftungsnorm ist § 4 Abs. 3 BBodSchG.

dd) Haftung nach dem Bundesnaturschutzgesetz

Auch das Bundesnaturschutzgesetz (BNatSchG)[520] hat zum 1. 3. 2010 eine Novellierung erfahren, indem die ursprüngliche Rahmengesetzgebung in diesem Bereich aufgegeben wurde und nunmehr das Bundesnaturschutzgesetz durch Vollregelungen auf Bundesebene ersetzt wurde.

Die Ziele des Naturschutzes und der Landschaftspflege sind in § 2 BNatSchG definiert. Wesentliche Regelungsgegenstände im Verhältnis von Naturschutz und Landschaftspflege zur Land-, Forst- und Fischereiwirtschaft sind in § 5 BNatSchG enthalten. Gemäß § 5 Abs. 1 BNatSchG ist bei Maßnahmen des Naturschutzes und der Landschaftspflege die besondere Bedeutung einer natur- und landschaftsverträglichen Land-, Forst- und Fischereiwirtschaft für die Erhaltung der Kultur- und

---

1. Vorschriften des Kreislaufwirtschafts- und Abfallgesetz über das Aufbringen von Abfällen zur Verwertung als Sekundärrohstoffdünger oder Wirtschaftsdünger im Sinne des § 1 Düngemittelgesetzes und der hierzu auf Grund des Kreislaufwirtschafts- und Abfallgesetzes erlassenen Rechtsverordnungen sowie der Klärschlammverordnung vom 15. 4. 1992,
2. Vorschriften des Kreislaufwirtschafts- und Abfallgesetzes über die Zulassung und den Betrieb von Abfallbeseitigungsanlagen zur Beseitigung von Abfällen sowie über die Stilllegung von Deponien,
3. Vorschriften über die Beförderung gefährlicher Güter,
4. Vorschriften des Düngemittel- und Pflanzenschutzrechts,
5. Vorschriften des Gentechnikgesetzes,
6. Vorschriften des Zweiten Kapitels des Bundeswaldgesetzes und der Forst- und Waldgesetze der Länder,
7. Vorschriften des Flurbereinigungsgesetzes über das Flurbereinigungsgebiet, auch in Verbindung mit dem Landwirtschaftsanpassungsgesetz,
8. Vorschriften über Bau, Änderung, Unterhaltung und Betrieb von Verkehrswegen oder Vorschriften, die den Verkehr regeln,
9. Vorschriften des Bauplanungs- und Bauordnungsrechts,
10. Vorschriften des Bundesberggesetz und der auf Grund dieses Gesetzes erlassenen Rechtsverordnungen über die Errichtung, Führung oder Einstellung eines Betriebes sowie
11. Vorschriften des Bundes-Immissionsschutzgesetzes und der auf Grund dieses Gesetzes erlassenen Rechtsverordnungen über die Errichtung und den Betrieb von Anlagen unter Berücksichtigung von § 4 Abs. 3 BBodSchG

Einwirkungen auf den Boden nicht regeln.

520 Gesetz über Naturschutz und Landschaftspflege (Bundesnaturschutzgesetz-BNatSchG) vom 29. 9. 2009, BGBl. I 2009, S. 2542.

Erholungslandschaft zu berücksichtigen.[521] Diese Norm wird auch als „Landwirtschaftklausel" bezeichnet, da sie die im Einzelfall widerlegliche Vermutung aufstellt, dass sich die Land-, Forst- und Fischereiwirtschaft positiv auf die naturschützerische Qualität der Kultur- und Erholungslandschaft auswirkt.[522] In § 5 Abs. 2 ist sodann definiert, welche Grundsätze im Rahmen der guten fachlichen Praxis gelten.[523] Diese Grundsätze sind als wichtige Mindeststandards für die gute fachliche Praxis eingeführt worden. Der Verhaltenskatalog ist vom Eigentümer, vom dinglich Nutzungsberechtigten sowie vom Pächter zu beachten.

Die Eingriffsregelung findet sich in § 14 BNatSchG.[524] Gemäß § 14 Abs. 2 BNatSchG ist die Land-, forst- und fischereiwirtschaftliche Bodennutzung nicht als Eingriff zu werten, soweit dabei die Ziele und Grundsätze des Naturschutzes und der Landschaftspflege berücksichtigt werden.

§ 14 Abs. 3 BNatSchG stellt klar, dass die Wiederaufnahme einer landwirtschaftlichen Nutzung, die aufgrund vertraglicher Vereinbarungen oder aufgrund der Teilnahme an öffentlichen Programmen zur Bewirtschaftungsbeschränkung zeitweise eingeschränkt oder unterbrochen war, nicht als Eingriff gilt. Wesentliche Beschränkungen für die Produktion der Landwirtschaft ergeben sich bei der

---

521 Abs. 2: die Länder erlassen Vorschriften über den Ausgleich von Nutzungsbeschränkungen in der Land-, Forst- und Fischereiwirtschaft.

Abs. 3: Die Länder setzen eine regionale Mindestdichte von zur Vernetzung von Biotopen erforderlichen linearen und punktförmigen Elementen fest und ergreifen geeignete Maßnahmen, falls die Mindestdichte unterschritten wird und solche Elemente neu einzurichten sind.

522 Vgl. hierzu ausführlich: *Ekardt/Heym/Seidel*, die Privilegierung der Landwirtschaft im Umweltrecht, ZUR 2008, S. 169 ff.

523 § 5 Abs. 2 Nr. 1–6 lauten:

– bei der landschaftlichen Nutzung muss die Bewirtschaftung standortangepasst erfolgen und die nachhaltige Bodenfruchtbarkeit und langfristige Nutzbarkeit der Flächen gewährleistet werden.

– Vermeidbare Beeinträchtigungen von vorhandenen Biotopen sind zu unterlassen.

– Die zur Vernetzung von Biotopen erforderlichen Landschaftselemente sind zu erhalten und nach Möglichkeit zu vermehren.

– Die Tierhaltung hat in einem ausgewogenen Verhältnis zum Pflanzenbau zu stehen und schädliche Umweltauswirkungen sind zu vermeiden.

– Auf erosionsgefährdeten Hängen, in Überschwemmungsgebieten, auf Standorten mit hohem Grundwasserstand sowie auf Moorstandorten ist ein Grünlandumbruch zu unterlassen.

– Die natürliche Ausstattung der Nutzfläche (Boden, Wasser, Flora, Fauna) darf nicht über das zu Erzielung eines nachhaltigen Ertrages erforderliche Maß hinaus beeinträchtigt werden.

– Eine schlagspezifische Dokumentation über den Einsatz von Dünge- und Pflanzenschutzmitteln ist nach Maßgabe des landwirtschaftlichen Fachrechtes zu führen.

524 Gleichlautende Regelungen finden sich in den Landesnaturschutzgesetzen.

Bewirtschaftung von ausgewiesenen Schutzgebieten.[525] Oft enthalten die Landes-
naturschutzgesetze Abweichungen von den Regelungen des Bundesnaturschutz-
gesetzes. Sollte dennoch ein Eingriff anzunehmen sein, da die Regeln der guten
fachlichen Praxis nicht eingehalten wurden, bestimmen sich die Pflichten nach
§ 15 BNatSchG. Vermeidbare Beeinträchtigungen sind zu unterlassen; sollte es
sich um unvermeidbare Maßnahmen handeln, so sind Ausgleichs- und Ersatz-
maßnahmen vorzunehmen. Ist ein Ausgleich oder Ersatz nicht möglich, hat der
Verursacher den Ersatz in Geld zu leisten.

ee) Haftung nach dem Düngemittelrecht

Ziel des Düngemittelrechts war ursprünglich die Ertragsförderung.[526] Inzwischen
ist der durch den Umweltschutzgedanken geleitete sicherheitsrechtliche Aspekt
nicht mehr wegzudenken.[527]

Aufgrund der weitgehenden Auswirkungen, die von der Düngung auf Boden,
Wasser, Luft und Naturhaushalt ausgehen, existieren mittlerweile zahlreiche
Regelungen, die eine Reglementierung der Düngung zum Ziel haben. Grundlage
ist das Düngegesetz (DüngeG).[528] Die Düngung ist allerdings in der Landwirtschaft
nicht wegzudenken als wirksames Mittel, um Erträge zu steigern, die Pflanzen zu
stärken und die Bodenfruchtbarkeit zu erhalten.[529]

---

525 Folgende Schutzgebiete sind zu unterscheiden:
- Naturschutzgebiete gemäß § 23 BNatSchG
- Nationalparke gemäß § 24 BNatSchG
- Biosphärenreservate gemäß § 25 BNatSchG
- Landschaftsschutzgebiete gemäß § 26 BNatSchG
- Naturparke gemäß § 27 BNatSchG
- Naturdenkmale gemäß § 28 BNatSchG
- Geschützte Landschaftsbestandteile gemäß § 29 BNatSchG
- Gesetzlich geschützte Biotope gemäß § 30 BNatSchG
- Schutz von Gewässern und Uferzonen gemäß § 31 BNatSchG
- Europäisches Netz Natura 2000 gemäß § 32 BNatSchG
- Europäische FFH-Gebiete gemäß § 33 BNatSchG
- Europäische Vogelschutzgebiete gemäß § 33 BNatSchG

526 *Grimm*, (vgl. Fn. 11), Rn. 238.
527 *Köpl* in: Dombert/Witt, MAH-Agrarrecht, § 19 Rn. 136.
528 Düngegesetz vom 9. 1. 2009 (BGBl. I S. 54), zuletzt geändert durch Art. 10 Bundesrecht-
Anpassungsgesetz im Zuständigkeitsbereich des BMELV vom 9. 12. 2010 (BGBl. I S. 1934).
529 *Grimm*, (vgl. Fn. 11), Rn. 238.

Regelungen zu der sach- und fachgerechten Düngung finden sich in der Düngeverordnung (DüV).[530] Danach hat vor der Ausbringung von Düngemitteln eine Düngemittelbedarfsermittlung stattzufinden, so dass ein Gleichgewicht zwischen Nährstoffbedarf und Nährstoffversorgung gewährleistet ist (§ 3 Abs. 1 DüV). Darüber hinaus muss der Ausbringungszeitraum richtig gewählt werden, was beispielsweise dann nicht der Fall ist, wenn der Boden überschwemmt, gefroren oder mit Schnee bedeckt ist (§ 3 Abs. 4, 5 DüV). Die Düngeverordnung enthält auch Regelungen zur Beschaffenheit der Ausbringungsgeräte, die den anerkannten Regeln der Technik entsprechen müssen. So ist die Verwendung von Geräten, die in der Anlage 4 zur DüV aufgelistet sind, ab dem 1. 1. 2010 verboten, es sei denn, sie wurden bis zum 14. 1. 2006 in Betrieb genommen, dann endet die Zulässigkeit am 31. 12. 2015.

Bei der Verwendung von Wirtschaftsdünger tierischer Herkunft ist der Gehalt an Gesamtstickstoff und Phosphat, im Falle von Gülle, Jauche oder Geflügelkot zusätzlich auch der Gehalt von Ammoniumstickstoff zu ermitteln (§ 4 Abs. 2 DüV). Ferner bestehen zeitliche generelle Ausbringungszeiträume (§ 4 Abs. 5 DüV), wonach Wirtschaftsdünger in dem Zeitraum vom 1. 11 bis 15. 1. auf Ackerland und vom 15. 11. bis 31. 1. auf Grünland nicht aufgebracht werden darf.

Gemäß § 10 DüV in Verbindung mit § 14 DüngG stellt der Verstoß gegen die Anordnungen der Düngeverordnung eine Ordnungswidrigkeit dar, die mit einer Geldbuße von bis zu 15.000 € geahndet werden kann. Ein Verstoß gegen das Düngegesetz enthält in vielen Fällen gleichzeitig einen Verstoß gegen andere umweltrechtliche Fachgesetze. In diesem Zusammenhang sind das Wasserrecht, das Immissionsschutz- und Naturschutzrecht zu benennen.

ff) Haftung nach dem Pflanzenschutzrecht

Der Zweck des Pflanzenschutzgesetzes (PflSchG)[531] besteht unter anderem darin, Gefahren abzuwenden, die durch die Anwendung von Pflanzenschutzmitteln oder durch andere Maßnahmen des Pflanzenschutzes, insbesondere für die Gesundheit von Mensch und Tier und für den Naturhaushalt entstehen können (§ 1 PflSchG). Die Anwendung von Pflanzenschutzmitteln ist ein sehr großes agrar-

---

530 Verordnung über die Anwendung von Düngemitteln, Bodenhilfsstoffen, Kultursubstraten und Pflanzenschutzmitteln nach den Grundsätzen der guten fachlichen Praxis beim Düngen (Düngeverordnung-DüV), BGBl. I S. 221.

531 Gesetz zum Schutz der Kulturpflanzen (Pflanzenschutzgesetz – PflSchG) in der Fassung der Bekanntmachung vom 14. 5. 1998 (BGBl. I S. 971, ber. S. 1527, 3512), zuletzt geändert durch Art. 10 Bundesrecht-Anpassungsgesetz im Zuständigkeitsbereich des BMELV vom 9. 12. 2010 (BGBl. I S. 1934).

umweltrechtliches Problem, da nach wie vor chemische Pflanzenschutzmittel dominieren, die bei nicht fachgerechter Anwendung zu human- und ökotoxischen Belastungen führen können.[532]

Gemäß § 6 PflSchG dürfen Pflanzenschutzmittel nur „nach der guten fachlichen Praxis" angewendet werden. § 2a Abs. 1 S. 3 PflSchG regelt, dass die Grundsätze des integrierten Pflanzenbaus und der Schutz des Grundwassers berücksichtigt werden müssen.

Gerade in diesem Bereich des Agrarumweltrechts sind fachliche Kenntnisse zwingend erforderlich und müssen auch im Rahmen der Pflanzenschutz-Sachkundeverordnung[533] nachgewiesen werden. Erforderlich ist ein Abschlusszeugnis der landwirtschaftlichen Berufe oder ein abgeschlossenes agrarwirtschaftliches Hochschulstudium. Ohne einen solchen Sachkundenachweis ist eine Prüfung gemäß § 2 der Pflanzenschutz-Sachkundeverordnung abzulegen. Neben der Fachkunde des Betriebsleiters muss der Einsatz ordnungsgemäßer Pflanzenschutzgeräte gewährleistet sein. Die Anforderungen ergeben sich aus den §§ 24 ff. PflSchG.

f) Einfluss und Auswirkungen des Umweltschadensgesetzes

Durch das Umweltschadensgesetz (USchadG)[534] wurde die Umwelthaftungsrichtlinie (UHRL)643 der Europäischen Gemeinschaft in nationales Recht umgesetzt. Ziel dieses Gesetzes ist die Schaffung eines einheitlichen rechtlichen Rahmens des nationalen Naturschutz-, Wasserhaushalts-, und Bodenschutzrechts. Gemäß § 1 findet das Umweltschadensgesetz ergänzende Anwendung, soweit Rechtsvorschriften des Bundes oder der Länder die Vermeidung und die Sanierung von Umweltschäden nicht näher bestimmen oder in ihren Anforderungen dem Umweltschadensgesetz nicht entsprechen.

---

532 Vgl. *Grimm*, (vgl. Fn. 11), Rn. 229. Die Belastungen können sich wie folgt zeigen:
- Gesundheitsgefährdung des Anwenders
- Gesundheitliche Gefahren des Verbrauchers
- Schädigung der Kulturpflanze
- Bienengefährdung
- Generelle Belastung des Naturhaushaltes
- Gefährdung des Ökosystems auf dem Acker.

533 Pflanzenschutz-Sachkundeverordnung vom 28. 7. 1987 (BGBl I S. 1752), zuletzt geändert durch Verordnung vom 7. 5. 2001 (BGBl. I S. 885).

534 Gesetz über die Vermeidung und Sanierung von Umweltschäden (Umweltschadensgesetz – USchadG) vom 10. 5. 2007 (BGBl. I S. 66), zuletzt geändert durch Art. 5 Abs. 33 des Gesetzes zur Neuordnung des Kreislaufwirtschafts- und Abfallrechts vom 24. 2. 2012 (BGBl. I S. 212).

aa) Inhaltlicher und räumlicher Anwendungsbereich des Umweltschadensgesetzes

Das Umweltschadensgesetz begrenzt den Rechtsbegriff des Unweltschadens auf drei Fallgruppen.

- Schäden an Arten (Fauna und Flora)[535] und natürlichen Lebensräumen,[536] nach Maßgabe des neu eingeführten § 21 a BNatSchG,[537]
- Schäden an Gewässern nach Maßgabe des ebenfalls neu eingeführten § 22 a WHG[538] und
- Schäden am Boden und seinen Funktionen im Sinne des § 2 Abs. 2 BBod-SchG.[539]

Der Anwendungsbereich des USchadG ist somit auf Umweltschäden, die in den ausgewiesenen Schutzgebieten der FFH- und der Vogelschutzrichtlinie entstehen, beschränkt.

bb) Verursachungsprinzip

Verantwortlich gemäß § 2 Nr. 3 Umweltschadensgesetz ist jede natürliche oder juristische Person, die eine berufliche Tätigkeit ausübt oder bestimmt, einschließlich der Inhaber einer Zulassung oder Genehmigung für eine solche Tätigkeit oder einschließlich der Person, die eine solche Tätigkeit anmeldet oder notifiziert, und dadurch unmittelbar einen Umweltschaden oder die unmittelbare Gefahr eines solchen Schadens verursacht hat. § 3 USchadG enthält einen Verweis auf die Anlage I, die berufliche Tätigkeiten aufzählt, aus denen sich Umweltschädigun-

---

535 Arten sind die Tiere oder Pflanzen, die in Art. 4 Abs. 2 oder Anhang I der Richtlinie 79/409/ EWG (Vogelschutz-Richtlinie) oder in den Anhängen II und IV der Richtlinie 92/43/EWG (Flora-Fauna-Habitat-Richtlinie = FFH-Richtlinie) aufgeführt sind.

536 Natürliche Lebensräume sind Lebensräume der Arten, die in Art. 4 Abs. 2 oder Anhang I Vogelschutzrichtlinie oder in Anhang II und IV FFH-Richtlinie aufgeführt sind sowie die Fortpflanzungs- und Ruhestätten der in Anhang IV FFH-Richtlinie aufgeführten Arten.

537 D. h. gemäß § 21 a BNatSchG jeden Schaden, der erhebliche nachteilige Auswirkungen in Bezug auf die Erreichung oder Beibehaltung des günstigen Erhaltungszustandes dieser Lebensräume oder Arten hat.

538 D. h. gemäß § 22 a WHG jeden Schaden, der erhebliche nachteilige Auswirkungen auf den ökologischen, chemischen und/oder mengenmäßigen Zustand und/oder das ökologische Potential der betreffenden Gewässer hat.

539 D. h. gemäß § 2 Abs. 2 BBodSchG jede Bodenverunreinigung, die ein erhebliches Risiko einer Beeinträchtigung der menschlichen Gesundheit aufgrund der direkten oder indirekten Einbringung von Stoffen, Zubereitungen, Organismen oder Mikroorganismen in, auf oder unter den Grund verursacht.

gen ergeben können und bei denen nur der Nachweis zur Begründung der Haftung erforderlich ist. Bei der Verursachung von Umweltschäden durch andere Berufe ist eine Haftung nur bei Fahrlässigkeit und Vorsatz gegeben und nicht als Gefährdungshaftung ausgestaltet. Der Insolvenzverwalter ist während der Fortführung als Verantwortlicher anzusehen, wenn und soweit er genehmigungspflichtige Anlagen fortführt, deren Betrieb ursächlich für einen Umweltschaden wird. Weiterhin könnte überlegt werden, ob eine Verantwortlichkeit auch deswegen in Betracht zu ziehen ist, weil der Insolvenzverwalter die berufliche Tätigkeit des schuldnerischen Landwirts oder eines beauftragten Dritten bestimmt. Dazu müsste allerdings die „Bestimmung" die Gefahrenlage unmittelbar verursacht haben, was dann nicht der Fall ist, wenn der Weisungsempfänger seinerseits eine Auswahl an Handlungsmöglichkeiten hatte, bei der eine Möglichkeit den Eintritt der Gefahrenlage verhindert hätte.[540]

cc) Auswirkungen des Umweltschadensgesetzes auf den Landwirtschaftsbetrieb

In der Anlage I finden sich zahlreiche Tätigkeiten mit Bezug zur Landwirtschaft:[541]

– Anlage 1 Nr. 1 USchadG

  Eine potentiell gefährliche Tätigkeit ist der Betrieb von Anlagen, für die eine Genehmigung gemäß der IVU-Richtlinie erforderlich ist. Diese Richtlinie enthält in Anhang 1 Nr. 6.6 Anlagen zur Intensivhaltung oder -aufzucht von Geflügel oder Schweinen.[542] In der Konsequenz hat das Umweltschadensgesetz für den Anlagenbetreiber bei entsprechend großen Anlagen eine für Umweltschäden und unmittelbare Gefahren verschuldensunabhängige Haftung zur Folge, wobei für die Haftungsbegründung der Nachweis der Verursachung ausreichend ist.[543]

– Anlage 1 Nr. 4 USchadG

  Eine potentiell gefährliche Tätigkeit ist das Einbringen, Einleiten und sonstige Einträge von Schadstoffen in das Grundwasser gemäß § 3 Abs. 1 Nr. 5 und Abs. 2 Nr. 2 WHG, soweit hierfür eine Erlaubnis nach § 2 Abs. 1 WHG

---

540 *Müggenborg*, Das Verhältnis des Umweltschadensgesetzes zum Boden- und Gewässerschutzrecht, NVwZ 2009, S. 12 ff.

541 Vgl. hierzu ausführlich *Grimm*, (vgl. Fn. 11), Rn. 468 ff.

542 40.000 Plätze für Geflügel, 2.000 Plätze für Mastschweine (Schweine über 30 kg) oder 750 Plätze für Säue.

543 *Grimm*, (vgl. Fn. 11), Rn. 468.

erforderlich ist.[544] Es handelt sich um ein repressives Verbot mit Erlaubnisvorbehalt. Der Einsatz von Düngemitteln im Rahmen der landwirtschaftlichen Bewirtschaftung ist grundsätzlich eine erlaubnispflichtige Gewässerbenutzung im Sinne des Wasserhaushaltsgesetzes, so dass eine Haftung im Rahmen des Umweltschadensgesetzes angenommen werden kann. Im Bereich der Landwirtschaft ist der Einsatz von Düngemitteln jedenfalls dann aus dem Benutzungstatbestand ausgenommen, wenn er unter Einhaltung der „guten fachlichen Praxis" vorgenommen wird, da es dann regelmäßig an der Eignung fehle, dauernde und erhebliche schädliche Veränderungen der Wasserbeschaffenheit herbeizuführen.[545]

– Anlage 1 Nr. 7 c), d) USchadG
   Eine weitere potentiell gefährliche Tätigkeit, die einen erheblichen Bezug zur Landwirtschaft aufweist, ist die Herstellung, Verwendung, Lagerung, Verarbeitung, das Abfüllen, Freisetzen in die Umwelt und die innerbetriebliche Beförderung von Pflanzenschutzmitteln im Sinne des § 2 Nr. 9 PflSchG und von Biozid-Produkten im Sinne des § 3b Abs. 1 Nr. 1a ChemG. In diesem Zusammenhang hat das Umweltschadensgesetz mit der verschuldensunabhängigen Haftung die Landwirtschaft vor einen enormen Problemkreis gestellt, für den bislang keine Lösung gefunden werden konnte. Ein wesentlicher Unterschied zwischen einer Haftung nach dem Umweltschadensgesetz und der Haftung nach dem Pflanzenschutzgesetz besteht nämlich darin, dass eine Sanktion im Rahmen des Pflanzenschutzgesetzes nur bei Verletzung der Grundsätze der „guten fachlichen Praxis" erfolgt, während das Umweltschadensgesetz eine vergleichbare Einschränkung nicht enthält.[546]

– Anlage 1 Nr. 11 USchadG
   Unter das Haftungssystem des Umweltschadensgesetzes fällt auch jede absichtliche Freisetzung genetisch veränderter Organismen in die Umwelt gemäß der Definition der in § 3 Nr. 5 Halbs. 1 GenTG sowie der Transport und das Inverkehrbringen dieser Organismen gemäß der Definition in § 3 Nr. 6 GenTG.

dd) Pflichten bei Vorliegen eines Umweltschadens

Die Verantwortlichkeit ist bei einem drohenden Umweltschaden auf unverzüglich zu ergreifende Vermeidungsmaßnahmen gerichtet. Sollte die Gefahr trotz Ver-

---

544 Gemäß § 2 Abs. 1 WHG bedürfen alle wesentlichen Gewässerbenutzungen einer behördlichen Genehmigung. Als Benutzung gemäß § 3 Nr. 4–6 WHG gilt auch das Einbringen von Stoffen als Gewässerbenutzung.
545 Vgl. *Grimm*, (vgl. Fn. 11), Rn. 470.
546 Vgl. *Grimm*, (vgl. Fn. 11), Rn. 470.

meidungsmaßnahmen nicht abgewendet werden können, wird eine umfassende Informationspflicht gegenüber den zuständigen Behörden statuiert. Ist hingegen bereits ein Umweltschaden eingetreten, so trifft den Verantwortlichen eine umfassende Informationspflicht verbunden mit der Pflicht, eine Ausdehnung des Schadens zu vermeiden. Neben der Informations- und der Vermeidungspflicht trifft den Verantwortlichen darüber hinaus in diesem Fall eine Sanierungspflicht.[547] Sollte der Verantwortliche tatsächlich oder rechtlich nicht mehr zum Ergreifen von geeigneten Maßnahmen in der Lage sein, tritt die Ersatzvornahmeberechtigung durch die Behörden mit der Folge der Haftung des Verantwortlichen für die entstehenden Kosten ein. Die Maßstäbe für die Sanierung sind dem jeweiligen Fachrecht zu entnehmen.[548]

ee) Zwischenergebnis

Trotz der räumlichen Einschränkung der Anwendbarkeit des Umweltschadensgesetzes auf die dort genannten Gebiete und Arten, erfährt die Haftung nach diesem Gesetz im Bereich der Landwirtschaft einen erheblichen Stellenwert. Rechnet man die Anzahl der ausgewiesenen FFH-Richtlinien Gebiete sowie die der Vogelschutzrichtlinie zusammen, so sind ca. 13 % der gesamten landwirtschaftlich genutzten Fläche geschützt. Hinzu kommen etwa 1.000 geschützte Tier- und Pflanzenarten gemäß der FFH-Richtlinie sowie 190 geschützte Vogelarten nach der Vogelschutzrichtlinie.[549]

Für alle Tätigkeiten, die sich im Katalog nicht finden, gilt zudem der Grundsatz, dass der Landwirt nach § 3 Abs. 1 Nr. 2 USchadG bei einem vorsätzlichen oder grob

---

547 Schadensbegrenzungsmaßnahmen sind gemäß § 2 Nr. 7 USchadG „Maßnahmen, um Schadstoffe oder sonstige Schadfaktoren unverzüglich zu kontrollieren, einzudämmen, zu beseitigen oder auf sonstige Weise zu behandeln, um weitere Umweltschäden und nachteilige Auswirkungen auf die menschliche Gesundheit oder eine weitere Beeinträchtigung von Funktionen zu begrenzen oder zu vermeiden". Sanierungsmaßnahmen sind hingegen Maßnahmen, die einen Umweltschaden gemäß dem Fachrecht sanieren.

548 – Die Sanierungsmaßnahmen bei Gewässerschäden richten sich nach § 22a WHG nach den Kriterien von Anhang II Nr. 1 UH-Richtlinie, wonach die so genannte primäre Sanierung, also die Rückversetzung in den ursprünglichen Zustand, die erste Wahl darstellt, gefolgt von der ergänzenden Sanierung und im Fall zwischenzeitlicher Verluste auch der Ausgleichssanierung.

– Im Hinblick auf die Bodenschäden enthält das USchadG keine Verweisung, so dass auf das BBodSchG abzustellen ist. Weder das BBodSchG noch die BBodSchV geben allerdings verbindliche Sanierungsziele vor. In der BBodSchV werden zwar Prüf-, Vorsorge-, und Maßnahmewerte genannt, welche allerdings keine verbindlichen Sanierungszielwerte darstellen. Insofern sind diese einzelfallbezogen festzulegen.

549 Vgl. Mitteilungen des Bundesamtes für Naturschutz, www.bfn.de.

fahrlässigen Verhalten für Schädigungen von Arten und natürlichen Lebensräumen haftet. Hierzu gehört unter anderem auch das Ausbringen von Düngemitteln.

Es ist offensichtlich, dass die Sanierung eines Umweltschadens im Einzelfall zu ganz erheblichen, sogar existenzgefährdenden Belastungen für einen Landwirtschaftsbetrieb führen kann, zumal das Umweltschadensgesetz keine Haftungshöchstgrenzen vorsieht. Für den Fall der Insolvenz bedeutet das Vorliegen eines Umweltschadens im Sinne des Umweltschadensgesetzes eine Haftung der Insolvenzmasse.

g) Versicherbarkeit von Umweltschäden

Unversicherte Schadensereignisse können den Bestand der Insolvenzmasse ebenso beeinträchtigen wie zu hohe Abgänge von liquiden Mitteln durch Versicherungsprämien infolge von Überversicherungen. Die Ausgaben für betriebliche Versicherungen in der Landwirtschaft haben einen nicht zu unterschätzenden Anteil an den Festkosten. In landwirtschaftlichen Unternehmen werden zwischen 6.000 und 15.000 € pro Jahr für Betriebsversicherungen ausgegeben.[550] Dem Insolvenzverwalter sowie dem vorläufigen Verwalter ist durch Übertragung dieses Amtes die Aufgabe zugewiesen, den Bestand der Masse zu sichern und sie für spätere Verteilungen an die Insolvenzgläubiger oder aber für eine Sanierung zu erhalten. Dazu gehört auch die bei Antritt des Amtes erforderliche Prüfung, ob ein ausreichender Versicherungsschutz der unternehmerischen Wirtschaftsgüter besteht.[551] Sollte sich herausstellen, dass unverzichtbare Versicherungen fehlen, sind diese auf Kosten der Insolvenzmasse neu abzuschließen.[552]

Um die aus der Ausweitung der umweltbezogenen Verantwortlichkeit resultierenden Risiken zu minimieren, drängt sich die Frage nach einem notwendigen Versicherungsschutz in diesem Bereich auf. Da eine obligatorische Versicherung durch den Gesetzgeber nicht vorgesehen ist, handelt es sich um eine unter betriebswirtschaftlichen Gesichtspunkten abzuwägende Entscheidung, das Risiko einer Inanspruchnahme der Versicherung für die Sanierung eines Umweltschadens abzudecken.[553] Der Gesamtverband der deutschen Versicherungsgesellschaft e. V. (GDV) hat ein Modell für eine sogenannte Umweltschadensversicherung (USV) entwickelt.[554]

---

550 *Dirksen*, Versicherungen in der Landwirtschaft, S. 29.
551 *Neufeld* in: Mohrbutter/Ringstmeier, Handbuch der Insolvenzverwaltung, § 28 Rn. 106.
552 Vgl. *Kloop/Gluth* in: Gottwald, Insolvenzrechts-Handbuch, § 22 Rn. 44; BGH, Beschl. v. 14. 12. 2000 – AZ.: IX ZB 105/00 –, NJW 2001, S. 1496.
553 *Diederichsen*, Grundfragen zum neuen Umweltschadensgesetz, NJW 2007, S. 3377, 3381.
554 *Beckmann/Wittmann* in: Landmann/Rohmer, Umweltrecht, USchadG § 9 Rn. 18.

Die vom GDV empfohlene Muster-USV ist mit einem eigenständigen Konzept als Spezialversicherung für die neue öffentlich-rechtliche Umwelthaftung nach dem Umweltschadensgesetz angelegt.[555] Dabei wurde von einer Erweiterung des Umwelthaftpflichtmodells abgesehen. Der Versicherungsschutz wird in Form von verschiedenen Bausteinen angeboten. Die Grundabsicherung enthält ausschließlich die Fremdschadensdeckung. Zusatzbaustein 1 erweitert den Versicherungsschutz um Umweltschäden an der Biodiversität auf dem eigenen Grundstück, den eigenen Böden, jedoch nur bei Gefahr für die menschliche Gesundheit, und in eigenen Gewässern. Zusatzbaustein 2 bietet auch bei Schäden an eigenen Böden gemäß Bundesbodenschutzgesetz Deckung an. In der Regel sind die Grunddeckung sowie der Zusatzbaustein 1 beitragsfrei mitversichert, sollten aber ausdrücklich in der Versicherungspolice aufgeführt sein.[556]

Für den Versicherungsnehmer liegt das entscheidende Risiko in der Beschränkung des Versicherungsschutzes auf sogenannte Betriebsstörungen. Versicherungsschutz besteht daher nur dann, wenn der Schaden unfallartig verursacht wurde. Dagegen sind Umweltschäden aus dem Normalbetrieb nicht versicherbar.[557] Dies entspricht aber gerade nicht dem Schutzbedürfnis des Versicherungsnehmers, der teilweise den gerade dargestellten Gefährdungshaftungstatbeständen ausgesetzt ist. Im Bereich der Landwirtschaft können Umweltschäden nach dem Umweltschadensgesetz auch im Normalbetrieb vorkommen, der nicht versicherbar ist. Es bleibt auch für den Insolvenzverwalter bei einer Lücke zwischen Haftung und Deckung, die bei Abwägung der Entscheidungen bedacht werden muss.

5. Pflichten beim Halten von Nutztieren

Die Fortführung eines tierhaltenden Betriebes ist ebenfalls mit der Beachtung einer Vielzahl von Vorschriften und Verpflichtungen verbunden. Dabei es geht um die Bereiche Futtermittelverwendung, die Verabreichung und Dokumentation von Arzneimitteln, die Anzeigepflichten im Rahmen des Tierseuchengesetzes und die Beachtung des Tierschutzrechts und der Tierschutz-Nutztierhaltungsverordnung, welche Haltungsrichtlinien für alle Nutztiere enthält. Darüber hinaus finden sich in der Tierschutztransportverordnung sowie in der Tierschutzschlachtverordnung Regelungen im Hinblick auf den artgerechten Umgang mit Tieren.

---

555 *Stockmeier* in: Vogel/Stockmeier, Umwelthaftpflichtversicherung, Umweltschadensversicherung, 1. Teil A. Rn. 4.
556 *Dirksen*, (vgl. Fn. 550), S. 35.
557 *Beckmann/Wittmann* in: Landmann/Rohmer, Umweltrecht, USchadG § 9 Rn. 26.

Aufgrund der Vielzahl der Normen, die in diesem Bereich existieren – mit spezifischen Pflichten entsprechend der jeweiligen Nutztiere – folgt hier nur eine Aufzählung der Pflichten, die einheitlich bei der Tierhaltung eingehalten werden müssen.

a) Pflichten nach dem Tierarzneimittelrecht

Grundsätzlich gilt bei der Anwendung von Tierarzneimitteln derselbe Anforderungsmaßstab wie bei humanmedizinischen Arzneimitteln (§§ 56 ff. Arzneimittelgesetz-AMG).[558] Zu beachten ist, dass Beipackzettel vor Verwendung gelesen werden müssen, Verfallsdaten zu beachten sind, und die ordnungsgemäße Entsorgung gewährleistet sein muss. Darüber hinaus ist der Tierhalter gemäß § 1 Tierhalter-Arzneimittel-Nachweisverordnung (ANTHV)[559] verpflichtet, über den Erwerb und die Anwendung der von ihm bezogenen, zur Anwendung bei Tieren bestimmten und nicht für den Verkehr außerhalb von Apotheken freigegebenen Arzneimittel Nachweise zu führen. Die Inhalte, die in dem sog. „Bestandsbuch" zu führen sind und die Aufbewahrungsfrist von fünf Jahren sind in § 2 ANTHV geregelt. Gemäß § 4 ANTHV handelt ordnungswidrig im Sinne des § 97 Abs. 22 Nr. 37 AMG, wer ein solches Bestandsbuch nicht ordnungsgemäß führt.

b) Pflichten nach dem Tierseuchenrecht

Um die Verbreitung einer aufgetretenen Seuche frühzeitig zu verhindern, normiert § 9 Tierseuchengesetz (TierSG)[560] eine unverzügliche Anzeigepflicht, die für insgesamt 43 Seuchen gilt. Sobald also ein Angehöriger des in § 9 genannten Personenkreises von einer Seuche Kenntnis erlangt, muss er unverzüglich bei der zuständigen Stelle Anzeige erstatten und die kranken oder verdächtigen Tiere isolieren.

Verstöße gegen diese Pflicht werden gemäß § 76 TierSG als Ordnungswidrigkeit mit einer Geldbuße bis zu 25.000 € geahndet.

---

558 Gesetz über den Verkehr mit Arzneimitteln (Arzneimittelgesetz – AMG) vom 12. 12. 2005 (BGBl. I S. 3394), zuletzt geändert durch Art. 13 GKV-Versorgungsstrukturgesetz vom 22. 12. 2011 (BGBl. I S. 2983).

559 Verordnung über Nachweispflichten der Tierhalter für Arzneimittel, die zur Anwendung bei Tieren bestimmt sind (Tierhalter-Arzneimittel-Nachweisverordnung – ANTHV) vom 20. 12. 2006, BGBl. I S. 3450, 3453).

560 Tierseuchengesetz (TierSG) i. d. F. der Bek. vom 22. 6. 2004 (BGBl. I S. 1260, 3588), zuletzt geändert durch Art. 2 Abs. 87 zur Änderung von Vorschriften über Verkündung und Bekanntmachungen sowie der ZPO, des EGZPO und der AO vom 22. 12. 2011 (BGBl. I S. 3044).

c) Pflichten nach dem Tierschutzrecht

Maßgeblich sind die Regelungen des Tierschutzgesetz (TierSchG).[561] Gemäß § 2 TierSchG muss derjenige, der ein Tier betreut oder zu betreuen hat, es nach seiner Art und seinen Bedürfnissen entsprechend angemessen ernähren, pflegen und verhaltensgerecht unterbringen. Die Möglichkeit des Tieres zur artgerechten Bewegung darf nicht so eingeschränkt sein, dass ihm Schmerzen oder vermeidbare Leiden zugefügt werden. Der Tierhalter muss über die für eine angemessene Ernährung, Pflege und verhaltensgerechte Unterbringung des Tieres erforderlichen Kenntnisse und Fähigkeiten verfügen. Konflikte mit diesen Schutzbestimmungen treten in der Landwirtschaft überwiegend in der Nutztierhaltung aufgrund der Forderung nach einer art- und verhaltensgerechten Unterbringung auf. Allerdings wurden in diesem Bereich entsprechende Verordnungen erlassen, die den Landwirten Rechtssicherheit geben konnten.[562] Geregelt sind allgemeine Anforderungen an die Haltungseinrichtungen und die Beschaffenheit der Ställe sowie Anforderungen an die Überwachung, Fütterung und Pflege der Nutztiere. Darüber hinaus enthält die Tierschutz-Nutztierhaltungsverordnung Anforderungen an das Halten von Kälbern, Legehennen und Schweinen.

Verstöße gegen die tierschutzrechtlichen Vorschriften werden gemäß § 17 TierSchG bestraft.

6. Pflicht zur handels- und steuerrechtlichen Rechnungslegung während der Fortführung

Im Insolvenzverfahren ist der Insolvenzverwalter gemäß § 155 Abs. 1 S. 2 InsO gehalten, die handels- und steuerrechtlichen Pflichten für die Insolvenzmasse zu erfüllen. Die Verpflichtung, im eröffneten Insolvenzverfahren Steuererklärungen abzugeben, ergibt sich aus § 34 Abs. 3 Abgabenordnung (AO)[563] in Verbindung mit § 149 Abs. 1 AO, wobei die Steuererklärungspflichten des Insolvenzverwalters

---

561 Tierschutzgesetz (TierSG) in der Fassung der Bekanntmachung vom 22. 6. 2004 (BGBl. I S. 1260; ber. S. 3588), zuletzt geändert durch Art. 2 Abs. 87 zur Änderung von Vorschriften über Verkündung und Bekanntmachungen sowie der ZPO, des EGZPO und der AO vom 22. 11. 2011 (BGBl. I S. 3044).
562 In der Tierschutz-Nutztierverordnung wurden alle Vorschriften zur Nutztierhaltung zusammengefasst.
563 Abgabenordnung (AO), in der Fassung der Bekanntmachung vom 1. 10. 2002 (BStBl. S. 3866, ber. I S. 66), zuletzt geändert durch Art. 2 Abs. 54 zur Änderung von Vorschriften über Verkündung und Bekanntmachungen sowie der ZPO, des EGZPO und der AO vom 22. 12. 2011 (BGBl. I S. 3044).

grundsätzlich sowohl für Steuerabschnitte ab der Verfahrenseröffnung als auch für Steuerabschnitte, die vor der Verfahrenseröffnung liegen, gelten.[564] Zudem ergibt sich aus § 153 Abs. 1 S. 2 AO die Verpflichtung des Insolvenzverwalters, bei Kenntnis von der Unrichtigkeit oder Unvollständigkeit von bereits abgegebenen Steuererklärungen, diese zu berichtigen.

Gemäß § 155 Abs. 1 InsO geht auf den Insolvenzverwalter auch die handelsrechtliche Pflicht zur Buchführung und Bilanzierung über. Im Rahmen der handelsrechtlichen Rechnungslegung sollen die laufenden Geschäftsvorfälle während des Insolvenzverfahrens erfasst und deren Ergebnisse in laufenden Jahresabschlüssen dargestellt werden, um die Gesellschafter und externen Gläubiger zu informieren. Durch die steuerrechtliche Rechnungslegung wird unter Verwendung der Buchführungsdaten und des handelsrechtlichen Jahresabschlusses die Bemessungsgrundlage für die Ertragsteuern und die Umsatzsteuer ermittelt.

Die Verpflichtung zur steuer- und handelsrechtlichen Rechnungslegung ergibt sich direkt aus der Insolvenzordnung, so dass eine Verletzung dieser Pflicht eine Haftung des Insolvenzverwalters gemäß § 60 InsO zur Folge haben kann. Im Folgenden werden die einkommen- und umsatzsteuerrechtlichen Besonderheiten eines Landwirtschaftsunternehmens dargestellt. Aufgrund vieler steuerrechtlicher Privilegien der bodenabhängigen Bewirtschaftung ist die konkrete Zuordnung der Einkunftserzielung im Bereich der Einkommenssteuer von erheblicher Bedeutung. Im Bereich des Umsatzsteuerrechts ermöglicht die Zuordnung der Umsätze zu einem land- oder forstwirtschaftlichen Unternehmen die vereinfachte Besteuerung nach Durchschnittssätzen.[565]

a) Einkünfte aus Land- und Forstwirtschaft

Die Einkünfte aus der Land- und Forstwirtschaft (LuF) zählen zu den betrieblichen Einkünften und sind in § 13 EStG geregelt. Unter Land- und Forstwirtschaft versteht man gemäß R 15.5 Abs. 1 der Einkommensteuerrichtlinie (EStR)[566] die planmäßige Nutzung der natürlichen Kräfte des Grund und Bodens einschließlich der Verwertung der dadurch gewonnenen Erzeugnisse, wobei als Boden auch

---

564 *Busch/Winken*, Insolvenzrecht und Steuern visuell, B. II 3.2, S. 97; BFH, Urt. vom 10. 10. 1951 – AZ.: IV 144/51 U –, BStBl. III 1951, S. 212; BFH, Beschl. v. 12. 11. 1992 – AZ.: IV B 83/91 –, BStBl. II 1993, S. 265.

565 *Hartmann* in: Dombert/Witt, MAH-Agrarrecht, § 25 Rn. 1.

566 Einkommensteuer-Richtlinien 2008 (EstR-2008), Allgemeine Verwaltungsvorschrift zur Anwendung des Einkommensteuerrechts vom 16. 5. 2005 (BStBl. I Sondernummer 1), in der Fassung der EStÄR 2008 vom 18. 12. 2008 (BStBl. I 2008, S. 1017) mit den Einkommensteuer-Hinweisen 2011.

Substrate und Wasser gelten. Das Einkommensteuergesetz (EStG) enthält keine allgemeine Definition, sondern beschränkt sich auf die Aufzählung einzelner Tätigkeiten, die als land- und forstwirtschaftliche Tätigkeiten angesehen werden. Vorausgesetzt wird ein Betrieb der Land- oder Forstwirtschaft. Es muss sich daher um eine selbstständige, nachhaltige Tätigkeit handeln mit der Absicht, unter Beteiligung am wirtschaftlichen Verkehr einen Gewinn zu erzielen.[567]

Die land- und forstwirtschaftliche Tätigkeit kann als Einzelunternehmen oder als Mitunternehmerschaft betrieben werden.

aa) Tierzucht und Tierhaltung

Die Einkünfte aus Tierzucht und Tierhaltung werden dann als land- und forstwirtschaftliche Einkünfte angesehen, wenn der jeweilige Betrieb eine ausreichende Ernährungsgrundlage für die Tiere bietet und wenn es sich um typischerweise in Land- und forstwirtschaftlichen Betrieben gezogene Tiere handelt. Ist keine ausreichende Futtergrundlage vorhanden, liegen gewerbliche Einkünfte vor. Dabei sind die Grenzen des § 13 Abs. 1 Nr. 1 EStG maßgeblich. Die durchschnittlichen Tierbestände werden dazu in Vieheinheiten umgerechnet, die sich aus dem Futterbedarf der jeweiligen Tierarten ergeben. Die Vieheinheiten der einzelnen Gruppen ergeben sich aus der EStR 13.2. Entscheidend ist somit das Verhältnis des Tierbestandes zur Größe der regelmäßig bewirtschafteten Fläche.[568]

bb) Land- und forstwirtschaftliche Nebenbetriebe

Gemäß § 13 Abs. 2 Nr. 1 EStG erzielen auch land- und forstwirtschaftliche Nebenbetriebe Einkünfte aus Land- und Forstwirtschaft. Ein Nebenbetrieb der Land- und Forstwirtschaft liegt vor, wenn überwiegend im eigenen Hauptbetrieb erzeugte Rohstoffe be- oder verarbeitet werden und die dabei gewonnenen Erzeugnisse überwiegend für den Verkauf bestimmt sind (Be- oder Verarbeitungsbetriebe) oder im eigenen Betrieb gewonnene Substanz überwiegend im land- und forstwirtschaftlichen Betrieb verwendet wird (Substanzbetrieb).[569] Voraussetzung ist allerdings immer das Bestehen eines Hauptbetriebes als Grundlage der betrieblichen Tätigkeit, dem der Nebenbetrieb organisatorisch untergeordnet ist. Es

---

567 *Heß* in: Beck'sches Steuer- und Bilanzlexikon, Edition 4/10, Land- und Forstwirtschaft, Rn. 2.
568 Vgl. hierzu die Darstellungen von *Hartmann* in: Dombert/Witt, MAH-Agrarrecht, § 25 Rn. 21 ff.
569 *Hartmann*, vgl. Fn. 568, Rn. 45.

darf sich somit bei dem Nebenbetrieb um keinen selbstständigen Gewerbebetrieb handeln.[570]

cc) Energieerzeugung

Gemäß R. 15.5 Abs. 11 EStR handelt es sich bei der Erzeugung von Energie durch Wind-, Solar- und Wasserkraft nicht um die planmäßige Nutzung der natürlichen Kräfte des Bodens und nicht um Nebenbetriebe der Land- und Forstwirtschaft, es sei denn die erzeugte Energie wird ausschließlich im land- und forstwirtschaftlichen Betrieb verwendet.

Besonders zu beurteilen ist die Energieerzeugung aus Biogas. Die Erzeugung von Strom aus der im eigenen Betrieb anfallenden Biomasse ist Teil der land- und forstwirtschaftlichen Urproduktion, wenn die Biomasse überwiegend in eigenem Betrieb erzeugt wird und das Biogas bzw. die daraus erzeugte Energie (Wärme, Strom) überwiegend in eigenem Betrieb verwendet wird.[571]

Wird die gesamte Ernte zur Energieerzeugung in einer Biogasanlage verwertet, liegt hingegen kein land- und forstwirtschaftlicher Betrieb vor, da die Erzeugung der Biomasse und die Verarbeitung zu Strom die wirtschaftliche Tätigkeit des Steuerpflichtigen darstellen. Die Beurteilung erfolgt daher nach den Grundsätzen der R 15.5 S. 4–6 EStR.

dd) Erbringung von Dienstleistungen

Grundsätzlich ist die Erbringung von Dienstleistungen als Gewerbebetrieb zu qualifizieren. Einkünfte aus Land- und Forstwirtschaft liegen nur dann vor, wenn die Dienstleistung im Verkauf überwiegend selbst gewonnener land- und forstwirtschaftlicher Produkte besteht, Dienstleistungen für andere Land- und Forstwirtschaftlicher Betriebe erbracht und land- und forstwirtschaftliche Maschinen aus dem Betriebsvermögen des Dienstleisters eingesetzt werden (vgl. EStR 15.5 Abs. 7, 9).

ee) Verpachtung des gesamten Betriebes oder eines Teilbetriebes

Wird ein land- und forstwirtschaftlicher Betrieb ganz oder teilweise verpachtet, erzielt der Verpächter bis zur Betriebsaufgabe Einnahmen aus Land- und Forst-

---

570 *Ders.* Rn. 48.
571 Vgl. hierzu ausführlich: BMF-Schreiben vom 6. 3. 2006 (BStBl. I 2006 S. 248), BMF-Schreiben vom 29. 6. 2006 (BStBl. I 2006 I, S. 417).

wirtschaft. Der Verpächter muss also nach Beendigung des Pachtvertrages die Landwirtschaft wieder aufnehmen können.

ff) Beherbergung von Fremden

Bei der Vermietung von Zimmern an Feriengäste handelt es sich immer dann um eine land- und forstwirtschaftliche Tätigkeit, soweit der gesamte Vermietungszeitraum pro Jahr geringer als sechs Wochen ist oder die Vermietung mit einer Einschränkung des Wohnbedarfs des Betriebsinhabers einhergeht. Aus R 15.5 Abs. 12 EStR ergibt sich das Vorliegen einer gewerblichen Vermietung bei mehr als vier Zimmern und der Gewährung einer neben dem Frühstück weiteren Hauptmahlzeit. Ferienwohnungen und Ferienhäuser werden bei einer hotelmäßigen Betreuung gewerblich vermietet.

b) Gewinnermittlungsarten in der Landwirtschaft

Für die Gewinnermittlung land- und forstwirtschaftlicher Betriebe gibt es unterschiedliche Möglichkeiten, nämlich durch einen Betriebsvermögensvergleich (§ 4 Abs. 1 EStG), wenn eine Buchführungspflicht besteht; durch eine Einnahmen- und Überschussrechnung, soweit keine Buchführungspflicht besteht (vgl. § 4 Abs. 3 EStG) oder nach Durchschnittssätzen (§ 13 a EStG). Gemäß § 141 AO sind Land- und Forstwirte buchführungspflichtig, wenn Umsätze, einschließlich der steuerfreien Umsätze, ausgenommen der Umsätze gemäß § 4 Nr. 8–10 UStG, von mehr als 500.000 € getätigt wurden, Gewinne von mehr als 50.000 € erwirtschaftet wurden (§ 141 Abs. 1 Nr. 5 AO) oder selbstbewirtschaftete land- und forstwirtschaftliche Flächen einen Wirtschaftswert von mehr als 25.000 € erreichen (§ 141 Abs. 1 Nr. 3 AO).

aa) Betriebsvermögensvergleich gemäß § 4 Abs. 1 EStG

Der Gewinn auf Grundlage des Betriebsvermögensvergleiches wird gemäß § 4 Abs. 1 EStG anhand des Unterschiedbetrages zwischen dem Betriebsvermögen am Schluss des Wirtschaftsjahres und dem Betriebsvermögen am Schluss des vorangegangenen Wirtschaftsjahres ermittelt. Die Ermittlung des Betriebsreinvermögens erfolgt auf Grundlage der Bilanz. Zum land- und forstwirtschaftlichem notwendigen Betriebsvermögen gehören insbesondere:

–   im Eigentum des Landwirts befindlicher Grund und Boden,
–   der Aufwuchs,
–   Zuckerrübenlieferrechte und Milchquoten,
–   Eigenjagdrecht,

- besondere Anlagen im Grund und Boden wie Drainagen und Bodenschätze,
- Dauerkulturen und mehrjährige Kulturen,
- Wirtschaftsgebäude,
- Maschinen und Anlagen,
- lebendes und totes Inventar,
- Vorräte, Forderungen und Verbindlichkeiten.[572]

Dabei sind Tiere, die zum Verkauf bestimmt sind, als Umlaufvermögen zu qualifizieren. Zucht- und Milchvieh gehört hingegen zum Anlagevermögen. Die Abschreibung für Abnutzung (AfA) ist bei Tieren des Anlagevermögens die Differenz zwischen Anschaffungs- und Herstellungskosten und Schlachtwert.[573] Feldinventar und die stehende Ernte müssen nur dann aktiviert werden, wenn es sich um mehrjährige Kulturen handelt. Einjährige Fruchtfolgen müssen nicht aktiviert werden (EStR 14 Abs. 2). Die entgeltlich erworbene Milchquote ist über einen Zeitraum von zehn Jahren nach § 7 Abs. 1 EStG abzuschreiben.[574] Zuckerrübenlieferrechte sind gemäß § 7 Abs. 1 EStG linear innerhalb von 10 Jahren abzuschreiben.[575]

bb) Gewinnermittlung nach Durchschnittssätzen gemäß § 13a EStG

Ein Land- und Forstwirt kann seinen Gewinn gemäß § 13a EStG auch nach Durchschnittssätzen ermitteln, wenn er nicht verpflichtet ist, Bücher zu führen, die selbst bewirtschaftete Fläche der landwirtschaftlichen Nutzung nicht 20 Hektar übersteigt, die Tierbestände insgesamt 50 Vieheinheiten nicht übersteigen und der Wert von selbst bewirtschafteten Sondernutzungen nicht mehr als 1.024 € je Sondernutzung beträgt. Gemäß § 13a Abs. 3 EStG besteht der Gewinn aus der Summe von Grundbetrag, Zuschlägen für Sondernutzungen, Sondergewinnen sowie vereinnahmten Miet- und Pachtzinsen.[576] Die Höhe des Grundbetrages richtet sich nach den Hektarwerten, die nach den §§ 40 ff. Bewertungsgesetz (BewG)[577] zu

---

572 Vgl. hierzu ausführlich *Nacke* in: Blümich, EStG-KStG-GewStG, EStG § 13 Rn. 270–272.

573 *Heß* in: Beck'sches Steuer- und Bilanzlexikon, Edition 4/10, Land- und Forstwirtschaft, Rn. 19.

574 BMF-Schreiben vom 14. 1. 2003 (BStBl. I 2003, S. 78).

575 *Nacke* in: Blümich, EStG-KStG-GewStG, EStG § 13 g) Lieferrechte.

576 Zur Ermittlung des Durchschnittssatzgewinnes nach § 13a Abs. 3–5 EStG vgl. BFH, BStBl. I 2003, S. 345; R 130 EStR; *Kube* in: Kirchhof, § 13a EStG Rn. 7 ff.

577 Bewertungsgesetz (BewG) in der Fassung der Bekanntmachung vom 1. 2. 1991 (BGBl. I S. 230), zuletzt geändert durch Art. 13 Abs. 13 Abs. 3 LSV-Neuordnungsgesetz vom 12. 4. 2012 (BGBl. I S. 579).

ermitteln sind; die Werte der Sondernutzungen sind aus den festgestellten Einheitswerten oder nach Ersatzwirtschaftswerten gemäß § 125 BewG abzuleiten (§ 13a Abs. 5 S. 2 EStG). Sondergewinne ergeben sich aus § 13a Abs. 6 EStG.

cc) Einnahmen- und Überschussrechnung

Bei der Einnahmen- und Überschussrechnung ergeben sich bei einem landwirtschaftlichen Unternehmen keinerlei Unterschiede zu anderen Unternehmensbranchen.

c) Die Umsatzbesteuerung in der Land- und Forstwirtschaft

Gemäß § 24 Umsatzsteuergesetz (UStG)[578] haben Land- und Forstwirte die Möglichkeit der Umsatzsteuerpauschalierung. Es handelt sich dabei um eine Vereinfachung und Entlastung der Betriebe von der Belegführung und von besonderen Aufzeichnungspflichten.[579] Weiterhin findet eine Gleichsetzung der Vorsteuerbeträge statt, so dass eine Vielzahl der Betriebe vollständig von der Umsatzsteuer entlastet wird.[580]

d) Geschäftsjahr

Die Vorschrift des § 155 Abs. 2 S. 1 InsO findet in der Insolvenz bei Betrieben, die Einkünfte aus Land- und Forstwirtschaft erzielen, keine Anwendung. Für den Gewinnermittlungszeitraum gelten die Regelungen des § 4a Abs. 1 S. 2 Nr. 1 und Nr. 3 EStG.[581]

7. Zwischenergebnis

Die Fortführung eines landwirtschaftlichen Unternehmens als Möglichkeit der Verfahrensgestaltung über den Berichtstermin hinaus erfordert einen entsprechenden Beschluss der Gläubigerversammlung. Die Fortführung ist nur dann möglich, wenn der Betrieb über ausreichend Betriebsmittel verfügt. Für eine

---

578 Umsatzsteuergesetz (UStG) in der Fassung der Bekanntmachung vom 21. 2. 2005 (BGBl. I S. 386), zuletzt geändert durch Art. 2 Gesetz zur Änderung des Gemeindefinanzreformgesetzes und von steuerlichen Vorschriften vom 8. 5. 2012 (BGBl. I S. 1030).
579 *Hartmann* in: Dombert/Witt, MAH-Agrarrecht, § 25 Rn. 68.
580 Vgl. Fn. 579.
581 *Busch/Winkens*, Insolvenzrecht und Steuern visuell, B.II 4.2, S. 99.

Reorganisation ist es daher erforderlich, dass die Gläubiger auf ihre Sicherheiten zunächst verzichten, damit ein „Auseinanderfallen" des Betriebes verhindert wird. In einem in der Krise befindlichen Landwirtschaftsunternehmen wird in der Regel sowohl das Anlage- als auch das Umlaufvermögen überwiegend durch Kreditinstitute und Futter- und Düngemittellieferanten besichert sein, so dass der Insolvenzverwalter zunächst Einigung über die Fortführung erzielen muss.

Ein weiteres Erfordernis für eine erfolgreiche Fortführung liegt in der Mitwirkung des Schuldners. Das landwirtschaftliche Unternehmen ist durch die Höchstpersönlichkeit seiner Betriebsführung geprägt, da in vielen Fällen der Landwirt und seine Familie als alleinige Arbeitskräfte in Frage kommen. Überwiegend wird auch der persönliche Wohnort mit der Betriebsstätte identisch sein, was insbesondere bei viehhaltenden Betrieben auch erforderlich ist. Neben der fehlenden Sachkunde ist auch die Entfernung des Insolvenzverwalters und seiner Mitarbeiter ein Problem, eine gewinnbringende Fortführung zu ermöglichen. Der Insolvenzverwalter sollte daher eine Aufsichts- und Überwachungsfunktion übernehmen und den operativen Geschäftsbetrieb dem Schuldner überlassen. Noch deutlicher wird dieses Erfordernis bei der Fortführung von Biogasanlagen. Aus öffentlich-rechtlichen Vorschriften ergibt sich bei Anlagen, die nach bundes-immissionsschutz- oder baurechtlichen Regelungen errichtet wurden, die Abhängigkeit zum Betriebsleiter des landwirtschaftlichen Basisbetriebes (§ 35 Abs. 1 Nr. 6 BauGB). Diese Abhängigkeit muss auch dann gegeben sein, wenn die Anlage unter Beteiligung weiterer Landwirte in einer Gesellschaft betrieben wird. Da die Insolvenz der Biogasanlage nicht zwingend auch die Insolvenz des landwirtschaftlichen Basisbetriebes zur Folge hat, ist die Mitwirkung des Landwirts dieses Betriebes aufgrund der fehlenden Personenidentität bei Fortführung durch den Insolvenzverwalter erforderlich. Abhängig von der konkreten Ausgestaltung der Genehmigung, wird diese entweder bei Formulierung einer entsprechenden Nebenbestimmung mit dem Wegfall der Privilegierungsvoraussetzung unwirksam oder kann unter den Voraussetzungen des § 49 Abs. 2 Nr. 3 VwVfG widerrufen werden. Eine weitere Voraussetzung besteht in einer nachhaltigen und dauerhaften Fortführung der Anlage, die nur bei Nachweis ausreichender Verfügbarkeit von Substraten möglich ist. Eine rechtzeitige Absprache mit der Genehmigungsbehörde ist in diesen Fällen dringend zu empfehlen.

Die Fortführung ist weiterhin von Haftungstatbeständen geprägt, die zum einen die Masse belasten, zum anderen aber auch eine persönliche Haftung des Insolvenzverwalters auslösen können. In der Landwirtschaft ist die umweltrechtliche Haftung besonders hervorzuheben, da die Nutzung der Bodenfruchtbarkeit unwillkürlich auch eine Gefährdung der natürlichen Ressourcen zur Folge hat. Das Agrarumweltrecht steht mithin in einem ständigen Spannungsfeld zur Landwirtschaft. Erschwerend kommt hinzu, dass im Hinblick auf die Diskrepanzen zwischen dem Insolvenzrecht und dem Umweltrecht weder durch den Gesetzgeber noch durch die Gerichte bislang befriedigende Lösungen herausgearbeitet werden konnten. Im Ergebnis kommt eine Haftung der Insolvenzmasse für Beseitigungskosten oder die Kosten der Ersatzvornahmehandlungen der Behörden für Störungen und Gefahren nach Insolvenzeröffnung in Betracht. Aber auch für vorinsolvenzliche Maßnahmen haftet die Insolvenzmasse, wenn die Störerauswahl der Behörde ermessensfehlerfrei auf den Grundsätzen der Zustandsverantwortlichkeit beruht. Hierbei sind allerdings das jeweilige Recht und seine Voraussetzungen zu würdigen. Ist die Haftung beispielsweise an die Betreiberstellung gebunden, so muss zunächst eine Inbetriebnahme durch den Insolvenzverwalter erfolgt sein. Ist die Verantwortlichkeit bereits an die tatsächliche Sachherrschaft gebunden, so sind keine weiteren Handlungen des Insolvenzverwalters erforderlich. Zwischen den obersten Gerichten der Zivil- und der Verwaltungsgerichtsbarkeit besteht allerdings mittlerweile insoweit Einigkeit, als dass der Insolvenzverwalter die Inanspruchnahme der Insolvenzmasse durch Erklärung der Freigabe schützen kann, soweit keine Regelungen aus den Spezialgesetzen entgegenstehen. Eine weitere Verschärfung der agrarumweltrechtlichen Haftungstatbestände ist seit Inkrafttreten des Umweltschadensgesetzes gegeben. Dieses sieht für besonders schützenswerte Arten und Gebiete verschuldensunabhängige Haftungstatbetände vor, die auch nur teilweise versicherbar sind.

Auch bei viehhaltenden Betrieben existieren zahlreiche Regelungen, bei deren Verstoß eine Haftung der Insolvenzmasse in Frage kommt. Dabei geht es um die Anforderungen an die Haltung der jeweiligen Tierarten, an den Transport sowie an den Umgang mit Tierseuchen und der Verabreichung von Tierarzneimitteln.

Nicht nur die Haftung der Insolvenzmasse, sondern auch eine persönliche Haftung des Insolvenzverwalters können Verstöße gegen die Pflicht zur handels- und steuerrechtlichen Rechnungslegung zur Folge haben. Insoweit existieren im Einkommenssteuer- und im Umsatzsteuerrecht zahlreiche Besonderheiten in der Besteuerung von land- und forstwirtschaftlichen Sachverhalten.

Zusammenfassend erfordert die Fortführung eines Landwirtschaftsunternehmens umfassende Kenntnisse in diesem Bereich. Hinzu kommt ein erhebliches Haftungsrisiko der Insolvenzmasse. Dennoch können die Betriebsstrukturen so unterschiedlich gestaltet sein, dass eine schematische Herangehensweise nicht möglich und auch nicht empfehlenswert ist. Bei Betrieben, die durch die Höchstpersönlichkeit des Betriebsleiters und die örtliche Nähe geprägt sind, ist bei einer beabsichtigten Fortführung auf dessen Einbindung zu achten. In jedem Fall sollte sich der Insolvenzverwalter sofort ein Bild über die tatsächlichen Umstände des insolventen Betriebes machen. Gelegentlich lässt bereits das äußere Erscheinungsbild einen Rückschluss auf etwaige Haftungstatbestände zu. Dies gilt insbesondere für die Anforderungen an eine artgerechte Viehwirtschaft.

III. Die Verwertung des landwirtschaftlichen Unternehmens

Gemäß § 159 InsO hat der Insolvenzverwalter nach dem Berichtstermin „unverzüglich" das zur Insolvenzmasse gehörende Vermögen zu verwerten, soweit dies dem Beschluss der Gläubigerversammlung entspricht. Verwertung bedeutet, dass aus der Insolvenzmasse ein Geldbetrag erlöst wird, der an die Gläubiger verteilt werden kann. Da die Form der Verwertung in der Insolvenzordnung nicht vorgeschrieben ist, kann der Insolvenzverwalter alle möglichen Maßnahmen nach seinem pflichtgemäßen Ermessen ergreifen, wobei er die Insolvenzmasse so günstig wie möglich verwerten muss.[582] Die Verwertung kann entweder durch die Zerschlagung des schuldnerischen Unternehmens und die Veräußerung einzelner Vermögensgegenstände oder auch im Wege der so genannten „übertragenden Sanierung" erfolgen.[583]

1. Die Verwertung einzelner Vermögensgegenstände

Die Verwertung einzelner Vermögensgegenstände erfolgt durch freihändige Veräußerung oder aber durch öffentliche Versteigerung (§ 383 Abs. 3 BGB).[584] Das gilt auch für Gegenstände, an denen Absonderungsrechte bestehen. Gemäß §§ 165 ff. InsO hat der Insolvenzverwalter die ausschließliche Befugnis, Gegenstände, an denen Absonderungsrechte bestehen, zu nutzen und zu verwerten. Die Gläubiger haben gemäß § 168 InsO lediglich die Gelegenheit, nach Mitteilung über die Art und Weise der Verwertung binnen einer Woche auf für die Gläubiger günstigere Verwertungsmöglichkeiten hinzuweisen. Für die Feststellung des Absonderungsrechts und Verwertung des Absonderungsgutes durch den Insolvenzverwalter kann dieser gemäß §§ 170 ff. InsO die dafür gesetzlich vorgesehenen Pauschalen vom Verwertungserlös abziehen und zur Insolvenzmasse ziehen. Unbewegliches Vermögen kann der Insolvenzverwalter mit Zustimmung des Grundpfandgläubigers entweder freihändig oder im Wege der Zwangsversteigerung oder der Zwangsverwaltung verwerten, wobei im Rahmen einer zwangs-

582 *Flessner* in: Kreft, InsO, § 159 Rn. 8.
583 *Smid*, Praxishandbuch Insolvenzrecht, § 24 Rn. 3.
584 Vgl. Fn. 582.

weisen Verwertung keine Kostenpauschale im Sinne der §§ 170 ff. InsO an die Insolvenzmasse abzuführen ist.

2. Die Verwertung durch Nutzung der Massegegenstände

Die Verwertung kann auch durch Nutzung der Massegegenstände erfolgen, etwa bei Fortführung des Unternehmens, durch Vermietung und Verpachtung oder durch Einräumung eines Nießbrauchs, soweit sichergestellt ist, dass der Gegenstand am Ende der Nutzung veräußert wird.[585] Ansonsten kann die Begründung eines Nutzungsverhältnisses nur als Verwaltung der Insolvenzmasse zulässig sein.[586] Die Verwertung durch Nutzung der Massegegenstände bietet sich bei einer landwirtschaftlichen Insolvenz zunächst an, um eine ordnungsgemäße Bewirtschaftung der Flächen und Versorgung von Tieren zu gewährleisten verbunden mit dem Ziel, den insolventen Betrieb langfristig zu veräußern.

3. Die Verwertung durch eine „Unternehmensveräußerung im Ganzen"

Der Insolvenzverwalter kann die Masseverwertung auch dergestalt vornehmen, dass er die Insolvenzmasse zusammenhängend als Gesamtheit, beziehungsweise das Unternehmen „als Ganzes" veräußert. Aufgrund der Bedeutsamkeit einer „Unternehmensveräußerung im Ganzen", bedarf diese gemäß § 160 Abs. 2 Nr. 1 InsO der Zustimmung der Gläubiger, da vor allem die Gläubigerseite beurteilen soll, ob in dieser Art der Verwertung ein Vorteil gegenüber einer Einzelveräußerung der Massegegenstände zu sehen ist.[587] Die „Unternehmensveräußerung im Ganzen" wird auch als „übertragende Sanierung" bezeichnet, da der schuldnerische Betrieb fortgeführt, aber der Rechtsträger aufgelöst wird.

Der von *Karsten Schmidt*[588] geprägte Begriff der „übertragenden Sanierung" ist kein feststehender Rechtsbegriff. Unter einer übertragenden Sanierung versteht man die Übernahme der betrieblichen und nicht der rechtlichen Einheit auf einen neuen oder bestehenden Unternehmensträger, auf den alle einzelnen Vermögensstücke übertragen werden, während die Verbindlichkeiten bei dem insol-

---

585 Vgl. Fn. 582.
586 Vgl. Fn. 582.
587 *Esser* in: Braun, InsO, § 160 Rn. 10.
588 *Karsten Schmidt*, Organverantwortlichkeit und Sanierung im Insolvenzrecht der Unternehmen, ZIP 1980, S. 328 (336).

venten Unternehmen verbleiben.[589] So kann im Insolvenzfall eine Trennung von Unternehmen und Unternehmensträger dergestalt vorgenommen werden, dass die zur erfolgreichen Fortführung des Unternehmens gehörenden Vermögensgegenstände von den bei dem Unternehmensträger verbleibenden Schulden gelöst werden.[590] Insofern handelt es sich um ein rechtliches Instrumentarium einer Reorganisation und Sanierung. Dennoch ist diese Art der Sanierung durch die Veräußerung des Betriebes oder von Betriebsteilen an verfahrensfremde Dritterwerber oder die Gründung von Auffanggesellschaften durch sanierungswillige Investoren geprägt und damit eine Verwertungshandlung. Es wird das Unternehmen als Ganzes veräußert und der Verkaufserlös zur Befriedigung der Gläubiger verwendet.[591] Der Begriff der Sanierung erscheint daher in diesem Zusammenhang eher irreführend, wenn man voraussetzt, dass ein erfolgreiches Ergebnis einer übertragenden Sanierung gerade nicht bei dem alten Unternehmen, sondern bei dem neuen Rechtsträger entsteht. Der entscheidende Vorteil der übertragenden Sanierung liegt in dem zeitlichen Aspekt, da sie bereits im Insolvenzantragsverfahren umzusetzen ist.[592] Das größte Problem der übertragenden Sanierung ist hingegen in der Preisfindung zu sehen. Sie kann als Form der Liquidation nur dann akzeptabel sein, wenn wenigstens der Zerschlagungswert in die Masse fällt, wobei der Insolvenzverwalter stets darum bemüht sein sollte, eine Annäherung an den Fortführungswert des Unternehmens zu erreichen.[593]

Der Erwerb aus der Insolvenzmasse im Rahmen der übertragenden Sanierung beinhaltet auch für den Käufer Vorteile, da dieser die Verbindlichkeiten des Unternehmens nicht übernehmen muss, denn § 25 HGB findet in diesem Fall gerade keine Anwendung.[594] Ferner wird gemäß § 75 Abs. 2 AO die Haftung des Betriebserwerbers für Betriebssteuern ausgeschlossen, wenn der Erwerb aus der Insolvenzmasse stattfindet.

Die Veräußerung des Unternehmens im Ganzen wird in der Landwirtschaftsinsolvenz eine große Rolle spielen, da es sich häufig um eine wirtschaftliche und attraktive Lösung handelt, wenn kurzfristig ein Erwerber zu finden ist, weil eine entsprechende Nachfrage vorhanden ist. Dies ist derzeit für Landwirtschaftsunternehmen der Fall, vor allem, wenn Grund und Boden vorhanden ist.

Im Folgenden werden die typischerweise bei dem Erwerb eines landwirtschaftlichen Betriebes oder einzelner Wirtschaftsgüter auftauchenden Fragestel-

---

589 Vgl. *Jaffe*, in: FK-InsO, § 220 Rn. 26; *Wellensiek*, Übertragende Sanierung, NZI 2002, S. 233 ff.
590 *Wellensiek*, (vgl. Fn. 589), S. 235.
591 Vgl. hierzu ausführlich: *Wellensiek*, (vgl. Fn. 589).
592 *Bernsau* in: Bernsau/Höpfner/Rieger/Wahl, Handbuch der übertragenden Sanierung, S. 32.
593 Vgl. *Uhlenbruck* in: Uhlenbruck, InsO, § 159 Rn. 29.
594 BGH, Urt. v. 11. 4. 1988 – AZ.: II ZR 313/87 –, ZIP 1988, S. 727.

lungen und Besonderheiten aufgezeigt. Dabei geht es um die Positionen wie Eigentums- und Pachtflächen, um die Milchquote und um Zahlungsansprüche sowie um Nachabfindungsansprüche weichender Erben im Anwendungsbereich der Höfeordnung. Diese Positionen können sowohl bei der Verwertung einzelner Vermögensgegenstände als auch im Rahmen der Unternehmensveräußerung im Ganzen relevant werden.

a) „Asset Deal" oder „Share Deal"

In rechtlicher Hinsicht wird auch bei der Übernahme von Landwirtschaftsunternehmen im Wesentlichen zwischen dem Erwerb einzelner Wirtschaftsgüter (Asset Deal) und dem Beteiligungserwerb (Share Deal) unterschieden.

Die Übertragung erfolgt bei einem „Asset Deal" durch Übereignung sämtlicher Vermögensgegenstände. Bei dieser Übertragungsform werden die einzelnen Vermögensgegenstände des Unternehmens einzeln an den Erwerber veräußert. Bei einem Unternehmenskauf in der Landwirtschaft gehören dazu regelmäßig die im Eigentum des Veräußerers befindlichen Grundstücke nebst aufstehenden Gebäuden und dem gesetzlichen Zubehör, die Pachtrechte des Veräußerers, der Tierbestand, das gesamte Sachanlagevermögen, bestehend aus Betriebsvorrichtungen und Hoftechnik, aus Feldinventar, Futtervorräten und aus Betriebsmitteln, Zahlungsansprüchen nach der EU-Agrarreform, aus der Milchreferenzmenge sowie sonstigen Lieferrechten.[595] Bei einem insolventen Unternehmen kann allerdings davon ausgegangen werden, dass nur wenige unbelastete Wirtschaftsgüter vorhanden sind. Aus diesem Grunde ist bei einem „Asset Deal" auch die Zustimmung der einzelnen Sicherungsnehmer erforderlich. In der Regel wird die „übertragende Sanierung" dergestalt durchgeführt, dass die Aktiva vom Krisenunternehmen getrennt und durch Einzelrechtsnachfolge (Kaufvertrag, Abtretung) auf den Investor übertragen werden und der vom Investor als Gegenleistung zu zahlende Kaufpreis zur Befriedigung der Gläubiger dient. Das eigentliche Krisenunternehmen wird der Liquidation zugeführt und erlischt.[596]

Sofern es sich um Landwirtschaftsunternehmen handelt, die als Gesellschaft organisiert sind, kann die Übereignung auch durch die Übertragung von Gesellschaftsanteilen stattfinden (Share Deal). Bei einem „Share Deal" besteht der insolvente Unternehmensträger fort, wenn auch in einer anderen Gesellschafterzusammensetzung. Ein solcher „Share Deal" ist in der Folge für den Investor nur dann interessant, wenn der Insolvenzgrund durch Eigenleistung der Altgesell-

---

595 *Hahn* in: Dombert/Witt, MAH-Agrarrecht, § 9 Rn. 75.
596 *Tautorus/Janner* in: Nerlich/Kreplin, MAH-Sanierung und Insolvenz, § 20 Rn. 11.

schafter oder durch Kapitalzufuhr der Investoren überwunden werden kann und die Fortführungs- und Fortbestehungsprognose positiv ist. Da es sich dann nicht mehr um eine Verwertung des Unternehmens im eigentlichen Sinne handelt, wird der „Share Deal" nicht weiter erörtert.

Die angemessene Kaufpreisfindung bildet den Schwerpunkt der übertragenden Sanierung. Auch wenn alle wesentlichen Wirtschaftsgüter übertragen werden, ändern sich beispielsweise ständig die Forderungen und Verbindlichkeiten, so dass eine Vorhersehbarkeit der Unternehmenserträge nicht prognostizierbar ist. In der Praxis werden die Parteien versuchen, den Verkehrswert zu ermitteln, welcher sich in der Regel im Rahmen des Vergleichswertverfahrens an den Kaufpreisen ähnlich gehandelter Landwirtschaftsunternehmen orientiert.[597]

b) Einfluss des Grundstücksverkehrsgesetzes
aa) Sachlicher Anwendungsbereich

Das Grundstücksverkehrsgesetz (GrdstVG)[598] normiert in § 2 GrstVG, dass die rechtsgeschäftliche Veräußerung landwirtschaftlicher Grundstücke und der schuldrechtliche Vertrag hierüber grundsätzlich der Genehmigung bedürfen. Danach sind regelmäßig der rechtsgeschäftliche Kaufvertrag und die Auflassung als dingliches Rechtgeschäft genehmigungspflichtig. Aufgrund der Sorge, dass eine uneingeschränkte Veräußerungsmöglichkeit zu einer unwirtschaftlichen Zerstückelung von landwirtschaftlichem Grundeigentum, zu einer Verschuldung von Betrieben oder zu einem Wechsel von landwirtschaftlichem Grund und Boden in die Hände von Nichtlandwirten führen könnte, sah sich der Gesetzgeber veranlasst, das Genehmigungserfordernis einzuführen.[599]

Gemäß § 2 Abs. 3 Nr. 2 GrdstVG ist den Ländern allerdings die Möglichkeit eröffnet worden, Veräußerungen von Grundstücken bis zu einer gewissen Größe von der Genehmigungspflicht auszunehmen.[600]

---

597 *Hahn* in: Dombert/Witt, MAH-Agrarrecht, § 9 Rn. 8.
598 GrdstVG vom 28. 7. 1961, BGBl. I S. 1091. Nach Art. 8 des Einigungsvertrages gilt das GrdstVG seit dem 3. 10. 1990 auch in den neuen Bundesländern ohne Einschränkungen.
599 *Turner/Böttger/Wölfle*, Agrarrecht, S. 30.
600 Folgende Länder haben abweichende Genehmigungsfreigrenzen geregelt:
   − Baden-Württemberg, Bremen, Hessen, Thüringen bis zu 0,25 ha
   − Bayern, Mecklenburg-Vorpommern, Sachsen-Anhalt, Schleswig-Holstein bis zu 2,0 ha
   − Berlin, Hamburg, Niedersachsen, Nordrhein-Westfalen, Sachsen, Brandenburg bis zu 1,0 ha
   − Rheinland-Pfalz bis zu 0,5 ha
   − Saarland bis zu 0,15 ha.
   vgl. hierzu *Booth* in: Dombert/Witt, MAH-Agrarrecht, § 8 Rn. 161.

bb) Genehmigungsfreie Rechtsgeschäfte

Gemäß § 4 GrdstVG sind bestimmte Rechtsgeschäfte von vornherein genehmigungsfrei, was bedeutet, dass sie weder der Genehmigungspflicht unterliegen noch einem Genehmigungsverfahren.[601]

cc) Formale Genehmigungspflicht

§ 8 GrdstVG enthält Tatbestände, bei deren Vorliegen zwingend eine Genehmigung erteilt werden muss. Danach ist für die hier genannten Tatbestände zwar ein Genehmigungsverfahren durchzuführen, die Behörde ist jedoch bei Vorliegen der Voraussetzungen verpflichtet, die Genehmigung zu erteilen.[602]

---

601 Genehmigungsfreie Rechtsgeschäfte liegen vor, wenn:
- der Bund oder ein Land als Vertragsteil an der Veräußerung beteiligt ist;
- eine mit den Rechten einer Körperschaft des öffentlichen Rechts ausgestattete Religionsgemeinschaft ein Grundstück erwirbt, es sei denn es handelt sich um einen vollständigen land- oder forstwirtschaftlichen Betrieb;
- die Veräußerung oder die Ausübung des Vorkaufrechtes der Durchführung eines Flurbereinigungsverfahrens, eines Siedlungsverfahrens oder eines Verfahrens nach § 37 des Bundesvertriebenengesetzes dient;
- Grundstücke im räumlichen Geltungsbereich eines Bebauungsplanes im Sinne des § 30 BauGB veräußert werden – es sei denn, es handelt sich um eine Wirtschaftsstelle eines land- oder forstwirtschaftlichen Betriebes oder um Grundstücke, die im Bebauungsplan als Grundstücke im Sinne des § 1 ausgewiesen sind;
- eine Veräußerung bereits nach dem „Bayerischen Almgesetz" vom 28. April 1932 genehmigt ist;
- eine Veräußerung gemäß § 3 AusglLeistG vorgenommen wird. Dafür unterliegen diese Grundstücke, die nach § 3 AusglLeistG erworben wurden, einer grundstücksverkehrsrechtlichen Bindung, indem sie vor Ablauf von 15 Jahren nicht ohne Genehmigung der zuständigen Behörde veräußert werden dürfen. Die Genehmigung ist nur unter der Voraussetzung zu erteilen, dass ein über den Erwerbspreis hinausgehender Erlös der BVVG zugeführt wird.

602 Dies ist insbesondere der Fall, wenn:
- eine Gemeinde oder ein Gemeindeverband an der Veräußerung beteiligt ist, das veräußerte Grundstück im Gebiet der beteiligten Gemeinde oder des beteiligten Gemeindeverbundes liegt und durch einen Bauleitplan im Sinne von § 1 Abs. 2 BauGB nachgewiesen wird, dass das Grundstück für andere als die in § 1 bezeichneten Zwecke vorgesehen ist, Bauleitplan im Sinne dieser Vorschrift ist auch ein Flächennutzungsplan;
- ein land- oder forstwirtschaftlicher Betrieb geschlossen veräußert oder im Wege der vorweggenommenen Erbfolge übertragen wird oder an einem Grundstück ein Nießbrauch bestellt wird und der Erwerber oder Nießbraucher entweder der Ehegatte des Eigentümers oder mit dem Eigentümer in gerader Linie oder bis zum dritten Grad in der Seitenlinie verwandt oder bis zum 2. Grade verschwägert ist;
- ein gemischter Betrieb insgesamt veräußert wird und die landwirtschaftliche Fläche nicht die Grundlage für eine selbstständige Existenz bietet;

dd) Versagungsgründe gemäß § 9 GrdstVG

§ 9 GrdstVG enthält eine abschließende Aufzählung von Versagungsgründen, ergänzt um §§ 11, 12 GrdstVG, die eine Einschränkung der Genehmigung durch Auflagen und Bedingungen vorsehen.[603]

Für die Verwertung im Rahmen des Insolvenzverfahrens sind alle drei in § 9 Abs. 1 Nr. 1–3 GrdstVG genannten Fälle von Bedeutung und schränken die Verwertungsmöglichkeiten des Insolvenzverwalters ein.

Eine ungesunde Verteilung des Grund und Bodens gemäß Nr. 1 ist nach ständiger Rechtsprechung immer dann anzunehmen, wenn der Erwerber der Grundflächen kein Landwirt oder ein nicht leistungsfähiger Nebenerwerbslandwirt ist, aber ein leistungsfähiger Nebenerwerbslandwirt oder ein Haupterwerbslandwirt die Flächen zur Aufstockung seines Betriebes benötigt und sowohl bereit als auch wirtschaftlich fähig ist, die Flächen zu erwerben.[604]

Weiterhin ist eine Versagung oder Einschränkung der Genehmigung bei einer unwirtschaftlichen Verkleinerung und Aufteilung von Grundstücken möglich, wobei § 9 Abs. 3 GrdstVG vier gesetzliche Regelbeispiele enthält. Bei der Verwertung einzelner Flurstücke, die räumlich oder wirtschaftlich zusammenhängen, kann es sich um eine unwirtschaftliche Verkleinerung handeln, was zu einer Versagung der Genehmigung führen kann. Die „Unwirtschaftlichkeit" gemäß § 9 Abs. 3 GrdstVG kann dabei sowohl auf betriebswirtschaftlichen als auch auf volkswirtschaftlichen Gründen beruhen.[605] Dabei ist die Frage der Unwirtschaft-

---

- die Veräußerung einer Grenzverbesserung dient;
- Grundstücke zur Verbesserung der Landbewirtschaftung oder aus anderen volkswirtschaftlich gerechtfertigten Gründen getauscht werden und ein etwaiger Geldaustausch nicht mehr als ein Viertel des höheren Grundstückswertes ausmacht;
- ein Grundstück zur Vermeidung einer Enteignung oder einer bergrechtlichen Grundabtretung an denjenigen veräußert wird, zu dessen Gunsten es enteignet werden könnte oder abgetreten werden müsste, oder ein Grundstück an denjenigen veräußert wird, der das Eigentum aufgrund gesetzlicher Verpflichtungen übernehmen muss;
- Ersatzland erworben wird.

603 Danach kann eine Genehmigung nur dann entweder versagt bzw. mit Auflagen oder Bedingungen versehen werden, wenn Tatsachen vorliegen, aus denen sich ergibt, dass:
- die Veräußerung eine ungesunde Verteilung des Grund und Bodens bedeutet oder
- durch die Veräußerung des Grundstücks oder einer Mehrheit von Grundstücken, die räumlich oder wirtschaftlich zusammenhängen und dem Veräußerer gehören, diese unwirtschaftlich verkleinert oder aufgeteilt werden oder
- der Gegenwert in einem groben Missverhältnis zum Wert des Grundstücks steht.

604 Vgl. BGH NJW-RR 2006, S. 1245; OLG Sachsen-Anhalt, NL-BzAR 2008, S. 497 ff.; OLG Brandenburg, RdL 2009, S. 185; OLG Oldenburg, Beschl. v. 2. 7. 2009 – AZ.: 10 W 2/09 –; vgl. *Booth* in: Dombert/Witt, MAH-Agrarrecht, § 8 Rn. 222.

605 *Booth* in: Dombert/Witt, MAH- Agrarrecht, § 8 Rn. 255.

lichkeit sowohl aus Sicht des Veräußerers als auch aus Erwerbersicht zu beurteilen. So kann eine unwirtschaftliche Verkleinerung des Schuldnerbetriebes eine sinnvolle Zusammenführung des Erwerberbetriebes zur Folge haben.[606]

Von weiterer Bedeutung ist der Versagungstatbestand des § 9 Abs. 1 Nr. 3 GrdstVG, der bei einem groben Missverhältnis zwischen Wert des Grundstücks und Gegenwert vorliegt. Hintergrund ist die Verhinderung spekulativer Auswüchse bei der Preisbildung von land- und forstwirtschaftlichen Grundstücken.[607] Nach der Rechtsprechung des Bundesgerichtshofes wird in diesem Zusammenhang auf den Verkehrswert des Grundstücks abgestellt, so dass die Regelung des § 194 BauGB Anwendung findet.[608] Ein grobes Missverhältnis ist nach Rechtsprechung des Bundesgerichtshofes dann anzunehmen, wenn die Gegenleistung den Wert des Grundstücks erheblich übersteigt, was bei einem Kaufpreis, der 50 % über dem Verkehrswert liegt, der Fall sein soll.[609]

Der Versagungstatbestand erscheint vor dem Hintergrund der derzeitigen Marktentwicklungen und dem vorherrschenden Prinzip der freien Marktwirtschaft fragwürdig. Im Falle der Insolvenz würde unter Umständen bei einer isolierten Betrachtung eine bestmögliche Verwertung aufgrund einer möglichen Versagung der Genehmigung nicht möglich sein. Nach Rechtsprechung und Literaturmeinungen wird allerdings die Ansicht vertreten, dass eine Versagung gemäß § 9 Abs. 1 Nr. 3 GrdstVG dann nicht erteilt werden darf, wenn es sich bei dem Erwerber um einen hauptberuflichen Landwirt handelt.[610]

Bei der Veräußerung landwirtschaftlicher Flächen hat der Insolvenzverwalter daher bereits bei der Erwerberauswahl darauf zu achten, dass keine offensichtlichen Gründe vorliegen, die zu einer Versagung der Genehmigung führen können.

c) Veräußerung eines Milchproduktionsbetriebes an eine natürliche Person

Soweit der Insolvenzverwalter im Rahmen der Betriebsveräußerung im Ganzen seine gesamte Milchreferenzmenge übertragen will, ist dies möglich, soweit die Vorschriften der Milchquotenverordnung eingehalten werden.

Für den Fall der Übertragung gesamter Milchviehbetriebe enthalten die §§ 22, 23 MilchQuotV Ausnahmen von dem grundsätzlichen Verpachtungsverbot und vom Börsenzwang. Danach können Milchquoten durch schriftliche Vereinbarung auf eine natürliche oder juristische Person übertragen werden, soweit ein gesam-

---

606 Vgl. Fn. 605, Rn. 255 ff.
607 Vgl. Fn. 605, Rn. 258.
608 BGH, Beschl. 2. 7. 1968 – AZ.: VBLw 10/68 –, NJW 1968, S. 2056.
609 Vgl. Fn. 607.
610 OLG Stuttgart RdL 1980, S. 135, *Netz*, Grundstücksverkehrsgesetz, S. 467 ff.

ter Betrieb, der als selbständige Produktionseinheit weiter bewirtschaftet wird, übertragen wird. Bei der übertragenden Sanierung eines Milchviehbetriebes wird in den meisten Fällen gleichzeitig die Übertragung der Milchquote erfolgen, um die Milchproduktion nicht aufgeben zu müssen und dem Erwerber die Möglichkeit zu geben, die Milchquote weiterhin zu bemelken. Die Veräußerung eines gesamten Milchproduktionsbetriebes ist gemäß § 22 Abs. 3 MilchQuotV davon abhängig, dass der Erwerber für die Dauer von mindestens einem Milchwirtschaftsjahr den erworbenen Betrieb weiter als selbstständige Einheit zur Milcherzeugung bewirtschaftet. Die Milchquote kann nur auf dem übernommenen Betrieb weiterhin bemolken werden. Da die Übertragung von der entsprechenden Erteilung einer Bescheinigung durch die zuständige Landesstelle abhängig ist (§ 27 MilchQuotV), wird der Kaufvertrag häufig eine aufschiebende Bedingung enthalten, wonach die Wirksamkeit von der Erteilung der Übertragungsbescheinigung abhängen soll.

d) Einbringung eines Milchproduktionsbetriebes in eine Gesellschaft

Handelt es sich bei dem Übernehmenden um eine bestehende oder neu zu gründende Gesellschaft, gilt hinsichtlich der Übertragung der Milchquote, dass diese durch schriftliche Vereinbarung direkt an die Gesellschaft übertragen werden kann. Eine Übertragung gemäß §§ 22 Abs. 1 in Verbindung mit § 23 Abs. 1 MilchQuotV ist allerdings nur dann möglich, wenn der übertragende schuldnerische Landwirt für ein weiteres Milchwirtschaftsjahr seine nachhaltige persönliche Arbeitsleistung zur Erfüllung des Gesellschaftszweckes erbringt und einen entsprechenden Nachweis hierüber führt, wobei die bloße Gesellschafterstellung nicht ausreichend ist. Sollte der zu übertragende landwirtschaftliche Betrieb in der Rechtsform einer Gesellschaft geführt worden sein, so sind sämtliche Gesellschafter gemäß § 23 Abs. 3 MilchQuotV verpflichtet, Gesellschafter der neuen Gesellschaft zu bleiben.

In der Konsequenz ist eine übertragende Sanierung durch Einbringung des Betriebes in eine Gesellschaft im Rahmen der Insolvenz nur dann möglich, wenn der schuldnerische Landwirt insoweit mitwirkt, als dass er sich verpflichtet, für den gesetzlich vorgesehenen Mindestzeitraum seine Arbeitskraft der Gesellschaft zur Verfügung zu stellen.

e) Übertragung der Zahlungsansprüche

Mit der Veräußerung eines landwirtschaftlichen Betriebes werden üblicherweise auch die Zahlungsansprüche einschließlich eventueller betriebsindividueller Zuschläge übertragen, soweit diese nicht vorinsolvenzlich anderweitig veräußert oder verpfändet worden sind.[611] Insofern tritt der Schuldner an den Erwerber sämtliche ihm zugeteilten Zahlungsansprüche ab. Darüber hinaus hat der Schuldner bzw. der Insolvenzverwalter die behördlichen Erklärungen abzugeben und die Zahlungsansprüche in der Datenbank für die Umschreibung auf den Käufer bereitzustellen. Dem Insolvenzverwalter und dem Erwerber sollte in diesem Zusammenhang allerdings bewusst sein, dass die Zahlungsansprüche derzeit nur bis zum Jahr 2013 geregelt sind.[612]

f) Die Nachabfindungsansprüche weichender Erben
aa) Der Nachabfindungsanspruch gemäß § 13 HöfeO

Für den Insolvenzverwalter stellt sich im Falle der Veräußerung eines Hofes im Sinne der Höfeordnung oder wesentlicher Bestandteile hiervon die Frage, ob er den weichenden Erben des insolventen Hofübernehmers gegenüber zur Zahlung einer Nachabfindung gemäß § 13 HöfeO verpflichtet ist oder wie der Nachabfindungsanspruch rechtlich zu qualifizieren ist. Veräußert nämlich der Hoferbe innerhalb von 20 Jahren nach dem Erbfall den Hof, so können die nach § 12 HöfeO Berechtigten unter Anrechnung einer bereits empfangenen Abfindung die Herausgabe des erzielten Erlöses zu dem Teil verlangen, der ihrem nach dem allgemeinen Recht bemessenen Anteil am Nachlass oder an dessen Wert entspricht. Der Hintergrund dieser Regelung ist in der Benachteiligung der weichenden Erben im Rahmen des Abfindungsanspruches gemäß § 12 HöfeO zu sehen. Dem weichenden Erben wird im Erb- oder Übergabefall eine geringe Abfindung auf Basis des Hofeswertes zugemutet, damit der Hoferbe den Hof wirtschaftlich betreiben kann.[613]

Wenn der Betrieb oder einzelne Betriebsteile veräußert werden oder eine Nutzungsänderung vorgesehen ist, die nicht der Privilegierung der Höfeordnung entspricht, kann der höferechtliche Zweck nicht mehr erreicht werden und der Erblasser verdient insofern keinen Schutz mehr.[614] In der Konsequenz ist eine Benachteiligung der weichenden Erben nicht mehr zu rechtfertigen, so dass eine Nachabfindung erforderlich ist. Ausnahmsweise sind Veräußerungsgeschäfte dann nicht nachabfindungspflichtig, wenn diese im Rahmen einer ordnungsgemäßen Bewirtschaftung vorgenommen werden.

---

611 Vgl. hierzu ausführlich *Hahn* in: Dombert/Witt, MAH-Agrarrecht, § 9 Rn. 96 ff.
612 Vgl. Fn. 611, § 9 Rn. 98.
613 *Stöcker*, Miterbenrechte bei Betriebsaufgabe im Lichte der Entstehungsgeschichte des § 13 HöfeO neuer Fassung, MDR 1979, S. 6 ff.
614 BGH, Beschl. v. 18. 10. 1962 – AZ.: V BLw 20/62 –, BGHZ 38, S. 110 (115); BGH, Beschl. v. 15. 5. 1962 – AZ.: V BLw 21/61 –, BGHZ 37, 122 (124).

Gemäß § 13 Abs. 8 HöfeO stehen der Veräußerung die Zwangsversteigerung und die Enteignung gleich, da für den Nachabfindungsanspruch nicht ein dem Hofeigentümer vorwerfbares Verhalten, sondern ausschließlich der Wegfall des höferechtlichen Zwecks der entscheidende Faktor ist.[615] Daher ist dieser Absatz auf ähnliche Fälle analog anzuwenden.[616] Durch die Liquidation im Rahmen der Insolvenz entfällt der höferechtliche Zweck, zu dessen Erreichung von den weichenden Erben Opfer verlangt worden sind, so dass sie auch in diesem Fall dem Grunde nach nachabfindungsberechtigt sind. Insofern entspricht es der Billigkeit, die weichenden Erben rechtlich zunächst einmal so zu stellen, als wenn die Hoferbfolge nicht eingetreten und die Miterben infolgedessen am Hof dinglich beteiligt geblieben wären.[617] Für die Berechnung der Nachabfindungsfrist ist daher der Zeitpunkt des Eröffnungsbeschlusses maßgeblich.

bb) Der Nachabfindungsanspruch im System der Insolvenzordnung

Für die Insolvenzmasse ist entscheidend, ob die Nachabfindungsansprüche als Masseverbindlichkeiten zu qualifizieren sind mit der Folge, dass der Insolvenzverwalter aus dem erzielten Erlös die Nachabfindung zu leisten hat, ob es sich um Insolvenzforderungen handelt und damit Nachabfindungsberechtigte ihre Ansprüche lediglich zur Insolvenztabelle anmelden können, oder ob Nachabfindungsberechtigte außerhalb des Insolvenzverfahren ein selbstständiges Recht an dem erzielten Erlös erwerben.

(1) Nachabfindungsanspruch als Masseverbindlichkeit?

Bereits vor Eintritt des Nachabfindungsfalles hat der Nachabfindungsberechtigte ein anwartschaftsähnliches Recht, das durch die Verwirklichung des die Ergänzungspflicht auslösenden Tatbestandes zum Vollrecht in Form des konkreten Nachabfindungsanspruches erstarkt.[618] Der Rechtsgrund des Nachabfindungsanspruches ist daher bereits in dem Übergabevertrag oder in dem Erbvertrag zu sehen; er entsteht aufschiebend bedingt bis zum Zeitpunkt der auslösenden Handlung. Es handelt sich dabei um eine gesetzlich verankerte Rechtsbedin-

---

615 *Wöhrmann*, Landwirtschaftserbrecht, § 13 Rn. 63.
616 Vgl. Fn. 615.
617 Vgl. Fn. 615.
618 *Lange/Wulff/Lüdtke-Handjery*, HöfeO, § 13 Rn. 3.

gung.[619] Daher wird zwar die Fälligkeit des Nachabfindungsanspruches durch die Verwertungshandlung des Insolvenzverwalters herbeigeführt, der Anspruch ist aber bereits vor Eröffnung des Insolvenzverfahrens begründet, so dass eine Qualifikation des Nachabfindungsanspruches als Masseverbindlichkeit ausscheidet.

(2) Weichende Erben als Aussonderungsberechtigte Gläubiger?

Dem weichenden und nachabfindungsberechtigten Erben könnte aufgrund seiner Rechtsstellung ein Aussonderungsrecht zustehen, so dass der Hof im Sinne der Höfeordnung haftungsrechtlich kein Gegenstand der Insolvenzmasse ist, sondern dem Vermögen des weichenden Erben zugeordnet wird. Ein Aussonderungsrecht des weichenden Erben ist allerdings schon deshalb nicht gegeben, weil die Höfeordnung dem weichenden Erben lediglich einen Ersatzanspruch in Geld und gerade keine dingliche Rechtsbeteiligung an dem Hof selbst gewährt. Der Hof im Sinne der Höfeordnung ist in der Folge massezugehörig. Ein Aussonderungsrecht kann den Gläubigern daher nicht zustehen.

(3) Weichende Erben als absonderungsberechtigte Gläubiger?

Sollte dem weichenden Erben ein Recht auf Befriedigung aus Gegenständen zustehen, die gemäß § 49 InsO der Zwangsvollstreckung in das unbewegliche Vermögen unterliegen, stünde ihm an dem Erlös ein Absonderungsrecht zu. Zwar steht dem weichenden Erben ein Anspruch auf Beteilung am Veräußerungserlös zu, allerdings erst dann, wenn durch die Verwertungsmaßnahme ein solcher realisiert wird. Gemäß § 49 InsO in Verbindung mit §§ 10, 155 ZVG kann der Nachabfindungsanspruch nur dann zu einem Absonderungsrecht führen, wenn er bereits per Zwangshypothek Vollstreckungsreife erlangt hat. Dies ist gerade bei einer Verwertung durch den Insolvenzverwalter nicht der Fall, da das Recht, aufgrund dessen abgesonderte Befriedigung verlangt wird, bereits im Zeitpunkt der Eröffnung entstanden sein muss.

Den weichenden Erben steht somit kein Absonderungsrecht an dem Veräußerungserlös des Hofes zu.

---

619 BGH, Urt. v. 15. 5. 1963 – AZ V ZR 128/61 –, NJW 1963, S. 1616, 1617.

(4) Verwertung des Hofes außerhalb des Insolvenzverfahrens gemäß § 84 Abs. 1 S. 1 InsO?

Gemäß § 84 Abs. 1 S. 1 InsO erfolgt die Teilung oder Auseinandersetzung von Gemeinschaften außerhalb des Insolvenzverfahrens. Dies gilt auch für die Erbengemeinschaft.[620] Fraglich ist, ob die Verwertung eines Hofes im Sinne der Höfeordnung einen vergleichbaren Tatbestand beschreibt.

Die Höfeordnung sieht ihrem Sinn und Zweck nach gerade keine Erbengemeinschaft vor, denn der Gesetzgeber beabsichtigte vielmehr die Sicherstellung der geschlossenen Vererbung des Hofvermögens, um den höferechtlichen Zweck sicherzustellen. Gerade dieses gesetzgeberische Ansinnen ist im Nachabfindungsfall aber nicht mehr notwendig. Die Erben können daher die Herausgabe des erzielten Erlöses zu dem Teil verlangen, der ihrem nach dem allgemeinen Recht bemessenen Anteil am Nachlass entspricht. Faktisch wird durch den Eintritt des Nachabfindungsfalles die Situation einer Erbengemeinschaft wiederhergestellt, da die höferechtliche Privilegierung des Hoferben weggefallen ist. Im Ergebnis erscheint es daher gerechtfertigt, zwischen dem Hoferben und den weichenden Erben eine Miterbengemeinschaft anzunehmen.

Der § 84 InsO verfolgt den Zweck, dass im Rahmen des Insolvenzverfahrens nur das Vermögen der Insolvenzmasse zugeordnet wird, welches sich auch im Eigentum des Schuldners befindet. Für den Fall, dass auch schuldnerfremde Personen an dem Gegenstand dingliche Rechtspositionen geltend machen können, stellt dieser Gegenstand gerade keine freie Insolvenzmasse dar.[621] Bei der Erbengemeinschaft im Sinne des BGB erwerben die Miterben Nachlassgegenstände zur gesamten Hand. In die Insolvenzmasse eines der Miterben gehört nur dessen Anteil am Nachlass, so dass sich die deshalb erforderlich werdende Auseinandersetzung nach den §§ 2042 ff. BGB richtet.[622] Gemäß § 4 HöfeO fällt der Hof als Teil der Erbschaft kraft Gesetzes nur dem Hoferben zu. Der Hof geht kraft Gesetzes auf den Hoferben über. Dieser erwirbt Eigentum an dem Hof nebst allem, was zu der Wirtschaftseinheit gehört.[623] Damit stellt sich die Rechtslage so dar, dass zwar alle Erben ihren Erbteil an dem gesamten Nachlass einschließlich des Hofes haben, allerdings gewissermaßen eine Auseinandersetzung kraft Gesetzes erfolgt. Im Ergebnis bedeutet diese Rechtsfolge, dass bereits zur Hofüberlassung eine Auseinandersetzung der Erbengemeinschaft vollzogen wird, so dass der Hof zum Zeitpunkt der Insolvenz des Hofübernehmers bereits im Eigentum des Hof-

---

620 BGH, Urt. v. 14. 6. 1978 – AZ.: VIII ZR 149/77 –, NJW 1978, S. 1921; *Hirte* in: Uhlenbruck, InsO, § 84 Rn. 10.

621 Vgl. hierzu *Eckardt* in: Jaeger, InsO, § 84 Rn. 2.

622 *Kaiser* in: Kreft, InsO, § 84 Rn. 18.

623 *Lange/Wulff/Lüdtke-Handjery*, HöfeO, § 4 Rn. 8.

übernehmers steht und damit keine der in § 84 InsO genannten Fallgruppen vergleichbare Situation entsteht.

Eine Auseinandersetzung außerhalb des Insolvenzverfahrens gemäß § 84 InsO findet mithin nicht statt.

(5) Nachabfindungsanspruch als Insolvenzforderung gemäß § 38 InsO?

Der Gläubiger ist Inhaber einer Insolvenzforderung, wenn er zum Zeitpunkt der Verfahrenseröffnung bereits Inhaber eines begründeten Vermögensanspruches gegen den Schuldner war. Der höferechtliche Nachabfindungsanspruch könnte zunächst als höchstpersönlicher Anspruch einzuordnen sein; allerdings sind auch erbrechtliche Ansprüche, die Geldleistungen zum Gegenstand haben, als Insolvenzforderungen zu qualifizieren, soweit die übrigen Voraussetzungen vorliegen.[624] Der weichende Erbe ist jedoch nicht als persönlicher Gläubiger anzusehen, da der Schuldner nicht mit seinem gesamten Vermögen haftet, sondern vielmehr dem Wortlaut des § 13 HöfeO folgend mit dem Erlös aus der Veräußerung des Hofes oder Teilen davon. Das persönliche Gläubigerrecht zeichnet sich aber gerade dadurch aus, dass der Schuldner mit seinem gesamten Vermögen für die Verbindlichkeiten einzustehen hat.[625] In der Konsequenz haben die weichenden Erben keine Möglichkeit, einen etwaigen Nachabfindungsanspruch zur Insolvenztabelle anzumelden, da sie keine persönlichen Gläubiger sind und der Nachabfindungsanspruch somit keine Insolvenzforderung im Sinne des § 38 InsO begründet.

(6) Zwischenergebnis

Die Untersuchungen haben daher ergeben, dass die nachabfindungsberechtigten Erben keinerlei Möglichkeit haben, mit Ansprüchen, die sich aus der Verwertungshandlung des Insolvenzverwalters ergeben, am Insolvenzverfahren teilzunehmen oder sogar ihre Ansprüche gegen die Insolvenzmasse geltend zu machen.

g) Einfluss des Ausgleichsleistungsgesetzes

Mit dem Ausgleichleistungsgesetz (AusglLeistG)[626] hat der Gesetzgeber den Versuch unternommen, die Eigentumsverhältnisse in den neuen Bundesländern nach der Wiedervereinigung neu zu ordnen, indem die der Treuhandanstalt

---

624 *Weis* in: Hess/Weis/Wienberg, InsO, 2. Aufl., § 38 Rn. 31.
625 *Holzer* in: Kübler/Prütting/Bork, InsO, § 38 Rn. 5.
626 Ausgleichsleistungsgesetz in der Fassung der Bekanntmachung vom 13. 7. 2004 (BGBl I S. 1665), zuletzt geändert durch Art. 1 des Gesetzes vom 1. 3. 2011 (BGBl. I S. 450).

zugewiesenen Flächen sowie die ehemals volkseigenen Güter im Rahmen dieses Gesetzes unter bestimmten Bedingungen vergünstigt erworben werden können. Die Aufgabe der Privatisierung erhielt die Bodenverwertungs- und -verwaltungs GmbH (BVVG). Da aufgrund der ungeordneten Verhältnisse der Verkauf landwirtschaftlicher Flächen nicht erfolgen konnte, war zunächst eine langfristige Verpachtung auf Grundlage der Verpachtungsrichtlinie der BVVG vorgesehen.[627] In einer zweiten Phase sollte der Erwerb landwirtschaftlicher Flächen gemäß § 3 AusglLeistG stattfinden. Die Einzelheiten sind in der aufgrund § 3 AusglLeistG ergangenen Flächenerwerbsverordnung (FlErwV)[628] enthalten.

Danach können Pächter landwirtschaftlicher Flächen in den neuen Bundesländern vergünstigt Flächen erwerben. Berechtigt dazu sind natürliche Personen, die ihren ursprünglichen Betrieb wieder einrichten und Neueinrichter, vorausgesetzt sie bewirtschaften den Betrieb selbst. Juristische Personen sind unter der Bedingung erwerbsberechtigt, dass sie den Nachweis über die ordnungsgemäße Auseinandersetzung gemäß § 44 LwAnpG führen können. Darüber hinaus ist Voraussetzung, dass 75 % der natürlichen Gesellschafter ortsansässig sind.

Die Berechnung der Preise findet gemäß § 3 Abs. 7 AusglLeistG in Verbindung mit § 5 Abs. 1 FlErwV mit Hilfe der Wertermittlungsverordnung statt. Es wurde eine Auflistung regionaler Richtwerte erlassen, die als antizipierte Gutachten jeweils die Grundlage für die Verkehrsermittlung bildet. Aus diesen Werten wird der Kaufpreis für die Kaufgegenstände ermittelt und ein Abzug von 35 % vorgenommen (§ 3 Abs. 7 S. 1 AusglLeistG). Die Kaufverträge über den vergünstigten Erwerb landwirtschaftlicher Flächen enthalten allerdings einige die Verfügungsfreiheit einschränkende Regelungen.

aa) Veräußerungssperre gemäß § 3 Abs. 10 AusglLeistG

Um Spekulationen vorzubeugen, enthalten die Kaufverträge, die der Landwirt mit der BVVG schließt, Veräußerungsbeschränkungen und Rücktrittsrechte, die sich im Rahmen der Verwertung auswirken. Grundlage ist § 3 Abs. 10 AusglLeistG. Danach kann derjenige, der vergünstigte Flächen erworben hat, diese binnen 15 Jahren nicht ohne Genehmigung der BVVG veräußern. Bis zum Ablauf von fünf Jahren, gerechnet ab Erwerbsgeschäft, kann die Genehmigung erteilt werden, nach Ablauf von fünf Jahren ist sie zu erteilen, so dass sich das ursprüngliche Ermessen der BVVG nach fünf Jahren in eine Verpflichtung umwandelt. Bei dieser

---

627 Bohl-Papier, abgedruckt bei *Karsten Witt*, Der Flächenerwerb in den neuen Bundesländern, S. 117. Vgl. auch *Ludden* in: *Faßbender/Hötzel/Lukanow*, Landpachtrecht, 3. Teil, Rn. 19.
628 Flächenerwerbsverordnung vom 20. 12. 1995 (BGBl I S. 2072), zuletzt geändert durch Art. 2 des Gesetzes vom 21. 3. 2011 (BGBl. I S. 450).

Spekulationsklausel handelt es sich um ein gesetzliches Veräußerungsverbot im Sinne des § 135 BGB.[629] Das Veräußerungsverbot erfasst allerdings nur rechtsgeschäftliche Verfügungen. Hoheitsakte, wie der Zuschlag in der Zwangsversteigerung, lösen keine Veräußerungssperre aus.[630]

Gemäß § 3 Abs. 10 S. 3 AusglLeistG ist die Wirksamkeit des gesetzlichen Veräußerungsverbotes von dessen Eintragung in das Grundbuch abhängig.

Die Genehmigung der BVVG zu dem Veräußerungsgeschäft wird gemäß § 3 Abs. 10 S. 2 AusglLeistG unter der Bedingung erteilt, dass die Differenz zwischen dem Erwerbspreis und dem Veräußerungserlös an die BVVG abgeführt wird. Findet der Verkauf nach Ablauf von fünf Jahren statt, ist dem Verkäufer 9,09 % für jedes weitere Jahr von dem Mehrerlös zu belassen, so dass eine vollständige Abführung des Mehrerlöses gerade nicht mehr stattfindet.[631]

Im Insolvenzfall bedeutet diese Regelung, dass sich ein Zuwarten mit der Veräußerung landwirtschaftlicher Flächen positiv auf die Insolvenzmasse auswirken kann, da jährlich zusätzlich 9,09 % erwirtschaftet werden können. Während dieses Zeitraumes müsste eine Masseverwaltung stattfinden oder entsprechende Regelungen in einen Insolvenzplan aufgenommen werden.

bb) Sicherung der Zweckbindung gemäß § 12 FlErwV

Gemäß § 3 Abs. 10 AusglLeistG kann die Genehmigung allerdings versagt werden, wenn ein Rücktrittsgrund vorliegt, der sich aus § 12 FlErwV ergibt. Die Flächenerwerbsverordnung regelt den Inhalt der Kaufverträge, die Vorbereitung des Flächenerwerbs sowie das Abschlussverfahren. § 12 FlErwV enthält eine Auflistung von Rücktrittsgründen. Überwiegend handelt es sich um nach Kaufvertragsabschluss beim Erwerber eintretende Veränderungen, die Auswirkungen auf die Berechtigung zum verbilligten Erwerb haben.[632] Auch hier berechtigen nur Sachverhalte, die binnen 15 Jahren nach Abschluss des Kaufvertrages bzw. ab Zeitpunkt der Ortsansässigkeit (§ 12 Abs. 2 Buchst. a FlErwV) auftreten, zum Rücktritt.

---

629 *Schmidt-Ränsch* in: Motsch/Rodenbach/Löffler, EALG, § 13 FlErwV, Rn. 10.

630 *Ludden* in: Faßbender/Hötzel/Lukanow, Landpachtrecht, 3. Teil, Rn. 126.

631 Vgl. hierzu ausführlich *Witt/Ruppert* in: Dombert/Witt, MAH-Agrarrecht, § 12 Rn. 1 ff.

632 Ein Rücktrittsrecht gemäß § 12 Abs. 1 besteht danach:
- wenn sich die Zusammensetzung der Gesellschafter einer juristischen Person auf die Weise verändert wird, dass 25 % der Anteilswerte oder mehr von am 3. 10. 1990 nicht ortsansässigen Personen oder nicht nach § 1 FlErwV Berechtigten gehalten werden,
- Die land- und forstwirtschaftliche Nutzung aufgegeben wurde,
- Anzeigepflichten verletzt wurden,
- Der für den Erwerb maßgebliche Hauptwohnsitz oder die Selbstbewirtschaftung aufgegeben wurde.

Entscheidet sich die Gläubigerversammlung für die Liquidation des landwirtschaftlichen Betriebes, muss sich der Insolvenzverwalter mit der BVVG über die weitere Vorgehensweise einigen, da diese sich mithilfe einer Rückauflassungsvormerkung in den meisten Fällen die Rückübertragung für den Fall der Betriebsaufgabe vorbehält, so dass eine freie Verwertung nur dann möglich ist, wenn die BVVG gemäß § 12 Abs. 7 FlErwV auf das Recht zur Rückabwicklung verzichtet. Ein solcher Verzicht erfolgt wiederum nur dann, wenn der Erwerber die Differenz zwischen dem gezahlten Kaufpreis und dem zum Zeitpunkt des möglichen Rücktritts ermittelten Verkehrswert entrichtet. Im Ergebnis kommt es gemäß § 12 Abs. 10 FlErwV zu einer Rückabwicklung des Kaufvertrages, so dass immer nur der Kaufpreis gemäß § 3 Abs. 7 AusglLeistG für die Insolvenzmasse generiert werden kann. Für die Insolvenzmasse gibt es somit keinerlei Möglichkeiten, den tatsächlichen Verkehrswert der nach den Vorschriften des Ausgleichleistungsgesetzes erworbenen Flächen zu erreichen.

cc) Rücktrittsrecht bei Aufgabe der Selbstbewirtschaftung

Aus § 12 Abs. 1 a) aa) FlErwV ergibt sich zudem ein Rücktrittsrecht der BVVG für den Fall der Aufgabe der Selbstbewirtschaftung. Für den Insolvenzverwalter oder den eigenverwaltenden Schuldner kommt daher eine Verpachtung im Rahmen des Insolvenzverfahrens oder des Eigenverwaltungsverfahrens nicht in Betracht, da insofern die Selbstbewirtschaftung gerade nicht mehr gewährleistet ist. Alternativ ist aber die Übertragung der Bewirtschaftung in Form eines Bewirtschaftungsvertrages denkbar, der bislang nicht als Fall der Aufgabe der Selbstbewirtschaftung angesehen wird, wenn das wirtschaftliche Risiko einschließlich der Haftung für Verbindlichkeiten beim Berechtigten verbleibt, zwischen dem Bewirtschafter und dem Berechtigten auf Grundlage der erbrachten Dienstleistung abgerechnet wird und sich der Berechtigte die wesentlichen Entscheidungen im Zusammenhang mit der Bewirtschaftung der Flächen vorbehält.[633] Zu bedenken ist, dass ein solches Rücktrittsrecht eher eine Rolle im Rahmen eines Betriebsfortführungskonzepts stellt. Die Darstellung folgt an dieser Stelle aufgrund des thematischen Zusammenhangs.

---

633 *Witt*, (vgl. Fn. 627), S. 29.

5. Zwischenergebnis

Die Verwertung des Landwirtschaftsunternehmens in der Insolvenz kann in Form der Veräußerung einzelner Vermögensgegenstände, durch die Nutzung der Massegegenstände oder in Form der Unternehmensveräußerung „im Ganzen" stattfinden. Bei der Veräußerung von Massegegenständen oder des gesamten Landwirtschaftsbetriebes sind die Schnittstellen zu anderen Rechtsvorschriften zu beachten, die aufgrund historisch gewachsener oder politisch geprägter gesetzgeberischer Motivationen den Ablauf der Veräußerungstatbestände beeinflussen, beschränken oder sogar verhindern können. Das Grundstücksverkehrsgesetz enthält ordnungsrechtliche Vorschriften für den landwirtschaftlichen Grundstücksverkehr. So bedürfen unter anderem rechtsgeschäftliche Veräußerungen und schuldrechtliche Vereinbarungen darüber grundsätzlich einer entsprechenden grundstücksverkehrsrechtlichen Genehmigung, soweit es sich nicht um genehmigungsfreie Rechtsgeschäfte handelt. Aufgrund der einzelnen Regelungen, die zum Ziel haben, die Agrarstruktur zu fördern und lebensfähige landwirtschaftliche Betriebe zu erhalten, hat der Insolvenzverwalter bei der Erwerberauswahl bereits etwaige Versagungsgründe zu berücksichtigen.

Die Unternehmensveräußerung „im Ganzen" eines Milchviehbetriebes setzt die Beachtung der Vorschriften der Milchquotenverordnung voraus, soweit die Milchquote ebenfalls übertragen wird. Unterschieden wird zwischen der Übertragung an eine natürliche Person oder die Einbringung des Betriebes in eine Gesellschaft. In beiden Fällen ist die Übertragung trotz des grundsätzlichen Verpachtungsverbotes und des Börsenzwangs möglich. Bei einer Übertragung an eine natürliche Person ist diese verpflichtet, den Betrieb für ein weiteres Milchwirtschaftsjahr zu bemelken. Weiterhin muss der Insolvenzverwalter den gesamten eingerichteten Milchproduktionsbetrieb übertragen. Die Einzelverwertung von Bestandteilen des Milchproduktionsbetriebes ist in diesem Fall ausgeschlossen. Bei der Einbringung des Milchviehbetriebes in eine bereits bestehende oder neu zu gründende Gesellschaft ist entweder die persönliche Mitwirkung des Schuldners erforderlich, die Gesellschaft kann sich allerdings auch für die Weiternutzungspflicht des eingebrachtes Betriebes entscheiden, was in der Übertragungsstellenbescheinigung allerdings zum Ausdruck kommen muss.

Bei der Veräußerung des gesamten Betriebes ist weiterhin das Schicksal der Zahlungsansprüche zu regeln, soweit an diesen keine vorinsolvenzlichen wirksamen Sicherheiten begründet wurden.

Sollte es sich bei dem zu verwertenden Landwirtschaftsbetrieb um einen Hof im Sinne der Höfeordnung handeln, ist der Insolvenzverwalter bei den Verwertungshandlungen nicht durch etwaige Nachabfindungsansprüche weichender Erben eingeschränkt. Diese sind mangels persönlicher Forderungen gegen den

Schuldner als Hoferben weder Insolvenzgläubiger, noch begründet der Anspruch das Recht zur ab- oder ausgesonderten Befriedigung. Auch findet die Vorschrift des § 84 InsO keine Anwendung. Zwar wird durch den Nachabfindungsfall die faktische Situation einer Erbengemeinschaft wiederhergestellt mit der Folge, dass die Vorschrift entsprechende Anwendung findet, doch existiert gerade keine dingliche Rechtsposition der weichenden Erben mit der Folge, dass der Hof zur Insolvenzmasse gehört.

Ein weiteres Problemfeld für Betriebsveräußerungen in den neuen Bundesländern existiert aufgrund der Vorschriften des Ausgleichsleistungsgesetzes in Verbindung mit der Flächenerwerbsverordnung in Form von Veräußerungssperren und Rücktrittsrechten für einen Zeitraum von 15 Jahren. In diesen Konstellationen hat der insolvente Landwirt seine Flächen im Rahmen des vergünstigten Flächenerwerbsprogramms vergünstigt von der BVVG erworben. Veräußerungen sind nur mit entsprechender Genehmigung der BVVG möglich, wobei nach Ablauf von fünf Jahren ein Anspruch auf Erteilung der Genehmigung besteht, soweit keine Versagungsgründe vorliegen. Diese Genehmigungen enthalten die Bedingung, dass der Mehrerlös an die BVVG abzuführen ist. Sollte zwischen dem vergünstigten Erwerb und der Verwertungshandlung im Rahmen der Insolvenz ein Zeitraum von mehr als fünf Jahren liegen, so ist dem Insolvenzverwalter für jedes weitere Jahr ein Mehrerlös von 9,09 % zu belassen. Bei Aufgabe des Betriebes und Liquidation sowie bei Aufgabe der Selbstbewirtschaftung besteht zugunsten der BVVG ein Rücktrittsrecht. In diesen Fällen ist eine gemeinsame Lösungsfindung mit der BVVG unumgänglich.

IV. Die Sanierung des insolventen Unternehmens

1. Sanierungsmöglichkeiten im Rahmen des Insolvenzverfahrens

Einer der möglichen Wege zum Ziel der bestmöglichen Befriedigung der Gläubiger ist neben der Zerschlagung oder der Veräußerung des insolventen Betriebes „im Ganzen" die Sanierung des Unternehmens, wie sich bereits aus § 1 S. 1 InsO ergibt. Da die Insolvenzordnung keine Legaldefinition des Begriffs „Sanierung" enthält, wird damit allgemein die Gesamtheit aller Maßnahmen umschrieben, die geeignet und erforderlich sind, ein Unternehmen aus einer Situation herauszuführen, in der sein Fortbestand gefährdet ist.[634] Die marktwirtschaftliche Aufgabe der gerichtlichen Insolvenzabwicklung ist es, die in dem insolventen Unter-

---

634 *Wellensiek*, Übertragende Sanierung, NZI 2002, S. 233.

nehmen gebundenen Ressourcen der wirtschaftlich produktivsten Verwendung zuzuführen.[635] Dabei soll keines der möglichen Verfahren bevorzugt werden, sondern es sollen vielmehr alle Möglichkeiten den Beteiligten angeboten werden.[636] Die Insolvenzordnung kennt drei Möglichkeiten, die zu einer Unternehmenssanierung beitragen können; die übertragende Sanierung, das Insolvenzplanverfahren und die Eigenverwaltung.[637] Da die übertragende Sanierung eine Veräußerung des Schuldnerbetriebes voraussetzt, wurden deren Voraussetzungen und die damit verbundenen Besonderheiten in der Landwirtschaft bereits dargestellt.[638] Dabei gilt es zu betonen, dass weder die Eigenverwaltung noch das Insolvenzplanverfahren ausschließlich als Sanierungsinstrument der Insolvenzordnung angewandt werden können, sondern vielmehr auch die Durchführung eines Regelinsolvenzverfahrens in Eigenverwaltung eine nach der Insolvenzordnung zulässige Verfahrensgestaltung ist. Auch der Insolvenzplan kann zum Zwecke der Liquidation eingesetzt werden.

In einem ersten Schritt sollte die Sanierungsfähigkeit des Betriebes mittels der Durchführung einer Ursachen- und Schwachstellenanalyse vorgenommen werden. Dabei geben die Gründe der Insolvenz Aufschluss über die Sanierungsfähigkeit des Betriebes. Zum einen ist es denkbar, dass die Zahlungsunfähigkeit in dem landwirtschaftlichen Betrieb begründet ist, d. h. es wurden beispielsweise Investitionen getätigt, deren Kapitaldienste aufgrund des Preisverfalls landwirtschaftlicher Produkte nicht mehr oder nicht mehr in voller Höhe erbracht werden können. Möglich ist es aber auch, dass es einem Betrieb im Rahmen des landwirtschaftlichen Strukturwandels nicht gelingt, kostendeckende oder gar gewinnbringende Beiträge zu erwirtschaften, so dass der Betrieb nur von seiner Substanz existiert, aber am Markt aufgrund seiner geringen Größe oder seiner wenig nachgefragten Produktpalette nicht geeignet ist, teilzunehmen. Es ist aber auch denkbar, dass das private Konsumverhalten ursächlich für das Entstehen der Zahlungsunfähigkeit ist oder dass der Betrieb durch erhebliche Altenteilsleistungen und Abfindungszahlungen geschwächt ist, deren Anpassung wegen Fehlens einer entsprechenden vertraglichen Klausel nicht möglich ist.

Die Möglichkeiten des Einsatzes von Sanierungsmaßnahmen sind darüber hinaus abhängig von der jeweiligen Krisenphase, in der sich das Unternehmen befindet.[639]

---

635 BT-Drucks. 12/2443, S. 77.

636 BT-Drucks. 12/2443, S. 77.

637 *Smid/Rattunde*, Der Insolvenzplan, Einleitung, Rn. 0.18.

638 Vgl. Kap. H. III. 3.

639 Differenziert wird zwischen der Strategiekrise, der Rentabilitätskrise, der Ertragskrise, der Liquiditätskrise und der Insolvenz, vgl. hierzu *Hartmann*, (vgl. Fn. 1), S. 42 ff.

Sobald das Unternehmen Insolvenzreife erlangt hat, muss sich die Analyse mit den gegenwärtigen Marktverhältnissen befassen. Gerade bei einem landwirtschaftlichen Betrieb sind viele Maßnahmen denkbar, eine Umstrukturierung vorzunehmen. Wird am Ende die Entscheidung für die Sanierung getroffen, muss das geeignete Sanierungsinstrument gewählt werden. Im Rahmen dieser Arbeit werden ausschließlich die Möglichkeiten der Sanierung in der Insolvenz erläutert.

2. Die Eigenverwaltung als Sanierungsinstrument

a) Gesetzliche Grundlagen und Absichten des Gesetzgebers

Die Regelungen der Eigenverwaltung finden sich seit dem 1. 1. 1999 in der Insolvenzordnung und wurden damit erstmalig nach amerikanischem Vorbild in das deutsche Recht integriert.[640] Verschiedene Ziele wurden mit der Einführung der Eigenverwaltung verfolgt. Die Eigenverwaltung soll nach den Vorstellungen des Gesetzgebers das Fachwissen des Insolvenzschuldners nutzbar machen. Die Kenntnisse und Erfahrungen der bisherigen Geschäftsleitung sollen besser genutzt werden, was gleichzeitig zur Vermeidung einer langwierigen Einarbeitungsphase des Insolvenzverwalters führen soll. Ferner soll das Verfahren der Eigenverwaltung eine Kosten- und Aufwandsminimierung zur Folge haben und letztlich den Insolvenzschuldner bereits in einem frühen Stadium veranlassen, einen Insolvenzantrag zu stellen, weil er nicht mit dem Verlust seiner Tätigkeit rechnen muss.[641] Der Anreiz, frühzeitig einen Insolvenzantrag zu stellen, wird durch den Insolvenzgrund der drohenden Zahlungsunfähigkeit ergänzt, und soll eine Stärkung des Vertrauens der Gläubiger in den Schuldner bezwecken.[642]

Die Besonderheit und der Reiz der Eigenverwaltung liegen für den Schuldner darin, dass er gemäß § 270 Abs. 1 S. 1 InsO berechtigt bleibt, die Insolvenzmasse zu verwalten und über sie zu verfügen. Dem Schuldner wird praktisch die gesamte Verfahrensabwicklung in die Hände gelegt.[643] Er hat sämtliche Aufgaben wahrzunehmen, die im Regelinsolvenzverfahren vom Insolvenzverwalter wahrgenommen werden, soweit das Gesetz sie nicht ausdrücklich dem Sachwalter zuordnet.[644] Das Insolvenzrecht eröffnet dem Schuldner die Möglichkeit, sich

---

640 *Wittig* in: MüKo-InsO, vor § 270 Rn. 11f.
641 BT-Drucks. 12/2443, S. 223.
642 *Huntemann/Dietrich*, ZInsO 2001, S. 13, 16.
643 *Pape/Uhlenbruck*, Insolvenzrecht, Rn. 860.
644 Vgl. Fn. 643.

unter den Schutz des Insolvenzverfahrens zu begeben und darin die Reorganisation seines Unternehmens durchzuführen.[645]

Der Sachwalter führt demnach die Insolvenztabelle (§ 270 Abs. 3 S. 2 InsO), und ihm steht das Recht zur Anfechtung zu (§ 280 InsO). Ferner ist beim Sachwalter die Zustimmung zur Eingehung von Verbindlichkeiten nach Maßgabe des § 275 InsO, somit von Verbindlichkeiten, die nicht zum gewöhnlichen Geschäftsbetrieb des Unternehmens gehören, einzuholen. Dem Schuldner stehen weitgehende Befugnisse des Insolvenzverwalters zu. Insbesondere kann er das Wahlrecht gemäß § 103 InsO ausüben und damit bestehende Schuldverhältnisse beenden (§ 279 InsO). Dies gilt auch für die Kündigung von Landpachtverhältnissen. Sollte der Schuldner Arbeitnehmer beschäftigen, steht ihm auch das Recht zur Kündigung der Arbeitsverhältnisse zu. In diesem Zusammenhang besteht die Möglichkeit, dass der Schuldner Insolvenzgeld für seine Arbeitnehmer beantragt.[646]

Weitere Regelungen der Insolvenzordnung können zusätzlich auch im Eigenverwaltungsverfahren als Sanierungsinstrumente in Anspruch genommen werden. Hierzu gehört das Zahlungsverbot auf Altverbindlichkeiten sowie das Verbot der Einzelzwangsvollstreckung, die Nachrangigkeit von Zinsansprüchen und die Unterbrechung von Gerichtsverfahren.

b) Eigenverwaltung in der Praxis und Literatur

Grundsätzlich erfreut sich die Eigenverwaltung bis heute weder großer Bekanntheit in der Öffentlichkeit noch großer Beliebtheit unter Rechtspraktikern und Rechtstheoretikern, so dass die „Rechtswirklichkeit" vom Regelfall der Bestellung eines Insolvenzverwalters beherrscht wird.[647] Die Ursachen und die Berechtigung dieser Feststellung sollen im Rahmen dieser Arbeit nicht umfangreich erörtert, sondern lediglich die einzelnen Positionen dargestellt werden. Im Mittelpunkt der Untersuchung steht die Eignung der Eigenverwaltung als Sanierungsinstrument eines landwirtschaftlichen Betriebes.

Mit Hinweis auf die Regierungsbegründung wurde die Eigenverwaltung von einigen Stimmen in der Literatur heftig kritisiert.[648] Insbesondere wurde davor

---

645 *Smid/Wehdeking*, Die Eigenverwaltung in der Insolvenz, Kap. I Rn. 18.

646 *Westrick*, Chancen und Risiken der Eigenverwaltung nach der Insolvenzordnung, NZI 2003, S. 65 (72).

647 *Wehdeking* in: Leonhardt/Smid/Zeuner, InsO, § 270 Rn. 6.

648 *Gravenbrucher Kreis* „Große Insolvenzrechtsreform gescheitert", ZIP 1990, S. 477; *ders.* „Große" oder „kleine" Insolvenzrechtsreform", ZIP 1992, S. 658; *Förster*, Klartext: Von Böcken und Gärtnern, ZInsO 1999, S. 153; *Grub/Rinn*, „Die neue InsO: Ein Freifahrschein für Bankrotteure?", ZIP 1993, S. 1583, 1586.

gewarnt, dass das Recht zur Verwertung der Insolvenzmasse keine Angelegenheit des Schuldners darstelle, sondern den Gläubigern zustehen müsse. Der Schuldner könne nicht sein eigener Gerichtsvollzieher sein. Es sei zu befürchten, dass der Schuldner weniger im Interesse der Gläubigergemeinschaft als vielmehr in eigenem Interesse handeln würde. Von *Förster* wurde in diesem Zusammenhang eingewandt, dass man nicht „den Bock zum Gärtner" machen könne.[649] Die Eröffnung des Insolvenzverfahrens bedeute, dass der Schuldner bzw. dessen Geschäftsleitung versagt habe. Auch das Argument, dass man sich das Wissen und die Erfahrung des Schuldners zunutze machen wolle, wurde widerlegt, indem auch der Insolvenzverwalter auf die Kompetenz des Schuldners zurückgreifen könne, indem das bisherige Management weiterbeschäftigt würde.[650] *Grub/Rinn* kommen im Rahmen ihrer Untersuchung zu dem Ergebnis, dass die Insolvenzgründe überwiegend innere Ursachen haben, insbesondere charakterliche Mängel, unzureichende Fachkenntnisse und ein schlechter Informationsstand seien Auslöser der meisten Insolvenzanträge.[651]

Smid erörtert darüber hinaus die Stellung des Sachwalters, der eine unglückliche Position innehabe, indem er haftungsrechtlich zwischen den Fronten von Schuldner und Gläubigern stünde. Auch sei das System der Eigenverwaltung für das deutsche Insolvenzrecht im Gegensatz zu seinem amerikanischen Vorbild nicht geeignet, da beide Systeme von unterschiedlichen Zwecken der Insolvenz ausgehen. Werde in Deutschland die Insolvenzordnung als besondere Haftungsordnung und als Instrument der Haftungsverwirklichung verstanden, so stehe das US-amerikanische Recht unter dem Vorzeichen eines „fresh start" des Schuldners.[652]

Befürworter der Eigenverwaltung halten diese trotz der bekannten Gefahren für ein geeignetes Instrument zur Sanierung schuldnerischer Betriebe, solange das Vertrauen in den Betriebsleiter oder das Management nicht verloren sei.[653] Auch für Sachverhaltskonstellationen, bei denen das Management eines Unternehmens vor kurzem ausgewechselt sei, könne die Eigenverwaltung ein geeignetes Mittel sein, um das Unternehmen zu sanieren.[654]

In der Praxis hat sich das Institut der Eigenverwaltung bislang nicht bewähren können, da auf Grundlage der bisherigen Rechtslage der Schuldner zum Zeitpunkt der Antragstellung nicht einschätzen konnte, ob das Gericht der be-

---

649 *Förster*, ZInsO 1999, S. 153.
650 *Gravenbrucher Kreis*, ZIP 1990, S. 476.
651 *Grub/Rinn*, S. 1583, 1584, 1586.
652 *Smid* in: WM 1998, S. 2489, 2506.
653 So *Uhlenbruck*, Mit der Insolvenzordnung ins neue Jahrtausend, NZI 1998, S. 4, 7.
654 *Braun* in: Braun/Uhlenbruck, Die Unternehmensinsolvenz, S. 691, 695.

antragten Eigenverwaltung zustimmt, was daran lag, dass die Anordnung im Eröffnungsbeschluss bei Vorliegen eines Gläubigerantrages, der sich gegen die Eigenverwaltung richtet, ausgeschlossen ist. Darüber hinaus sind Informationsdefizite auf Seiten der Schuldner über die Chancen und Vorteile dieses Verfahrens und eine grundsätzliche restriktive Einstellung der Insolvenzgerichte gegenüber dem Rechtsinstitut der Eigenverwaltung ausschlaggebend für die bislang geringe Zahl an Anträgen auf Anordnung der Eigenverwaltung.[655]

c) Eigenverwaltung nach neuer Rechtslage

Da aufgrund der gerade dargestellten Gründe die Wirkung der Eigenverwaltung und des Insolvenzplans als rechtlicher Rahmen für die Sanierung existenzbedrohter Unternehmen ausblieb, hat der Bundestag hat am 7. Dezember 2011 mit Zustimmung des Bundesrates das „Gesetz zur weiteren Erleichterung der Sanierung von Unternehmen" (ESUG) beschlossen, welches unter anderem erhebliche Änderungen der Insolvenzordnung zum Inhalt hat.[656] So soll der Zugang zur Eigenverwaltung vereinfacht werden. Nach § 270 Abs. 2 S. 3 InsO hat das Gericht nunmehr die Eigenverwaltung anzuordnen, wenn keine Umstände bekannt sind, die erwarten lassen, dass die Anordnung zu Nachteilen für die Gläubiger führen wird. Die Ablehnung des Antrages auf Eigenverwaltung ist schriftlich zu begründen. Gemäß § 270 Abs. 3 InsO soll vor der Entscheidung dem Gläubigerausschuss oder den wesentlichen Gläubigern Gelegenheit zur Äußerung gegeben werden. Damit soll den Bedenken, die gegen die Eigenverwaltung bestehen, Rechnung getragen werden.

Von erheblicher Bedeutung ist die gesetzliche Regelung des Eröffnungsverfahrens bei beantragter Eigenverwaltung. § 270 a InsO sieht ein „allgemeines" Eröffnungsverfahren vor, während in § 270 b InsO mit dem Schutzschirmverfahren ein „besonderes" Eröffnungsverfahren zur Vorbereitung einer Sanierung normiert wurde. Dadurch soll es dem Schuldner während des vorläufigen Insolvenzverfahrens unter der Kontrolle des Gerichtes und eines vorläufigen Sachwalters möglich sein, erfolgversprechende Sanierungsmaßnahmen vorzubereiten, die anschließend durch einen Insolvenzplan umgesetzt werden. Voraussetzung ist allerdings, dass der Insolvenzantrag bei drohender Zahlungsunfähigkeit gestellt wird. Ein solches vorgelagertes Sanierungsverfahren soll insbesondere auch dazu dienen, dem Insolvenzgrund der drohenden Zahlungsunfähigkeit mehr Bedeu-

---

655 *Vallender* in: Schmidt/Uhlenbruck, Die GmbH in Krise, Sanierung und Insolvenz, Rn. 9.4.
656 Gesetz zur weiteren Erleichterung der Sanierung von Unternehmen vom 7. 12. 2011, BGBl. I S. 2582, vgl. BT-Drs. 17/5712 und BR-Drs. 127/11.

tung zu verleihen und Anreize zu schaffen, frühzeitig einen Insolvenzantrag zu stellen.[657] Betriebswirtschaftlicher Hintergrund ist die Erhöhung der Sanierungschancen zu diesem frühen Zeitpunkt, da davon auszugehen ist, dass ein Substanzverzehr noch nicht soweit fortgeschritten ist und damit mehr Liquidität und/ oder Handlungsalternativen zur Verbesserung der Liquidität bestehen.[658] Unter bestimmten Voraussetzungen kann der Schuldner den vorläufigen Sachwalter selbst bestimmen und sieht sich nicht der Bestellung eines vorläufigen Insolvenzverwalters ausgesetzt.[659]

Problematisch erscheint allerdings zum einen das Verhältnis der §§ 270 a, 270 b InsO zueinander und zum anderen die Frage der Anwendbarkeit der §§ 21 ff. InsO.[660] Ein zentrales Problem eines jeden Eröffnungsverfahrens ist die Organisation der Unternehmensfortführung. § 270 b Abs. 3 InsO enthält eines Regelung, wonach der eigenverwaltende Schuldner ermächtigt ist, Masseverbindlichkeiten zu begründen. Eine entsprechende Regelung findet sich im § 270 a InsO nicht, so dass die Frage der Begründung von Masseverbindlichkeiten im Eröffnungsverfahren nach § 270 a InsO bereits Gegenstand einiger amtsgerichtlichen Entscheidungen war, die allerdings durch widerstreitende Lösungsansätze gekennzeichnet sind. So hat das Amtsgericht Köln in seinem Beschluss vom 26. 3. 2012 entschieden, dass auch im Falle eines Antrages auf Eigenverwaltung, der ohne gleichzeitigen Schutzschirmantrag gestellt wurde, nichts anderes als in dem durch § 270 b Abs. 3 InsO geregelten Fall gelten könne.[661] Die Schuldnerin wurde somit ermächtigt, zur Vorfinanzierung des Insolvenzgeldes Masseverbindlichkeiten zu begründen. Das Amtsgericht Fulda hat hingegen in dem Fehlen einer § 270 b Abs. 3 InsO vergleichbaren Regelung in § 270 a InsO den Schluss gezogen, dass eine Ermächtigung zur Begründung von Masseverbindlichkeiten in diesem Verfahren ausscheide.[662] Das Amtsgericht Hamburg hat in seinem Beschluss vom 4. 4. 2012 den vorläufigen Sachwalter zur Begründung von Masseverbindlichkeiten ermächtigt. Danach solle zwar die Einzelermächtigung zur Begründung von Masseverbindlichkeiten auch im Verfahren nach § 270 a InsO möglich sein, da nur so dem Bestreben des ESUG, Sanierungen zu erleichtern, nachgekommen werden könne, allerdings komme nur eine Ermächtigung des vorläufigen Sach-

---

657 Begründung Gesetzesentwurf Bundesregierung, BT-Drucks. 17/5712, S. 60.
658 *Richter/Pernegger*, „Betriebswirtschaftliche Aspekte des RefE-ESUG" in BB 2011, S. 876 ff.
659 Vgl. *Riggert* in: Braun, InsO, § 270 b Rn. 1.
660 Vgl. hierzu ausführlich *Undritz*, Ermächtigung und Kompetenz zur Begründung von Masseverbindlichkeiten beim Antrag des Schuldners auf Eigenverwaltung, BB 2012, S. 1551 ff.
661 AG Köln, Beschl. v. 26. 3. 2012 – AZ.: 73 IN 125/12 –, ZInsO 2012, S. 790.
662 Dazu *Oppermann/Smid*, Ermächtigung des Schuldners zur Aufnahme eines Massekredits zur Vorfinanzierung des Insolvenzgeldes im Verfahren nach § 270 a InsO, ZInsO 2012, S. 862 ff.

walters in Betracht.[663] Eine entsprechende Anwendung des § 270 b Abs. 3 InsO scheide aus, da diese Vorschrift für den Sonderfall konzipiert sei, dass der Schuldner bei Antragstellung nicht zahlungsunfähig sei.

Es ist davon auszugehen, dass die beabsichtigten Neuerungen zu einer Erleichterung des Sanierungsverfahrens führen können und dem Schuldner insoweit mehr Sicherheit an die Hand gegeben wird, indem er frühzeitig mit dem Sachwalter oder Insolvenzverwalter die beabsichtigten Sanierungspläne abstimmen kann. Auch werden die Regelungen dem Grundsatz der Gläubigerbeteiligung gerecht, indem diese frühzeitig über ein Verfahren im Wege der Eigenverwaltung abstimmen und bestehende Einwände äußern können. Ob ein solches Verfahren bei einer drohenden Landwirtschaftsinsolvenz geeignet ist, die Möglichkeit der außergerichtlichen Sanierung zu verdrängen, erscheint eher fragwürdig. Zu berücksichtigen ist, dass die Landwirtschaftsinsolvenz in der Regel durch werthaltige Sicherheiten gekennzeichnet ist und in vielen Fällen die Veräußerung von Betriebsvermögen bereits dazu führen wird, dass zumindest eine Teilentschuldung erreicht werden kann. Auch die Gläubiger haben aufgrund der aus wirtschaftlicher Sicht betrachteten guten Ausgangslage, da sie einen geringen Ausfall ihrer Forderung erleiden müssen, kein Interesse daran, dem Schuldner die Möglichkeiten eines gerichtlichen Sanierungsverfahrens nahezulegen.

Auch die Fragestellung, ob der eigenverwaltende Schuldner im vorläufigen Eigenverwaltungsverfahren gemäß § 270 a InsO Masseverbindlichkeiten begründen kann, ist in der Landwirtschaftsinsolvenz von Relevanz. Die Auffassung des Amtsgerichtes Fulda, wonach eine analoge Anwendung des § 270 b Abs. 3 InsO im Verfahren des § 270 a InsO ausgeschlossen ist, würde dazu führen, dass eine Betriebsfortführung in vielen Fällen nicht möglich ist, weil das vorläufige Eigenverwaltungsverfahren einen zu langen Zeitraum in Anspruch nehmen kann, um die Versorgung der Tiere, den Betrieb von Maschinen und die Kosten für Bestellung der Flächen zu gewährleisten. Zudem soll die Vorschrift des § 270 b Abs. 3 InsO dazu dienen, während des Eröffnungsverfahrens das Vertrauen der Geschäftspartner zu erhalten.[664] Es ist daher unter Vernachlässigung einer dogmatischen Begründung angemessen und praxisgerecht, diesen Gedanken auch auf das Verfahren gemäß § 270 a InsO zu übertragen und eine analoge Anwendung zu bejahen. Da die Organisation der Betriebsfortführung in beiden Verfahren dem Schuldner zusteht, ist kein Grund dafür ersichtlich, in den beiden möglichen Eröffnungsverfahren zu unterschiedlichen Wertungen zu gelangen.

---

663 AG Hamburg, Beschl. v. 4. 4. 2012 – AZ.: 67 g IN 74/12 –, ZIP 2012, S. 787.
664 Siehe Beschlussempfehlung des Rechtsausschusses (ESUG), Drucks. 17/5711, S. 50; vgl. *Riggert* in: Nerlich/Römermann, InsO, § 270 b Rn. 17.

d) Eigenverwaltung in der Landwirtschaftsinsolvenz

Trotz der Einwände, die gegen das Eigenverwaltungsverfahren bestehen, ist unter Einbeziehung der neuen Rechtslage zu prüfen, ob und inwieweit die Eigenverwaltung für viele landwirtschaftliche Betriebe als geeignetes Sanierungsinstitut angesehen werden kann. Auch wenn die Eigenverwaltung vielleicht nicht in jedem Fall das geeignete Sanierungsmodell darstellen mag, kann sie sich dennoch in bestimmten Fällen als bestmögliche Verfahrensvariante erweisen. Dabei ist stets zu berücksichtigen, dass es immer einer Einzelfallbetrachtung bedarf und sich schematische Lösungen verbieten.

aa) Nutzung des schuldnerischen Sachverstandes

Der schuldnerische Sachverstand ist in der Landwirtschaftsinsolvenz aufgrund der Eigenheiten eines jeden Betriebes ein notwendiges „asset". Dieser Gedanke wurde bereits vom Gesetzgeber gesehen und auch umgesetzt. So findet man eine der Insolvenz vergleichbare Situation in der Einzelzwangsvollstreckung. Für den Bereich der Landwirtschaft sieht das Zwangsversteigerungsgesetz für den Fall der Beantragung der Zwangsverwaltung in § 150 b ZVG vor, dass ein Schuldner aus dem landwirtschaftlichen, forstwirtschaftlichen oder gärtnerischen Bereich den landwirtschaftlichen Betrieb fortzuführen berechtigt ist. Von der Bestellung des Landwirts zum Zwangsverwalter ist nur abzusehen, wenn er entweder zur Übernahme nicht bereit oder wenn nach Lage der Verhältnisse eine ordnungsgemäße Führung der Verwaltung durch ihn nicht zu erwarten ist. Auch hier ist nur die landwirtschaftliche Tätigkeit, nicht aber die gewerbliche Nutzung von Grundstücken gemeint.[665] Schuldner in diesem Sinne sind sowohl der Eigentümer als auch der Eigenbesitzer. Hier kommt deutlich der Gedanke zum Tragen, die Sachkunde des Schuldners zu nutzen. Der Schuldner ist daher grundsätzlich zum Zwangsverwalter zu bestellen, um seine Erfahrungen und Arbeitskraft für die mit der Grundstücksverwaltung verbundene Wirtschaftsführung zu nutzen. In diesem Zusammenhang wurde erkannt, dass es für die Zwangsverwaltung betreibenden Gläubiger nachteilig ist, wenn ein mit dem Grundstück nicht vertrauter Dritter als Zwangsverwalter eingesetzt wird. Auch die Zwangsvollstreckung in einzelne Vermögensgegenstände ist im Bereich der Landwirtschaft aufgrund der Pfändungsschutzbestimmungen des § 811 Abs. 1 Nr. 4 ZPO stark eingeschränkt. Die Zerschlagung des landwirtschaftlichen Betriebes dient daher den Gläubigern ebenso wenig wie die Zwangsverwaltung durch einen nicht sachkundigen Zwangsverwalter.[666]

---

665 *Mohrbutter*, Handbuch des gesamten Vollstreckungs- und Insolvenzrecht, § 55, S. 594.
666 *Smid/Wehdeking*, (vgl. Fn. 645), S. 9.

Dieser Gedanke lässt sich auch auf den Bereich der Eigenverwaltung übertragen. Auch hier wird es nur in seltenen Fällen gelingen, den Betrieb durch Dritte in der Weise fortzuführen, dass eine Sanierung gelingt. Ein Eigenverwaltungsverfahren sollte daher immer dann seine Legitimation haben, wenn ein Unternehmen fortgeführt und saniert werden soll, der Insolvenzverwalter jedoch nicht über die persönlichen Voraussetzungen verfügt. Für eine bestmögliche Abwicklung einer Landwirtschaftsinsolvenz fehlen dem Insolvenzverwalter in der Regel die erforderlichen Branchenkenntnisse und vor allem die Kontakte, um eine unverzügliche Fortführung zu gewährleisten. Neben der allgemeinen Branchenkenntnis ist es darüber hinaus gerade in der Landwirtschaft von erheblicher Bedeutung auch auf den einzelnen Betrieb zu schauen, um die jeweiligen Gegebenheiten von Lage und Beschaffenheit der Grundstücke, der Umstände von Fütterung und Melkgewohnheiten wahrzunehmen. Es wird für jeden Insolvenzverwalter oder für von ihm beauftragte Dritte schwierig sein, sich in den Ablauf des jeweiligen landwirtschaftlichen Betriebes einzufinden oder aber einen Dritten zu finden, der zu Bedingungen, die von der Insolvenzmasse getragen werden können, die Verwaltung und die Führung des Landwirtschaftsbetriebes übernimmt. Die Unterbrechung eines 24-stündigen Geschäftsbetriebes, wie er in der Landwirtschaft verlangt wird, kann bereits zu größeren Schäden führen, so dass sich auch insoweit das Instrument der Eigenverwaltung anbietet, da der Insolvenzverwalter eine derart intensive Betreuung des Betriebes nicht gewährleisten kann.

Auch im Hinblick auf das Argument, den „Bock nicht zum Gärtner" machen zu dürfen, bedarf es einer differenzierten Betrachtung. So ist es sicherlich richtig, dass eine Eigenverwaltung nur bei entsprechender Kompetenz und Zuverlässigkeit des Schuldners in Frage kommt, was eine Analyse der Krisenursachen unumgänglich macht. Gerade in der Landwirtschaft wird die Insolvenz oftmals Folge einer Marktschwäche der jeweiligen Produkte sein oder auch einer witterungsbedingt schlechten Ernte. Auch die Preispolitik landwirtschaftlicher Produkte und Erkrankungen von Tieren und Pflanzen können ursächlich sein, ohne dass sogleich der Rückschluss auf unzureichende kaufmännische Fähigkeiten des Landwirts gerechtfertigt ist. Eine solche Verknüpfung von nicht zu beeinflussenden Umständen kann die wirtschaftliche Leistungsfähigkeit eines Landwirtschaftsunternehmens in kurzer Zeit gefährden, muss dennoch aber nicht den Verlust des Vertrauens der Gläubiger zur Folge haben.

bb) Soziale Gesichtspunkte für eine Sanierung im Eigenverwaltungsverfahren

Auch soziale Gesichtspunkte sprechen für die Eigenverwaltung. Häufig werden landwirtschaftliche Betriebe als Familienbetriebe geführt, was zur Konsequenz hat, dass sich der Lebensmittelpunkt der Familie auf der Betriebsstätte befindet. Nicht selten leben drei Generationen auf einem Betrieb, was entsprechende lange Traditionen und Erfahrungen mit sich bringt. Kein Dritter kann die Kenntnisse der Familie im Hinblick auf die Beschaffenheit der Böden und ihre Bewirtschaftung sowie die Versorgung der Tiere vorhalten oder kurzfristig erlernen.

Ferner ist zu berücksichtigen, dass der betriebliche Einsatz der gesamten Familienarbeitskraft keine Seltenheit darstellt. Überwiegend wird die Arbeitskraft dem Betrieb unentgeltlich zur Verfügung gestellt. Ob eine Familie auch unter den Voraussetzungen der Anordnung eines Regelinsolvenzverfahrens zu einem solchen Einsatz bereit ist, kann nicht pauschal beantwortet werden. Dementsprechend ist der Insolvenzverwalter ggf. gezwungen, geeignetes Personal zu finden, welches die Arbeiten übernimmt, was auch einen erheblichen Kostenfaktor zu Lasten der Insolvenzmasse nach sich zieht.

Letztendlich stellt auch die Mentalität der ländlichen Bevölkerung ein Problem für die Durchführung eines Insolvenzverfahrens ohne Eigenverwaltung dar. Aufgrund der geringen Anzahl landwirtschaftlicher Insolvenzen existiert in der „Bauernschaft" kein Umgang mit ihr, was zu einer Außenseiterposition des Landwirts führen kann. Nicht selten werden vertragliche Beziehungen, die in dieser Branche überwiegend informell gehandhabt werden, unter den Voraussetzungen einer Insolvenz beendet. Zwar mag der Insolvenzverwalter rechtlich über den Fortbestand gegenseitiger Verträge entscheiden können, dennoch ist die landwirtschaftliche Branche auch dadurch gekennzeichnet, dass viele Verträge nicht schriftlich und damit nicht nachweisbar wirksam zustande gekommen sind. Man kann daher davon ausgehen, dass eine sinnvolle Fortführung unter Verhinderung o.g. Gesichtspunkte des Landwirtschaftsunternehmens nur unter erheblicher Mitwirkung und mit entsprechender Einflussnahme des Schuldners möglich ist oder unter Anordnung der Eigenverwaltung.

cc) Kostenvorteile des Eigenverwaltungsverfahrens

Ein weiterer gesetzgeberischer Anreiz ist die Möglichkeit, eine kostengünstige Abwicklung des Insolvenzverfahrens zu schaffen. Dies gilt in besonderem Maße deshalb, um die Abwicklung masseunzulänglicher Verfahren zu gewährleisten.[667] Soweit *Smid* die Meinung vertritt, das Argument, die Eigenverwaltung spare dem Schuldner Kosten, sei nur vordergründig, da die Kosten für ein Management unabhängig von der Art und Weise der Verfahrensabwicklung entstünden[668], ist

---

667 *Buchalik,* Faktoren einer erfolgreichen Eigenverwaltung, NZI 2000, S. 294.
668 *Smid/Wehdeking,* (vgl. Fn. 645), Rn. 11.

aus o.g. Gründen in der Landwirtschaftsinsolvenz abhängig von der Unternehmensstruktur und keiner pauschalen Aussage zugänglich. So sind Landwirtschaftsunternehmen in den alten Bundesländern familiär geprägt und werden, wie bereits dargelegt, überwiegend in Form von Einzelunternehmen oder Personengesellschaften betrieben, so dass ein Management, wie von *Smid* gemeint, gerade nicht vorhanden ist und die Tatsache, dass der Landwirt und unter Umständen auch seine Familie bereit sind, an einer Sanierung des Familienbetriebes mitzuwirken, durchaus Kosteneinsparpotential beinhaltet. Anders sind die Landwirtschaftsunternehmen zu beurteilen, die als Kapitalgesellschaften oder Personenhandelsgesellschaften geführt werden und für deren landwirtschaftliche Tätigkeit ein Betriebsverwalter eingesetzt werden muss.

dd) Vorteile bei der Sanierung von Biogasanlagen im Rahmen eines Eigenverwaltungsverfahrens

Wie bereits unter H. II. 3 a) dargestellt, steht bei Insolvenz eines Biogasanlagenbetreibers die öffentlich-rechtliche Genehmigungssituation oftmals im Widerspruch zu den Vorgaben der Insolvenzordnung. Dies gilt nur für Biogasanlagen, die auf Grundlage einer bundesimmissionsschutz- oder baurechtlichen Genehmigung errichtet wurden. Insoweit ist über den baurechtlichen Privilegierungstatbestand des § 35 Abs. 1 Nr. 6 BauGB eine enge rechtliche und tatsächliche Verknüpfung zwischen dem landwirtschaftlichen Basisbetrieb und der Biogasanlagebetreibergesellschaft erforderlich. Aufgrund der Haftungskomplexität und dem damit verbundenen Bedürfnis nach Haftungseinschränkung und dem hohen Investitionsvolumen werden solche Anlagen überwiegend in Gesellschaftsformen betrieben, die eine Haftungsbeschränkung ermöglichen. In Folge dessen ist die Insolvenz des Biogasanlagenbetreibers nicht zwingend mit der Insolvenz des Basisbetriebsleiters verbunden. Dessen Mitwirkung ist allerdings erforderlich, um die Genehmigungsvoraussetzungen aufrecht zu erhalten.[669] Sollte eine solche Anlage im Wege der Sanierung weiter betrieben werden können, so bietet sich auch in diesen Fällen die Eigenverwaltung durch die Betreibergesellschaft an.

e) Zwischenergebnis

Die Möglichkeit, ein Landwirtschaftsunternehmen im Wege des Eigenverwaltungsverfahrens zu sanieren, erscheint aufgrund der landwirtschaftlichen Besonderheiten ein vorzugswürdiger Weg zu sein. Die Möglichkeit, die Branchenkennt-

---

669 Vgl. ausführlich hierzu H. II. 3).

nisse, die Kenntnisse des konkreten Betriebes sowie die oftmals anzutreffende örtliche Nähe nutzen zu können, erscheint im Hinblick auf die Erzielung optimaler Verwertungserlöse sinnvoll. Nur in den Fällen, in denen sich bereits bei Analyse der Krisenursachen Schwächen des Betriebsleiters zeigen, sollte von einem Regelinsolvenzverfahren Gebrauch gemacht werden.

3. Sanierung durch Insolvenzplan

Gemäß § 1 S. 1 2. Hs. InsO hat der Gesetzgeber den Verfahrensbeteiligten die Möglichkeit eingeräumt, an Stelle der allgemeinen Verfahrensregeln das Insolvenzverfahren nach einem Insolvenzplan abzuwickeln. Der Insolvenzplan soll eine sowohl finanz- als auch leistungswirtschaftliche Reorganisation des Schuldnerunternehmens unterstützen.[670]

a) Gesetzgeberische Wille des Insolvenzplanverfahrens

Der Insolvenzplan stellt aus Sicht des Gesetzgebers das Kernstück der Insolvenzrechtsreform dar.[671] Dem Gesetzgeber ging es in der Reform wesentlich um die Eröffnung einer funktionsfähigen Sanierungsmöglichkeit im Rahmen eines einheitlichen Insolvenzverfahrens, da der Erhalt des schuldnerischen Unternehmens ausdrücklich als Ziel der Insolvenzordnung vorgesehen ist (§ 1 S. 1 Halbs. 2 InsO). Das Insolvenzplanverfahren bedeutet, angelehnt an Chapter 11 des U.S. Bankruptcy Code, eine Weiterentwicklung des Vergleichsverfahrens.[672] Das Regelungskonzept der Insolvenzordnung enthält nunmehr die Einteilung der Gläubiger in Gruppen sowie die Möglichkeit des Obstruktionsverbotes bei Nichterreichen der Stimmenmehrheit. Der Gesetzgeber verfolgte damit zwei Ziele: Zum einen sollte die Sanierung insolventer Unternehmen im Insolvenzverfahren erleichtert werden, zum anderen sollte an die Stelle des als zu schwerfällig empfundenen Vergleichsverfahrens ein Instrument treten, das wirtschaftlich zu vernünftigen Problemlösungen anregt.[673]

---

670 *Eidenmüller* in: MüKo-InsO, vor § 217 Rn. 2.
671 BT-Drucks.12/2443, S. 90. sowie Beschlussempfehlung des Rechtsausschusses zum RegE InsO, BT-Drucks. 12/7302.
672 BT-Drucks.12/2443, S. 90; *Pape/Uhlenbruck*, Insolvenzrecht, Rn. 773.
673 *Smid* in: Smid/Rattunde, (vgl. Fn. 637), S. 5 Rn. 17.

b) Grundlagen des Insolvenzplanverfahrens

Der Insolvenzplan ist ein Instrument für die Beteiligten, um von den Vorschriften der Insolvenzordnung abweichen zu können. Das Recht zur Vorlage eines Insolvenzplans steht gemäß § 218 Abs. 1 S. 1 InsO dem Insolvenzverwalter und dem Schuldner zu. Die Umsetzung der Planziele soll auf Grundlage des § 217 InsO erfolgen, der die möglichen Planinhalte aufzählt, die in einem Insolvenzplan abweichend von den gesetzlichen Vorschriften geregelt werden können. Danach können die Masseverwertung (§§ 148 ff. InsO), die Befriedigung der Insolvenzgläubiger (§§ 38 ff. InsO) und der absonderungsberechtigten Gläubiger (§§ 49 ff. InsO), die Haftung des Schuldners (§ 227 InsO) und die Verteilung der Masse (§§ 187 ff. InsO) im Insolvenzplan gesondert geregelt werden.

Der in § 1 S. 1 InsO angesprochene Aspekt der Unternehmenssanierung in Verbindung mit einem Insolvenzplan muss aber nicht Hauptziel eines solchen Plans sein. Daher ist je nach Verfahrensziel ein Sanierungs-, Liquidations- oder Übertragungsplan denkbar, in dem jeweils die Strategie geregelt ist, wie die Insolvenz in optimaler Weise bewältigt werden soll.[674] Die Beteiligten können so versuchen, das Verfahrensziel der bestmöglichen Gläubigerbefriedigung besser zu verwirklichen. Der Grundsatz der Gläubigerautonomie spielt im Insolvenzplanverfahren eine ebenso entscheidende Rolle wie im Regelinsolvenzverfahren.

Gemäß § 219 S. 1 InsO besteht der Insolvenzplan aus dem darstellenden und dem gestaltenden Teil. Der darstellende Teil bezweckt gemäß § 220 InsO die Erläuterung der Krise und der beabsichtigten Sanierung des Schuldners. Der gestaltende Teil enthält gemäß § 221 InsO die Rechtsfolgen, die aus dem Plan erwachsen sollen. Gemäß § 228 InsO können auch sachenrechtliche Änderungen vorgesehen werden.

Gemäß § 222 hat eine Gruppenbildung stattzufinden, wobei es sich um eine Mindesteinteilung handelt. Die Mindesteinteilung sieht vor, dass Gruppen für absonderungsberechtigte Gläubiger, Insolvenzgläubiger und nachrangige Insolvenzgläubiger gebildet werden müssen. Entsprechend § 226 InsO hat innerhalb der jeweiligen Gruppe eine Gleichbehandlung stattzufinden, soweit keine abweichenden Regelungen getroffen wurden.

Nachdem der Insolvenzplan einer Prüfung durch das Insolvenzgericht unterzogen wurde, wird er gemäß § 232 InsO an die Verfahrensbeteiligten weitergeleitet. In einem Erörterungs- und Abstimmungstermin gemäß § 235 InsO wird über den Plan entschieden, indem jede Gruppe gemäß § 243 InsO gesondert über den Plan abstimmt.

Der Insolvenzplan gilt gemäß § 244 Abs. 1 Nr. 1, 2 InsO als angenommen, wenn sowohl die Mehrheit der abstimmenden Gläubiger zustimmt als auch die

---

674 *Ders.*, S. 32, Rn. 2.11 ff.

Summe der Ansprüche der zustimmenden Gläubiger mehr als die Hälfte der Summe der Ansprüche der abstimmenden Gläubiger beträgt. Wenn innerhalb der Gruppen die Mehrheiten nicht erreicht wurden, hat das Gericht gemäß § 245 InsO zu prüfen, ob eine unzulässige Obstruktion vorliegt. Dies ist dann der Fall, wenn der Gläubiger durch den Insolvenzplan keine Schlechterstellung gegenüber einem Insolvenzverfahren erfährt oder die Gläubiger der Gruppe angemessen an dem wirtschaftlichen Wert beteiligt werden. Gemäß § 248 InsO wird der Insolvenzplan durch das Gericht bestätigt mit der Folge, dass die im gestaltenden Teil geregelten Rechtsänderungen eintreten.

Mit Eintritt der formellen Rechtskraft des Bestätigungsbeschlusses ordnet das Insolvenzgericht durch besonderen Beschluss die Aufhebung des Insolvenzverfahrens an (§ 258 Abs. 1 InsO) mit der Folge, dass der Insolvenzverwalter die unstreitigen Masseansprüche befriedigt und für die streitigen Sicherheiten leistet (§ 258 Abs. 2 InsO). Soweit der Insolvenzplan keine anderweitigen Regelungen enthält, leben die ursprünglichen Forderungen der Gläubiger gemäß § 255 InsO wieder auf, wenn der Schuldner bei Erlass oder Forderungsstundung mit der Erfüllung der durch den Insolvenzplan anerkannten Forderungen der Gläubiger in erheblichen Rückstand geraten ist.

c) Der Insolvenzplan in Literatur und Praxis

Wie auch das Eigenverwaltungsverfahren, wird auch das Insolvenzplanverfahren in Literatur und Praxis nicht in dem vom Gesetzgeber gewünschten Umfang angenommen.

So hieß es aus Literaturstimmen, dass es sich bei dem Insolvenzplanverfahren um ein umständliches Gebilde handele, das von deutscher Gründlichkeit geprägt sei.[675] Darüber hinaus wurde dem Gesetzgeber vorgeworfen, dass es sich lediglich um verfahrensrechtliche Vorschriften handele, die Sanierung eines notleidenden Betriebes jedoch materielle Sanierungskonzepte voraussetze. Zunächst müsse gewährleistet sein, dass das Unternehmen in leistungs- und finanzwirtschaftlicher Sicht saniert werden könne. Sanierungsbeiträge der Gläubiger in Form von Stundungs- und Verzichtserklärungen seien erst der zweite Schritt.[676]

Da sich die Frage nach der Durchführung eines Insolvenzplanverfahrens vor allem bei zum Zeitpunkt der Antragstellung operativ tätigen Verfahren stellt, steht diese Art der Verfahrensabwicklung auch immer in Konkurrenz zu der Mög-

---

675 So *Wellensiek*, Sanieren oder Liquidieren? – Unternehmensfortführung und -sanierung im Rahmen der neuen Insolvenzordnung, WM 1999, S. 405, (410).
676 *Saegon/Wiester*, Erste praktische Erfahrungen mit der Insolvenzordnung aus Verwaltersicht, ZInsO 1999, S. 627, 631.

lichkeit einer übertragenden Sanierung, da diese mit erheblich geringerem Zeitaufwand und einem niedrigeren Risiko verbunden ist.[677] In der Praxis sind die Insolvenzverwalter immer bemüht, funktionsfähige Unternehmen als Einheiten zu veräußern.

Einigkeit besteht allerdings insoweit, als dass ein Insolvenzplanverfahren ein geeignetes Instrument zur Abwicklung bestimmter und einfach gelagerter Fälle sein kann. Dazu zählen beispielsweise Konstellationen, in denen das Vermögen überwiegend aus Grundvermögen besteht und das Insolvenzplanverfahren eine Alternative zu einem möglichen Zwangsversteigerungsverfahren darstellt.[678]

d) Der Insolvenzplan als geeignetes Sanierungsinstrument in der Landwirtschaftsinsolvenz?

Es gilt zu untersuchen, ob ein Insolvenzplanverfahren als geeignetes Instrument erscheint, den Erhalt eines Landwirtschaftsunternehmens zu ermöglichen. Für natürliche Personen bietet das Insolvenzplanverfahren den wesentlichen Vorteil, dass die Restschuldbefreiung erlangt wird, wenn der Schuldner die im gestaltenden Teil vorgesehenen Zahlungsziele erfüllt hat. Somit besteht keine Bindung an die sechsjährige Wohlverhaltensphase, wie in § 287 Abs. 2 InsO vorgesehen. Für den Insolvenzplan bestehen im Ergebnis keinerlei zeitliche Vorgaben, so dass damit zu rechnen ist, dass die Verfahrensabwicklung auf diesem Weg einen wesentlichen geringeren Zeitraum einnimmt als ein Regelinsolvenzverfahren. Die kürzere Verfahrensdauer hat ebenso Anreize für den Insolvenzverwalter. Wie bereits beschrieben, ist dieser während der Fortführung im Regelinsolvenzverfahren erheblichen Haftungsrisiken ausgesetzt, die im Rahmen eines Insolvenzplanverfahrens deutlich verkürzt werden könnten.

Im Ergebnis besteht für den Schuldner die Chance, das Verfahren in einem sehr kurzen Zeitraum abzuwickeln. Ein weiterer Anreiz kann für den Schuldner darin bestehen, Erträge zu erwirtschaften die oberhalb des Planzieles liegen, da diese vom Schuldner behalten werden können. Dies ist gerade in der Landwirtschaftsinsolvenz, die im Wesentlichen von der Sachkunde des Schuldners abhängt, ein wesentlicher Vorteil gegenüber dem Regelinsolvenzverfahren.

Auch die Gläubigerstruktur spricht für ein erfolgreiches Insolvenzplanverfahren. Neben der Kredit gebenden Hausbank werden in den meisten Fällen noch Futtermittel-, Saatgut- und Düngemittellieferanten sowie das Finanzamt eine

---

677 *Smid* in: Smid/Rattunde, (vgl. Fn. 637), 2.20, S. 35.
678 *Ders.*, 2.23, S. 36.

wichtige Rolle spielen. Mit diversen Kleingläubigern ist in der Landwirtschaftsinsolvenz in der Regel nicht zu rechnen.

Gegen das Insolvenzplanverfahren in der Landwirtschaft spricht die Notwendigkeit besonderer Kenntnisse, die für die Erforschung der Krisenursachen
erforderlich sind. Aufgrund der Diversifizierung des landwirtschaftlichen und
teilweise auch des gewerblichen Einkommens, ist für das Erforschen der Krisenursachen oftmals ein hoher Aufwand zu betreiben. Hinzu kommt, dass viele
Wirtschaftsgüter wie beispielsweise die Milchquote und die Betriebsprämie zeitlich begrenzt gewährt werden, so dass langfristige betriebswirtschaftliche Pla-
nungen aufgrund der ungewissen Zukunft der von den Subventionen abhängigen
Betriebszweige nur schwer möglich sind. Dies könnte dazu führen, dass wesentliche Gläubiger das Risiko der Planverwirklichung als zu hoch einschätzen. Letztlich stellt sich die Frage, ob Gläubiger bei der derzeitigen Marktlage landwirtschaftlicher Wirtschaftsgüter gewillt sind, Einschnitte in Form vom Kürzungen
und Stundungen der Insolvenzforderungen oder Eingriffe in ihre Absonderungsrechte hinzunehmen. Maßgebliches Sicherungsgut ist in den meisten Fällen der
Grund und Boden, dessen Verkehrswerte aufgrund der Nachfrage eine rasante
Wertsteigerung erfahren. In Fällen, in denen die Gläubiger aufgrund ihrer werthaltigen Sicherheiten mit einer vollständigen Befriedigung ihrer Forderungen
rechnen, kommt unter Umständen ein Liquidationsplan in Betracht. Die Fortführung des Landwirtschaftsunternehmens bedeutet dann nicht unbedingt eine bes-
sere Quote als bei Zerschlagung des Unternehmens.

4. Eigenverwaltung in Verbindung mit einem Insolvenzplan unter Berücksichtigung der neuen Rechtslage

a) Allgemeine Vorteile der Verbindung von Eigenverwaltung und Insolvenzplan

Im Rahmen der Diskussion um das Instrument der Eigenverwaltung werden in
der Literatur immer wieder die Vorteile hervorgehoben, die bei einer Verbindung
des Antrags auf Eigenverwaltung in einem Insolvenzplanverfahren entstehen
würden.[679] Zwar besteht unter Rückgriff auf die Motive des Gesetzgebers darüber
Einigkeit, dass die Anordnung der Eigenverwaltung völlig unabhängig von der
Vorlage eines Insolvenzplanes zu betrachten sei[680], dennoch wird in den überwiegenden Fällen die Anordnung der Eigenverwaltung davon abhängig sein, ob

---

679 *Graf/Wunsch*, Eigenverwaltung und Insolvenzplan – Gangbarer Weg in der Insolvenz von
Freiberuflern und Handwerkern?, ZIP 2001, S. 1029, 1034; *Huntemann/Dietrich*, (vgl. Fn. 642),
S. 13, 16.
680 *Riggert* in: Nerlich-Römermann, InsO, § 270 Rn. 24; *Huhn*, Eigenverwaltung, Rn. 166 ff.

der Schuldner den Gläubigern von vornherein eine bestimmte Weise der Abwicklung des Insolvenzverfahrens anbietet.[681] Die Unabhängigkeit von Eigenverwaltung und Insolvenzplan wird auch nach der Reform darin deutlich, dass die Vorlage eines Insolvenzplanes gerade keine Voraussetzung des § 270 InsO ist. Es wird darüber hinaus die Auffassung vertreten, dass die in der Gesetzgebung bislang erfolgte Aufgabe des Junktims zwischen Eigenverwaltung und Insolvenzplanverfahren zu der „Außenseiterrolle" der Eigenverwaltung führte, was bereits daran lag, dass dem Gericht aufgrund des § 270 Abs. 2 Nr. 3 InsO a. F. Maßstäbe fehlten, aufgrund derer die Nachteiligkeit der Eigenverwaltung beurteilt werden konnte.[682] Durch die Vorschrift des § 270 b InsO hat der Gesetzgeber nunmehr versucht, diese Lücke zu schließen, indem für den Fall, dass der Schuldner bei drohender Zahlungsunfähigkeit oder Überschuldung einen Eröffnungsantrag gestellt und Eigenverwaltung beantragt hat und die angestrebte Sanierung nicht offensichtlich aussichtslos ist, das Gericht auf Antrag des Schuldners eine Frist zur Vorlage eines Plans bestimmt und gemäß Abs. 2 einen vorläufigen Sachwalter bestellt. Für die Beurteilung der drohenden Zahlungsunfähigkeit und die Aussichten einer Sanierung ist die Bescheinigung eines in Insolvenzsachen erfahrenen Steuerberaters, Wirtschaftsprüfers oder Rechtsanwalts oder einer Person mit vergleichbarer Qualifikation vorzulegen. Somit hat der Plan vor allem die Funktion, Gläubigern und Insolvenzgericht die Erfolgsaussichten einer Eigenverwaltung dazulegen.[683]

b) Eignung der Verbindung von Eigenverwaltung und Insolvenzplan für die Landwirtschaftsinsolvenz

Für den Schuldner liegt der Vorteil in einer solchen Verbindung darin, die Verwaltungs- und Verfügungsbefugnis zu behalten. Für den Sachwalter und die Gläubigergemeinschaft ist davon auszugehen, dass bei einer Vereinigung der Vorteile von Insolvenzplanverfahren und Eigenverwaltung innerhalb eines kurzen Zeitraumes eine bestmögliche Befriedigung der Forderungen erzielt werden kann. Dies liegt zum einen in der Motivation des Schuldners, in kurzer Zeit unter eigener Regie den Makel des Insolvenzverfahrens abstreifen zu können als auch in dem Einsatz seiner persönlichen und unter Umständen der familiären Arbeitskraft. Darüber hinaus wird diese Verfahrensweise auch den Eigenarten der „Bau-

681 Vgl. *Wehdeking*, Masseverwaltung durch den insolventen Schuldner; *Smid* in: Flöther/Smid/ Wehdeking, (vgl. Fn. 654), S. 2.
682 *Wehdeking/Smid*, Soll die Anordnung der Eigenverwaltung voraussetzen, dass der Schuldner dem Insolvenzgericht einen „Pre-packaged" Insolvenzplan vorlegt?, ZInsO 2010, S. 1713, 1714.
683 Vgl. hierzu ausführlich:*Wehdeking/Smid*, (vgl. Fn. 683), S. 1713 ff.

ernschaft" gerecht, indem durch die schnelle Aufhebung des Insolvenzverfahrens dem Landwirt der Makel des Insolvenzverfahrens nur kurzfristig anhaftet oder unter Umständen gar nicht bekannt wird. Im Fall der beabsichtigten Sanierung kann von der Möglichkeit des § 270 b InsO Gebrauch gemacht werden. In diesem Zusammenhang sollte sich der Schuldner nicht scheuen, bereits frühzeitig Hilfe von den Organisationen, die auch eine rechtliche Beratung vornehmen, einzufordern. Dabei handelt es sich insbesondere um die Landwirtschaftskammern und Bauernverbände, soweit der Schuldner Mitglied ist. Auch die landwirtschaftlichen Buchstellen und der landwirtschaftliche Buchführungsverband können wertvolle Hilfesteller sein. Zu beachten ist allerdings, dass diese Stellen nicht geeignet sind, die Beurteilung der drohenden Zahlungsunfähigkeit und der Aussichten einer Sanierung vorzunehmen, da es sich dabei um Berufsgruppen handeln muss, die eine große Anzahl von Mandanten im Bereich des Insolvenzrechts wahrgenommen haben.[684]

5. Zwischenergebnis

Im Ergebnis gibt es keinen allgemeingültigen Lösungsvorschlag für ein optimales Sanierungsverfahren in der Landwirtschaft. In den Fällen, in denen die Sanierungsfähigkeit des Unternehmens positiv festgestellt wurde, ist einer frühen Antragstellung, verbunden mit dem Antrag auf Eigenverwaltung, gegenüber der Durchführung eines Regelinsolvenzverfahrens der Vorzug zu geben. Aus dem Grund, das Potential des Schuldners nutzen zu wollen, wurde dieser Gedanke bereits im Zwangsverwaltungsverfahren durch die Vorschrift des § 150 b ZVG etabliert.

Allerdings ist trotz aller gesetzgeberischen Bemühungen, die frühzeitige Antragstellung zum Zwecke der Sanierung zu erleichtern, ein Sanierungsverfahren mit Eigenverwaltung nur dann ein geeignetes Mittel, wenn entsprechendes Vertrauen zum Schuldner besteht. Darüber hinaus müssen alle Beteiligten davon überzeugt sein, dass die Fähigkeiten und Kenntnisse des Schuldners ausreichen, um das Unternehmen zu sanieren. Das kann nur dadurch erreicht werden, dass der Schuldner sich so früh wie möglich an seine Gläubiger wendet und mit diesen versucht, einen Lösungsweg zu finden. Die Änderungen der Vorschriften über die Eigenverwaltung können allerdings beim Schuldner für mehr Sicherheit sorgen, da die Anforderungen an eine Ablehnung des Eigenverwaltungsantrags gestiegen sind und die Gerichte sich insoweit intensiver mit

---

684 *Riggert* in: Braun, InsO, § 270 b Rn. 6.

den Eigenverwaltungsanträgen auseinandersetzen müssen. Aufgrund der engen Zusammenarbeit, die in der Landwirtschaft mit den Beratungsstellen stattfindet, kann entsprechende Aufklärung betrieben und unterstützende Hilfeleistung bei der Vorbereitung eines Insolvenzplans geleistet werden. Auch für die Beurteilung der Sanierungsfähigkeit von Landwirtschaftsbetrieben sollte die Meinung der Beratungsstellen eingeholt werden. Dies hat der Gesetzgeber bereits erkannt und deshalb im Rahmen von § 156 Abs. 2 InsO den zuständigen amtlichen Berufsvertretungen der Landwirtschaft eine Gelegenheit zur Stellungnahme eingeräumt.

Es bleibt abzuwarten, ob auch nach der Gesetzesänderung Verfahren, die für die Eigenverwaltung geeignet wären, in der Regel außergerichtlich abgewickelt werden. Gerade, wenn das Vertrauen in den Schuldner, in seine Fähigkeiten und in die Sanierungs- bzw. Leistungsfähigkeit des Betriebes noch vorhanden ist, sind die Gläubiger aufgrund der zeitlichen Aspekte und aus Gründen der Kosteneffizienz eher geneigt, mit den geeigneten außergerichtlichen Sanierungsmaßnahmen eine Insolvenz zu vermeiden.

V. Ergebnis und Zusammenfassung zu H.

Die Fortführung des Landwirtschaftsunternehmens ist nur bei Vorhandensein ausreichender Betriebsmittel möglich. Hierzu ist zunächst Einigung mit den Gläubigern zu erzielen, wenn diese Sicherheiten am Anlage- und Umlaufvermögen bestellt haben.

Für eine erfolgreiche Fortführung ist die Mitwirkung des Schuldners wünschenswert, da das landwirtschaftliche Unternehmen durch die Höchstpersönlichkeit und die Ortsnähe seiner Betriebsführung geprägt ist. Der Insolvenzverwalter sollte daher seine Tätigkeit auf eine Aufsichts- und Überwachungsfunktion beschränken und den operativen Geschäftsbetrieb dem Schuldner überlassen. Bei der Fortführung von Biogasanlagen wird die Abhängigkeit zum Betriebsleiter aufgrund der öffentlich-rechtlichen Vorgaben noch deutlicher.

Bei der Fortführung eines Landwirtschaftsbetriebes bestehen weiterhin erhebliche Risiken, die sowohl zur Haftung der Masse als auch unter Umständen des Insolvenzverwalters führen können. Einen besonderen Stellenwert hat die umweltrechtliche Haftung. Dabei haftet die Insolvenzmasse für Beseitigungskosten oder Kosten der Ersatzvornahmehandlungen der Behörden für Störungen und Gefahren nach Insolvenzeröffnung. Aber auch für vorinsolvenzliche behördliche Maßnahmen haftet die Insolvenzmasse, wenn die Störerauswahl der Behörde aufgrund der Zustandsverantwortlichkeit erfolgt. Hierbei sind allerdings die jeweiligen spezialgesetzlichen Anspruchsgrundlagen und deren Voraussetzungen zu würdigen. In der Rechtsprechung herrscht allerdings inzwischen Einigkeit darüber, dass eine Haftung der Insolvenzmasse durch Freigabeerklärung vermieden werden kann. Eine weitere Verschärfung der agrarumweltrechtlichen Haftungstatbestände ist seit Inkrafttreten des Umweltschadensgesetzes gegeben. Dieses sieht für besonders schützenswerte Arten und Gebiete verschuldensunabhängige Haftungstatbetände vor, die auch nur teilweise versicherbar sind.

Bei viehhaltenden Betrieben existieren weitere Haftungsrisiken, die sich aus den Anforderungen an die Haltung der jeweiligen Tierarten, an den Transport sowie an den Umgang mit Tierseuchen und der Verabreichung von Tierarzneimitteln ergeben.

Auch im Hinblick auf die Verpflichtung des Insolvenzverwalters zur handels- und steuerrechtlichen Rechnungslegung gelten für die Landwirtschaft Besonderheiten sowohl im Einkommens- als auch im Umsatzsteuerrecht.

Die Verwertung des Landwirtschaftsunternehmens in der Insolvenz kann in Form der Veräußerung einzelner Vermögensgegenstände, durch die Nutzung der Massegegenstände oder in Form der Unternehmensveräußerung „im Ganzen" stattfinden. Aufgrund der Tatsache, dass Veräußerungen von landwirtschaftlichen Betrieben oder Teilen davon komplex und vielschichtig sind, sind zahlreiche rechtliche Vorschriften zu berücksichtigen. So bedürfen unter anderem rechtsgeschäftliche Veräußerungen und schuldrechtliche Vereinbarungen darüber grundsätzlich einer entsprechenden grundstücksverkehrsrechtlichen Genehmigung, soweit es sich nicht um genehmigungsfreie Rechtsgeschäfte handelt. Der Insolvenzverwalter hat bereits im Vorwege des Kaufvertragsabschlusses etwaige Versagungsgründe zu berücksichtigen und zu prüfen.

Einen weiteren wesentlichen Gesichtspunkt bildet die Übertragung subventionsrechtlicher Rechte. So sind bei der Übertragung von Milchquote die Vorschriften der Milchquotenverordnung zu beachten. Bei der Veräußerung des gesamten Betriebes ist weiterhin der Erwerb der Zahlungsansprüche zu regeln. Sollte es sich bei dem zu verwertenden Landwirtschaftsbetrieb um einen Hof im Sinne der Höfeordnung handeln, ist der Insolvenzverwalter bei den Verwertungshandlungen nicht durch etwaige Nachabfindungsansprüche weichender Erben eingeschränkt.

Ein weiteres Problemfeld für Betriebsveräußerungen in den neuen Bundesländern existiert aufgrund der Vorschriften des Ausgleichsleistungsgesetzes in Verbindung mit der Flächenerwerbsverordnung, die aufgrund von Veräußerungssperren und Rücktrittssperren für einen Zeitraum von 15 Jahren die Verwertungschancen deutlich einschränken können.

Die Untersuchungen haben gezeigt, dass eine frühe Antragsstellung verbunden mit einem Antrag auf Eigenverwaltung gegenüber einer Fortführung im Regelinsolvenzverfahren oder einer übertragenden Sanierung vorteilhafter sein kann. Das vor allem dann, wenn weiterhin Vertrauen gegenüber der Betriebsführung besteht.

Die Grundidee der Eigenverwaltung, das Potential des Schuldners nützen zu wollen, erfährt in der Landwirtschaftsinsolvenz besondere Bedeutung.

I. Ergebnis

Die Untersuchung hat gezeigt, dass die Insolvenz eines landwirtschaftlichen Unternehmens bislang aufgrund der geringen Anzahl noch keine wesentliche Bedeutung in der insolvenzrechtlichen Praxis und damit in Rechtsprechung und Literatur gefunden hat.

Die Darstellung der Krisenursachen hat gezeigt, dass die Landwirtschaft von vielen nicht zu beeinflussenden Faktoren abhängig ist. Externe Krisenursachen spielen daher eine erhebliche Rolle. Zwingend ist die Notwendigkeit der Betriebsleiter, sich an den Marktverhältnissen zu orientieren. Die Herausforderungen an die einzelnen Landwirte sind daher enorm. So werden sowohl die Ausstattung des jeweiligen Betriebes als auch die fachlichen und persönlichen Fähigkeiten des Landwirts für den wirtschaftlichen Erfolg maßgeblich sein. Im Ergebnis ist bei einer verstärkten Marktorientierung mit einer steigenden Anzahl von Landwirtschaftsinsolvenzen zu rechnen.

Es kann festgestellt werden, dass kein feststehender Begriff für die „Landwirtschaft" existiert und dies für die Insolvenzabwicklung auch nicht erforderlich ist. Für den Insolvenzverwalter, der sich mit der Lebenswirklichkeit beschäftigen muss, sind Kenntnisse über die einschlägigen Normen entscheidend. Es konnte im Rahmen dieser Arbeit darüber hinaus aufgezeigt werden, dass die Landwirtschaft von eher unbekannten Rechtsmaterien begleitet wird. Darüber hinaus müssen die zahlreichen Privilegierungstatbestände der Landwirtschaft, die sich in den einzelnen Gesetzen finden, Beachtung finden.

Wie die Darstellung gezeigt hat, haben sich Landwirtschaftsbetriebe mittlerweile zu wettbewerbsfähigen Unternehmen gewandelt und zeigen sich neben dem Einzellandwirt in Gestalt sämtlicher Gesellschaftsformen. Zu beachten ist, dass das Insolvenzverfahren über das Vermögen eines Einzellandwirts als Regelinsolvenzverfahren eröffnet wird, da die selbstständige Tätigkeit im Vordergrund steht.

Weiterhin konnten landwirtschaftsspezifische Wirtschaftsgüter herausgearbeitet und deren Massezugehörigkeit untersucht werden. Dabei handelte es sich namentlich um die Milchquote und die Zahlungsansprüche. Die Milchquote ist immer dann massezugehörig, wenn der Milchviehbetrieb aufgegeben wird. Für den Fall der Fortführung oder der übertragenden Sanierung ist die Verwertung der Milchquote gemäß § 26 MilchQuotV ausgeschlossen. Die Betriebsprämie ist nach dem Beschluss des Bundesgerichtshofes vom 23. 10. 2008 ebenfalls unstreitig massezugehörig.

Ein weiterer Schwerpunkt lag in der Untersuchung spezifischer Sicherungsgegenstände im Rahmen der Sicherungsübereignung und in der Beschreibung besonderer Pfandrechte, die speziell auf die Bedürfnisse und Gegebenheiten in der Landwirtschaft zugeschnitten sind. Zusammenfassend ist es im Rahmen der Forderungsprüfung und der Prüfung von Absonderungsrechten entscheidend, dass die zugrundeliegenden Verträge geprüft werden. Gerade in Sicherungsübereignungsverträgen wird dem Bestimmtheitserfordernis in vielen Fällen keine Rechnung getragen. Die Beurteilung der Pfandrechte erfordert ein Einarbeiten in die jeweils einschlägigen Rechtsvorschriften und die hierzu ergangene Rechtsprechung.

Die Abhängigkeit von staatlichen Förderungen und Zuwendungen führt zu einer Beteiligung öffentlich-rechtlicher Gläubiger. Die Insolvenzforderungen ergeben sich sowohl dem Grunde als auch der Höhe nach regelmäßig aus entsprechenden Rückforderungsbescheiden.

Ein weiteres Ziel der Untersuchung war es, branchentypische Verträge und ihre Auswirkungen auf das Insolvenzverfahren darzustellen, wobei der Schwerpunkt auf dem Landpachtvertrag lag. Mit dem „Schicksal" des Landpachtvertrages werden wichtige Weichen für den Fortgang des Insolvenzverfahrens gestellt. Daneben sind Pflugtauschabreden, Bewirtschaftungsverträge, diverse Lieferverträge und der Altenteilsvertrag in der Landwirtschaftsinsolvenz charakteristisch. Obwohl es keinen zwingenden Zusammenhang zur Landwirtschaftsinsolvenz gibt, besteht eine unmittelbare thematische Verbindung zum Jagdpachtvertrag, da die Jagd überwiegend auf land- und forstwirtschaftlichen Flächen stattfindet.

In einem weiteren Schwerpunkt wurden Sachverhalte herausgearbeitet, die in der Landwirtschaftsinsolvenz zur Anfechtung berechtigen könnten. Es wurden verschiedene Konstellationen der Milchquotenübertragung betrachtet. Da seit dem 1. 4. 2000 die Übertragung der Milchquote flächenungebunden und über die Übertragungsstellen erfolgt, ist in diesen Fällen aufgrund einer Kaufpreiszahlung des Erwerbers die Anfechtung ausgeschlossen. Anfechtungsrechtlich relevant sind mithin Gesamtbetriebsveräußerungen mit Milchquotenübertragung sowie Übertragungen an nahe Angehörige, da insoweit kein Börsenzwang besteht. In dem Fall der gesamten Betriebsveräußerung bedarf es der Anfechtung des gesamten Veräußerungsgeschäfts. Eine Verlängerung des Pachtvertrages berechtigt nur dann zur Anfechtung, wenn entweder die Höhe des Pachtzinses nicht dem Wert der Flächen entspricht oder die Fälligkeit der Zahlungen nicht üblich ist.

Darüber hinaus wurde die Anfechtbarkeit des Hofüberlassungsvertrages nach der in Schleswig-Holstein geltenden Höfeordnung untersucht. Entscheidend war für die Beurteilung, ob es sich bei dem Hofübergabevertrag um ein entgeltliches oder ein unentgeltliches Rechtsgeschäft handelt und ob von einer Schenkung unter Auflage oder einer gemischten Schenkung ausgegangen wird. Als interessengerechte Lösung wurde, wie bereits von *Henckel* gefordert, die Annahme einer gemischten Schenkung angesehen, so dass der Wertüberschuss zwischen dem unentgeltlichen und dem entgeltlichen Teil an die Insolvenzmasse zu entrichten ist.

Letztlich wurden im Hinblick auf das Insolvenzverfahrensrecht die verschiedenen Möglichkeiten der Verfahrensgestaltung dargestellt.

Die Fortführung des Landwirtschaftsunternehmens ist nur bei Vorhandensein ausreichender Betriebsmittel möglich. Hierzu ist zunächst Einigung mit den Gläubigern zu erzielen, wenn diese Sicherheiten am Anlage- und Umlaufvermögen haben.

Für eine erfolgreiche Fortführung ist die Mitwirkung des Schuldners wünschenswert, da das landwirtschaftliche Unternehmen durch die Höchstpersönlichkeit und die Ortsnähe seines Betriebsleiters geprägt ist. Der Insolvenzverwalter sollte daher seine Tätigkeit auf eine Aufsichts- und Überwachungsfunktion beschränken und den operativen Geschäftsbetrieb dem Schuldner überlassen. Bei der Fortführung von Biogasanlagen wird die Abhängigkeit zum Betriebsleiter aufgrund der öffentlich-rechtlichen Vorgaben noch deutlicher.

Bei der Fortführung eines Landwirtschaftsbetriebes bestehen weiterhin Risiken, die sowohl zur Haftung der Masse als auch unter Umständen des Insolvenzverwalters führen können. Einen besonderen Stellenwert hat die umweltrechtliche Haftung. Dabei haftet die Insolvenzmasse für Sanierungskosten oder für die Kosten der Ersatzvornahme für die Beseitigung von Störungen und Gefahren nach Insolvenzeröffnung. Aber auch für vorinsolvenzlich behördliche Maßnahmen haftet die Insolvenzmasse, wenn die Störerauswahl der Behörde aufgrund der Zustandsverantwortlichkeit erfolgt. Hierbei sind jedoch die jeweiligen spezialgesetzlichen Anspruchsgrundlagen zu würdigen. In der Rechtsprechung herrscht allerdings inzwischen Einigkeit darüber, dass eine Haftung der Insolvenzmasse durch Freigabeerklärung vermieden werden kann. Eine weitere Verschärfung der agrarumweltrechtlichen Haftungstatbestände ist seit Inkrafttreten des Umweltschadensgesetzes gegeben. Dieses sieht für besonders schützenswerte Arten und Gebiete verschuldensunabhängige Haftungstatbestände vor, die auch nur teilweise versicherbar sind.

Bei viehhaltenden Betrieben existieren weitere Haftungsrisiken, die sich aus den Anforderungen an die Haltung der jeweiligen Tierarten, an den Transport sowie an den Umgang mit Tierseuchen und an die Verabreichung von Tierarzneimitteln ergeben.

Im Einkommensteuer- und im Umsatzsteuerrecht gibt es zahlreiche Besonderheiten in der Besteuerung von land- und forstwirtschaftlichen Sachverhalten.

Die Verwertung des Landwirtschaftsunternehmens kann in Form der Veräußerung einzelner Vermögensgegenstände, durch die Nutzung der Massegegenstände oder im Wege der Unternehmensveräußerung „im Ganzen" stattfinden. Die rechtsgeschäftliche Veräußerung landwirtschaftlicher Unternehmen und die schuldrechtlichen Verträge hierüber bedürfen grundsätzlich einer Genehmigung nach dem Grundstücksverkehrsgesetz durch die nach Landesrecht zuständigen Behörde. Bei der Übertragung subventionsrechtlicher Rechte sind die Vorgaben der Milchquotenverordnung zu beachten. Bei der Veräußerung des gesamten Betriebes ist weiterhin der Erwerb der Zahlungsansprüche zu regeln. Die Verwertungschancen bei Betriebsveräußerungen in den neuen Bundesländern können durch die Vorgaben des Ausgleichsleistungsgesetzes in Verbindung mit der Flächenerwerbsverordnung deutlich eingeschränkt werden. Dabei geht es um Flächen, die der insolvente Schuldner nach dem Flächenerwerbsprogramm zwar vergünstigt erworben hat, seinerseits aber für einen Zeitraum vom 15 Jahren verpflichtet ist, die Flächen selbst zu bewirtschaften, nicht zu veräußern und keiner anderen Nutzung zuzuführen. Vertragsverletzungen führen zu Rücktrittsrechten und Veräußerungsverboten, soweit die BVVG als Verkäuferin keine Genehmigung zur Veräußerung erteilt, wobei nach Ablauf von fünf Jahren nach dem vergünstigtem Erwerbsgeschäft ein Anspruch auf Erteilung der Genehmigung besteht. Darüber hinaus steht dem Veräußerer für jedes weitere Jahr ein Anteil von 9,09 % des Mehrerlöses zu.

Die Untersuchungen haben gezeigt, dass bei Vorliegen eines sanierungsfähigen Landwirtschaftsunternehmens eine frühe Antragsstellung, – verbunden mit einem Antrag auf Eigenverwaltung –, einer Fortführung im Regelinsolvenz- oder Insolvenzplanverfahren oder einer übertragenden Sanierung vorzuziehen ist. Die Verbindung mit einem Insolvenzplan, wie es nunmehr der § 270 b InsO vorsieht, erscheint zudem ein geeigneter Weg zu sein, das Unternehmen zu reorganisieren und zu sanieren, da die Kürze des Verfahrens dazu beitragen kann, dass der Makel des Insolvenzverfahrens nicht lange anhaftet oder gar nicht erst bekannt wird. Das Eigenverwaltungsverfahren bietet sich in der Landwirtschaft allerdings auch als Liquidationsverfahren an. Die Anordnung der Eigenverwaltung erscheint immer dann geeignet, wenn die Verwaltung der Insolvenzmasse besondere Fähigkeiten und Kenntnisse erfordert, was in der Landwirtschaft ohne Frage der Fall ist. Unterstützt wird diese These durch § 150 b ZVG, wonach im Rahmen eines Zwangsverwaltungsverfahrens über einen landwirtschaftlichen Betrieb vorausgesetzt wird, dass der Landwirt selbst als Verwalter bestellt wird. Auch die häufig anzutreffende Ortsnähe sowie die Einbindung der Arbeitskraft der Familie sind Faktoren, die für die Eignung eines Eigenverwaltungsverfahrens in diesem Bereich sprechen. Aus diesen Gründen handelt es sich bei der Landwirtschaftsinsolvenz um eine Fallgruppe, in der ein Eigenverwaltungsverfahren im Ergebnis auch der bestmöglichen Gläubigerbefriedigung dient, was wiederum sowohl für die Liquidation im Eigenverwaltungsverfahren als auch für eine Sanierung in Verbindung mit einem Insolvenzplan gilt.

J. Literaturverzeichnis

Andres, Dirk/Leithaus, Rolf, Dahl, Michael: Insolvenzordnung, 2. Auflage, München 2011.

Annen, Thomas: Punktwertverfahren in einem Frühwarnsystem für existenzgefährdete Betriebe, Berichte über Landwirtschaft, Band 83, S. 103–109.

Augustin, Dirk: Rechtsformen für Kooperationen in der Landwirtschaft unter besonderer Berücksichtigung steuerlicher Aspekte, Aachen 1994.

Bamberger, Heinz-Georg/ Roth, Herbert: Kommentar zum Bürgerlichen Gesetzbuch, Band 1, §§ 1–610, Band 2, §§ 611–1296, 3. Auflage, München 2012 (zit. *Bearbeiter* in: Bamberger/ Roth).

Baumbach, Adolf/Lauterbach, Wolfgang/Albers, Jan/Hartmann, Peter: Zivilprozessordnung, 69. Auflage, (zit. *Bearbeiter* in: Baumbach/Lauterbach/Albers/Hartmann).

Baumbach, Adolf/Hopt, Klaus/ Merkt, Hanno/ Roth, Markus: Handelsgesetzbuch, 35. Auflage, München 2012 (zit. *Bearbeiter* in: Baumbach/Hopt).

Beckmann, Martin/Durner, Wolfgang/Mann, Thomas/Röckinghausen, Marc: Landmann/Rohmer, Umweltrecht, 63. Ergänzungslieferung, Stand: 1. 12. 2011, München 2012, (zit. *Bearbeiter* in: Landmann/Rohmer).

Beck'sches Steuer- und Bilanzrechtslexikon, München 2010 (zit. *Bearbeiter* in: Beck'sches Steuer- und Bilanzrechtslexikon).

Bernsau, Georg/ Höpfner, Alexander/ Rieger, Stefan/ Wahl, Michael: Handbuch der übertragenden Sanierung, Neuwied Kriftel 2002.

Beuthien, Volker: Genossenschaftsgesetz, 15. Auflage, München 2011.

Blümich, Walter: EStG, KStG, GewStG, 114. Ergänzungslieferung Stand: Februar 2012, München (zit: *Bearbeiter* in: Blümich).

Böhme, Klaus: Stand und offene Fragen bei der Ablösung der Landwirtschafts-Altschulden, NL-BzAR 4/2005, S. 154–157.

Böhme, Klaus: Wenn Geister geweckt werden – zur Bewältigung nicht erkannter Liquidationen, NL-BzAR 10/2001, S. 76 ff.

Bork, Reinhard: Einführung in das Insolvenzrecht, 4. Auflage, Tübingen 2005.

Braun, Eberhard: Insolvenzordnung, 5. Auflage, München 2012 (zit. *Bearbeiter* in Braun).

Braun, Eberhard/ Uhlenbruck, Wilhelm: Unternehmensinsolvenz, Grundlagen, Gestaltungsmöglichkeiten, Sanierung mit der Insolvenzordnung, Düsseldorf 1999.

Brüggemann, Michael: Die Gesellschaft bürgerlichen Rechts als Organisationsform für Agrarunternehmen, Hamburg 2009.

Buchalik, Robert: Faktoren einer erfolgreichen Eigenverwaltung, NZI 2000, S. 294–301.

Bundesamt für Naturschutz, Daten zur Natur, 2002.

Bundesministerium für Ernährung, Landwirtschaft und Verbraucherschutz, Statistisches Jahrbuch über Ernährung, Landwirtschaft und Forsten 2007 und 2011.

Bundesministerium für Ernährung, Landwirtschaft und Verbraucherschutz, Die EU-Agrarreform-Umsetzung in Deutschland, Ausgabe 2006.

Bundesministerium für Ernährung, Landwirtschaft und Verbraucherschutz, Stellungnahme zur rechtlichen Einordnung der Zahlungsansprüche, AUR 2006, S. 89.

Bundesministerium für Umwelt, Naturschutz und Reaktorsicherheit, Umweltbericht 2006, www.umweltdaten.de/rup/umweltbericht_2006.pdf.

Bünz, Vincent/ Heinsius, Ernst W.: Familiengesellschaften in Recht und Praxis: Grundwerk, Band 2, Freiburg 1980.

Busch, Holger/Winkens, Herbert: Insolvenzrecht und Steuern visuell, Stuttgart 2007.

Busse, Christian: Zur Frage der Pfändbarkeit von Milchquoten und der Rechtsnatur der Milchquotenübertragung, AUR 2006, S. 153–167.

Cymutta, Claudia: Pacht- und Landpachtverträge in der Insolvenz, ZInsO 2009, S. 582–585.

Czub, Hans-Joachim: Gescheiterte Strukturveränderungen ehemaliger landwirtschaftlicher Pro-
duktionsgenossenschaften- Voraussetzungen, Rechtsfolgen und Möglichkeiten, VIZ 2003,
S. 105.

Czychowski, Manfred/Reinhard, Michael: Wasserhaushaltsgesetz: Unter Berücksichtigung der
Landeswassergesetze, München 2007.

Dahl, Michael: Altlasten und Ersatzvornahmekosten in der Insolvenz, NJW-Spezial 2010, S. 341–
342.

Dahl, Michael: Im Überblick: Der Mieter in der Insolvenz, NZM 2008, S. 585 ff.

Dauner-Lieb, Barbara/Langen, Werner: Nomos Kommentar BGB Schuldrecht, Band 1, 2. Auflage,
Baden-Baden 2012, (zit. *Bearbeiter* in: Dauner-Lieb).

Deuringer, Josef/Fischer, Roman/Fauck, Michael: Verträge in der Landwirtschaft, München Wien
Zürich 1999 (zit.: *Bearbeiter* in: Deuringer/Fischer/Fauck).

Diederichsen, Lars: Grundfragen zum neuen Umweltschadensgesetz, NJW 2007, S. 3377–
3382.

Dirksen, Anne: Versicherungen in der Landwirtschaft, aid Infodienst Ernährung, Landwirtschaft und Verbraucherschutz e.V.:, Heft 1188/2009, Bonn 2009.

Doluschitz, Reiner: Unternehmensführung in der Landwirtschaft, Stuttgart 1997.

Doluschitz, Reiner/Schwenninger Ruth: Nebenerwerbslandwirtschaft, Stuttgart 2003.

Dorsch, K./Meyer S.: Direktvermarktung – Gemeinsam fällt der Einstieg leichter, Top Agrar 06/
200, S. 94.

Dombert, Matthias/Witt, Karsten: Münchener Anwaltshandbuch Agrarrecht, München 2011
(zit. *Bearbeiter* in: MAH-Agrarrecht).

Domröse, Heinrich: Wenn Bauern zu Kommanditisten werden, Top Agrar 03/2005, S. 44.

Düsing, Mechthild/Kauch, Petra: Die Zusatzabgabe im Milchsektor, Münster 2001.

Düsing, Mechthild: Milchabgabenverordnung, Sankt Augustin 2005.

Ebeling, Theodor: Das Früchtepfandrecht: auf Grund des Gesetzes zur Sicherung der Dünge-
mittel- und Saatgutverordnung vom 19. 1. 1949, Hamburg 1955.

Ekardt, Felix/Heym, Andreas/Seidel, Jan: Die Privilegierung der Landwirtschaft im Umweltrecht,
ZUR 2008, S. 169.

Elz, Dirk: Verarbeitungsklauseln in der Insolvenz des Vorbehaltskäufers- Aussonderung oder
Absonderung?, ZInsO 2000 S. 478 ff.

Faßbender, Jürgen/Hötzel, Hans-Joachim/Lukanow, Jürgen: Landpachtrecht, 3. Auflage, Köln
2005 (zit. *Bearbeiter* in: Faßbender/Hötzel/Lukanow).

FCH-Sicherheitenkompendium, Hereinnahme und Bearbeitung von Kreditsicherheiten:
Praxisrelevante Rechtsfragen und Sicherheitenbewertung, 3. Auflage, Heidelberg 2011
(zit. *Bearbeiter* in: FCH-Sicherheitenkompendium).

Flöther, Lucas/Smid, Stefan/Wehdeking, Silke: Die Eigenverwaltung in der Insolvenz, München
2005.

Förster, Karsten: Klartext: Von Böcken und Gärtnern, ZInsO 1999, S. 153.

Forstner, Bernhard/Hirschauer, Norbert: Wirkungsanalyse der Altschuldenregelung in der Agrarwirtschaft, Braunschweig 2001.

Frankfurter Kommentar zur Insolvenzordnung: herausgegeben von Klaus Wimmer, 6. Auflage,
München 2010 (zit. *Bearbeiter* in FK-InsO).

Giesberts, Ludger/Reinhardt, Michael: Beck'scher Online-Kommentar zum Umweltrecht, Stand 1. 4. 2012, München (zit. *Bearbeiter* in: Giesberts/Reinhardt).

Gogger, Martin: Insolvenzgläubiger-Handbuch, 3. Auflage, München 2011.

Gottwald, Peter: Insolvenzrechts-Handbuch, 4. Auflage, München 2010 (zit. *Bearbeiter*: in Gottwald, Insolvenzrechts-Handbuch).

Götz, Volkmar/Kroeschell, Karl: Handwörterbuch des Agrarrechts, Berlin 1981–1982 (zit. *Bearbeiter* in: HAR I, II).

Graf- Schlicker, Marie Luise: InsO-Kommentar zur Insolvenzordnung, 2. Auflage, Köln 2010.

Graf, Ulrich/Wunsch, Irene: Eigenverwaltung und Insolvenzplan – gangbarer Weg in der Insolvenz von Freiberuflern und Handwerkern?, ZIP 2001, S. 1029 ff.

Gravenbrucker Kreis: Große Insolvenzrechtsreform gescheitert, ZIP 1990, S. 477 ff.

Gravenbrucher Kreis: „große" oder „kleine" Insolvenzrechtsreform, ZIP 1992, S. 658 ff.

Grimm, Christian: Agrarrecht, 3. Auflage, München 2010.

Grub, Volker/Rinn Katja: Die neue InsO: Ein Freifahrschein für Bankrotteure?, ZIP 1993, S. 1583 ff.

Gummert, Hans: Münchener Handbuch des Gesellschaftsrechts, Band 2, 3. Auflage 2009 (zit. *Bearbeiter* in: MAH-Gesellschaftsrecht, Band 2).

Haarmeyer, Hans/Wutzke, Wolfgang/Förster, Karsten: Präsenzkommentar zur Insolvenzordnung, Stand 1. 1. 2010.

Hahn, Thomas/Taube, Björn: Vertragshandbuch für den Unternehmenskauf in der Landwirtschaft, Sankt Augustin 2009.

Hartmann, Michael: Die Insolvenz als Chance für landwirtschaftliche Unternehmen, Saarbrücken 2007.

Häsemeyer, Ludwig: Insolvenzrecht, 4. Auflage, Hamburg 2007.

Heidelberger Kommentar zur Insolvenzordnung: herausgegeben von Eickmann, Dieter/Flessner, Axel/Irschlinger, Friedrich/Kirchhof, Hans-Peter/Kreft, Gerhardt/Landfermann, Hans-Georg/Marotzke, Wolfgang/Stephan, Guido, 4. Auflage, Heidelberg 2006, (zit. *Bearbeiter* in: HK-InsO).

Hess, Harald v./Weis, Michaela/Wienberg, Rüdiger: Kommentar zur Insolvenzordnung mit EGInsO, 2. Auflage, Heidelberg 2001 (zit. *Bearbeiter* in: Hess/Weis/Wienberg).

Hötzel, Hans-Joachim, Umweltvorschriften für die Landwirtschaft, Stuttgart 1982.

Huhn, Christoph: Die Eigenverwaltung im Insolvenzverfahren, Köln 2001.

Huntemann, Eva M./Dietrich, Martin: Eigenverwaltung und Sanierungsplan – der verkannte Sanierungsweg, ZInsO 2001, S. 13 ff.

Innenministerium des Landes Schleswig-Holstein und des Ministeriums für Landwirtschaft, Umwelt und ländliche Räume, Auslegungshinweise zu § 35 Abs. 1 Nr. 6 BauGB v. 26. 9. 2007, www.raum-energie.de.

Jaeger, Großkommentar zur Insolvenzordnung, herausgegeben von Henckel, Wolfram/Gerhardt, Walter, Berlin 2004 (zit. *Bearbeiter* in: Jaeger InsO).

Jarass, Hans D.: Bundesimmissionsschutzgesetz, 9. Auflage, München 2012.

Jauernig, Othmar, Kommentar zum Bürgerlichen Gesetzbuch, 14. Auflage, München 2011 (zit. *Bearbeiter* in: Jauernig).

Juris Praxiskommentar zum BGB Schuldrecht, Band 2/2, §§ 433–630, herausgegeben von: Junker, Markus/Beckmann, Roland M./Rüßmann, Helmut, 5. Auflage, Saarbrücken 2010 (zit. *Bearbeiter* in: Juris Praxiskommentar zum BGB Schuldrecht).

Kindl, Johann/Meller-Hannich, Caroline/Wolf, Hans-Joachim: Gesamtes Recht der Zwangsvollstreckung, Baden-Baden 2010 (zit. *Bearbeiter* in: Kindl/Meller-Hannich/Wolf).

Kirchhof, Hans-Peter: Kommentar zum Einkommensteuergesetz, Köln 2012 (zit. *Bearbeiter* in: Kirchhof).

Knickel, Karlheinz/Janßen Berthold/Schramek, Jörg: Naturschutz und Landwirtschaft: Kriterienkatalog zur „Guten fachlichen Praxis", Münster 2001.

Koch, Christine-Maria: Die Insolvenz des selbstständigen Rechtsanwalts, Baden-Baden 2008.

Köhne, Manfred/Wesche, Rüdiger: Landwirtschaftliche Steuerlehre, 3. Auflage, Stuttgart 1995.

Kolbe, Joachim/Bart, Albrecht/Brückner, Hartmut/Günther, Peter/Preiß, Karin: Insolvenzrecht und Landwirtschaft, aid Infodienst Ernährung, Landwirtschaft und Verbraucherschutz e.V., Heft 1433/01, Bonn 2001.

Kölner Schrift zur Insolvenzordnung, herausgegeben vom Arbeitskreis für Insolvenzwesen Köln e.V., 3. Auflage, Köln 2009 (zit. *Bearbeiter* in: Kölner Schrift zur InsO).

Kowarik, Ingo/Heink, Ulrich/Bartz, Robert: „Ökologische Schäden" in Folge der Ausbringung gentechnisch veränderter Organismen im Freiland – Entwicklung einer Begriffsdefinition und eines Konzeptes zur Operationalisierung, BfN-Skripten 166, 2006.

Kreft, Gerhart, Insolvenzordnung, 5. Auflage, Stuttgart 2008 (zit. *Bearbeiter* in: Kreft InsO).

Krüger, Wolfgang/Schmitte, Hubertus: EU-Agrarreform und Pachtrecht, AUR 2005, S. 245.

Kübler, Bruno M./Prütting, Hanns/Bork, Reinhard: Kommentar zur Insolvenzordnung, Loseblatt, Lieferung 7/2012, Köln (zit. *Bearbeiter* in: Kübler/Prütting/Bork).

Lang, Johann/Weidmüller, Ludwig/Schaffland, Hans-Jürgen, Genossenschaftsgesetz, 37. Auflage, Berlin 2011 (zit. *Bearbeiter* in: Lang/Weidmüller/Schaffland).

Lange, Rudolf/Wulff, Hans/Lüdtke-Handjery, Christian/Lüdtke-Handjery, Elke: Höfeordnung, 10. Auflage, München 2001.

Leonhardt, Peter/Smid, Stefan/Zeuner, Mark: Insolvenzordnung, 3. Auflage, Stuttgart 2010 (zit. *Bearbeiter* in: Leonhardt/Smid/Zeuner).

Lorenz, Kai: Das Fortbestehen von „Altkreditverbindlichkeiten" landwirtschaftlicher Produktionsgenossenschaften bei Eintritt in die Marktwirtschaft", DtZ 1994, S. 165–169.

Lorz, Albert/ Metzger, Ernst/Stöckel, Heinz: Jagdrecht, Fischereirecht, 4. Auflage, München 2011 (zit. *Bearbeiter* in: Lorz/Metzger/Stöckel).

Lwowski, Hans-Jürgen/Merkel, Helmut: Kreditsicherheiten, Berlin 2003.

Lwowski, Hans-Jürgen/Tetzlaff, Christian: Umweltrisiken und Altlasten in der Insolvenz, München 2002.

Mann, Karl-Heinz/Muziol, Oliver: Darstellung erfolgreicher Kooperationen und Analyse der Erfolgsfaktoren, Betriebsgesellschaften in der Landwirtschaft -Chancen und Risiken im Strukturwandel- Schriftenreihe der landwirtschaftlichen Rentenbank, Band 15, Frankfurt am Main 2001.

Maurer, Hartmut: Allgemeines Verwaltungsrecht, München 2011.

Meister, Andreas: Kooperative Unternehmen in der Landwirtschaft: Planung, Gründung, Führung, Aid Infodienst Ernährung, Landwirtschaft und Verbraucherschutz e.V., Bonn 1998.

Mitzschke, Gustav/Schäfer, Karl: Kommentar zum Bundesjagdgesetz, 4. Auflage, Hamburg 1982.

Mohrbutter, Jürgen/Mohrbutter, Harro: Handbuch des gesamten Vollstreckungs- und Insolvenzrechts, 2. Auflage, Köln 1974.

Mohrbutter, Harro/Ringstmeier, Andreas: Handbuch der Insolvenzverwaltung, 8. Auflage, Köln 2007 (zit. *Bearbeiter* in: Mohrbutter/Ringstmeier).

Mönning, Rolf-Dieter: Betriebsfortführung in der Insolvenz, Köln 1997.

Motsch, Richard/Rodenbach, Hermann-Josef/Löffler, Otto: Kommentar zum Entschädigungs- und Ausgleichsleistungsgesetz (EALG), Münster 2002 (zit. *Bearbeiter* in: Motsch/Rodenbach/ Löffler).

Müggenborg, Hans-Jürgen: Das Verhältnis des Umweltschadensgesetzes zum Boden- und Gewässerschutzrecht, NVwZ 2009, S. 12 ff.

Münchener Kommentar zum Bürgerlichen Gesetzbuch: Band. 1, 1. Halbband, §§ 1–240, 6. Auflage München 2012; Band 3, §§ 433–610, 6. Auflage, München 2012; Band 5, §§ 705–853, 5. Auflage, München 2009; Band 6 Sachenrecht, §§ 854–1296, 4. Auflage, München 2004, Band 9 Erbrecht, §§ 1922–2385, 5. Auflage, München 2010, herausgegeben von Säcker, Franz Jürgen/Rixecker, Roland (zit. *Bearbeiter* in: MüKo-BGB).

Münchener Kommentar zur Zivilprozessordnung mit Gerichtsverfassungsgesetz und Nebengesetzen, Band 2, 3. Auflage, §§ 511–945 ZPO, herausgegeben von: Rauscher, Thomas/ Wax, Peter/Wenzel, Joachim, München 2004 (zit. *Bearbeiter* in: MüKo-ZPO).

Münchener Kommentar zur Insolvenzordnung, Band 1, 2. Auflage, §§ 1–102 InsO; Band 2, 2. Auflage, §§ 103–269 InsO; Band 3, 2. Auflage, §§ 270–359 InsO, herausgegeben von: Kirchhof, Peter/Lwowski, Peter/Stürner, Rolf, München 2008 (zit. *Bearbeiter* in: MüKo-InsO).

Musielak, Hans-Joachim, Kommentar zur Zivilprozessordnung, 9. Auflage, München 2012 (zit. *Bearbeiter* in: Musielak).

Nerlich, Jörg/Römermann, Volker: Insolvenzordnung, Stand November 2011, 22. Ergänzungslieferung, München 2011 (zit. *Bearbeiter* in Nerlich/Römermann).

Nerlich, Jörg/Kreplin, Georg: Münchener Anwaltshandbuch Insolvenz und Sanierung, München 2012 (zit. *Bearbeiter* in: Nerlich/Kreplin, MAH-Sanierung und Insolvenz).

Netz, Joachim: Grundstücksverkehrsgesetz, 5. Auflage, Butjadingen-Stollhamm 2010.

Neumann, Günter: Gesellschaftsverträge zwischen dem Bauern und seinem Sohn, Göttingen 1965.

Nies, Volkmar: Zur Gestaltung des Milchmarktes seit dem 1. 4. 2000 und Aspekte des Milchreferenzhandels, Agrarrecht 2001, S. 4.

Oppermann, Stefan/Smid, Stefan: Ermächtigung des Schuldners zur Aufnahme eines Massekredits zur Vorfinanzierung des Insolvenzgeldes im Verfahren nach § 270 a InsO, ZInsO 2012, S. 862.

Palandt, Kommentar zum Bürgerlichen Gesetzbuch, 71. Auflage, München 2012 (zit. *Bearbeiter* in Palandt).

Pape, Gerhard/Uhlenbruck, Wilhelm, Insolvenzrecht, 1. Auflage, München 2008.

Petersen, Jan: Ordnungsrechtliche Verantwortlichkeit und Insolvenz, NJW 1972, S. 1202–1208.

Prütting, Hanns/Gehrlein, Markus, ZPO-Kommentar, 1. Auflage, Köln 2010 (zit. *Bearbeiter* in: Prütting/Gehrlein).

Puls, Günter: Zur Kündigung von Pflugtauschverträgen, NL-BzAR 2003, S. 152 ff.

Reul, Adolf/Heckschen, Heribert/Wienberg, Rüdiger: Insolvenzrecht in der Kautelarpraxis, München 2006.

Richter, Bernd/Pernegger, Isabelle: Betriebswirtschaftliche Aspekte des RegE-ESUG, BB 2011, S. 876 ff.

Riggert, Rainer: Die Raumsicherungsübereignung: Bestellung und Realisierung unter den Bedingungen der Insolvenzordnung, NZI 2000, S. 241 ff.

Riggert, Lars: Die Rechtsverfolgung der Gläubiger dinglicher Kreditsicherheiten in der Unternehmensinsolvenz des Schuldners: am Beispiel des Sicherungseigentums, des Pfandrechts, des Eigentumsvorbehalts und der Sicherungsgrundschuld, Hamburg 2006.

Saegon, Christopher/Wiester, Roland: Erste praktische Erfahrungen mit der InsO aus Verwaltersicht, ZinsO 1999, S. 627.

Saenger, Ingo: Zivilprozessordnung, 2. Auflage, Baden-Baden 2007 (zit. *Bearbeiter* in: Saenger ZPO).

Schimansky, Herbert/Bunte, Hermann-Josef/Lwowski, Hans-Jürgen: Bankrechts-Handbuch, Band 1, München 2011 (zit. *Bearbeiter* in: Schimansky/Bunte/Lwowski).

Schmidt, Andreas: Hamburger Kommentar zum Insolvenzrecht, 3. Auflage, Köln 2009.

Schmidt, Andreas/Büchler, Olaf: Effiziente Ermittlung und Abwicklung von Aus- und Absonderungsrechten in der Insolvenz (Teil 6: Haftungsverband), InsbürO 2007, S. 293–303.

Schmidt, Karsten: Organverantwortlichkeit und Sanierung im Insolvenzrecht der Unternehmen, ZIP 1980, S. 336.

Schmidt, Karsten: Altlasten, Ordnungspflicht und Beseitigungskosten im Konkurs – Wege und Irrwege der verwaltungsgerichtlichen Praxis, NJW 1993, S. 2833–2837.

Schmidt, Karsten/Uhlenbruck, Wilhelm: Die GmbH in Krise, Sanierung und Insolvenz, 4. Auflage, Köln 2009.

Schnekenburger, Franz: Zur Pfändbarkeit und zur Insolvenzzugehörigkeit der Milchreferenzmenge, AUR 2003, S. 133–138.

Schöner, Hartmut/Stöber, Kurt: Grundbuchrecht, 14. Auflage, München 2008.

Schuck, Marcus: Bundesjagdgesetz, München 2010.

Schweizer, Dieter: Das Recht der landwirtschaftlichen Betriebe nach dem Landwirtschaftsanpassungsgesetz: Eigentumsentflechtung, Umstrukturierung, Vermögensauseinandersetzung, Köln 1994.

Schwerdtle, Johannes Georg: Betriebsgesellschaften in der Landwirtschaft-Chancen und Grenzen im Strukturwandel, Schriftenreihe der landwirtschaftlichen Rentenbank, Band 15, Frankfurt am Main 2001.

Seidel, Christiane/Flitsch, Michael: Umweltrecht und Insolvenzrecht – Aktuelle Entwicklungen –, DZWIR 2005, S. 278.

Smid, Stefan/Rattunde, Rolf: Der Insolvenzplan – Handbuch für Sanierungsverfahren gemäß §§ 217–269 InsO mit praktischen Beispielen und Musterbeispielen, 2. Auflage, Stuttgart 2005.

Smid, Stefan: Sanierungsverfahren nach neuem Insolvenzrecht, WM 1998, S. 2489 ff.

Smid, Stefan: Kreditsicherheiten in der Insolvenz, 2. Auflage, Stuttgart 2008.

Smid, Stefan: Praxishandbuch Insolvenzrecht, 5. Auflage, Berlin 2007.

SRU: Der Rat von Sachverständigen für Umweltfragen, Umweltgutachten 2004, Umweltpolitische Handlungsfähigkeit sichern, Mai 2004.

Staudinger, Julius von: Kommentar zum Bürgerlichen Gesetzbuch mit Einführungsgesetz und Nebengesetzen, Erstes Buch, Allgemeiner Teil, §§ 21–240, Neubearbeitung 2011, Berlin (zit. *Bearbeiter* in: Staudinger BGB, Buch 1).

Staudinger, Julius von: Kommentar zum Bürgerlichen Gesetzbuch mit Einführungsgesetz und Nebengesetzen, Zweites Buch, Recht der Schuldverhältnisse, §§ 433–487 Neubearbeitung 2004; §§ 516–534, Neubearbeitung 2005; §§ 581–606 Neubearbeitung 2005, Berlin (zit. *Bearbeiter* in: Staudinger BGB, Buch 2).

Staudinger, Julius von: Kommentar zum Bürgerlichen Gesetzbuch mit Einführungsgesetz und Nebengesetzen, Drittes Buch, Sachenrecht, §§ 985–1007, Neubearbeitung 2006, §§ 1204–1296, Neubearbeitung 2009, Berlin (zit. *Bearbeiter* in: Staudinger BGB, Buch 3).

Stelkens, Paul/Bonk, Heinz-Joachim/Sachs, Michael: Verwaltungsverfahrensgesetz, 7. Auflage, München 2008 (zit. *Bearbeiter* in: Stelkens/Bonk/Sachs).

Stephany, Ralf: Die Verflechtung landwirtschaftlicher und gewerblicher Betriebe, Heft 182 der Schriftenreihe des Hauptverbandes der landwirtschaftlichen Buchstellen und Sachverständigen e.V., Sankt Augustin 2009.

Stöcker, Hans: Miterbenrechte bei Betriebsaufgabe im Lichte der Entstehungsgeschichte des § 13 HöfeO neuer Fassung, MDR 1979, S. 6 ff.

Terbrack, Christoph: Die Insolvenz der eingetragenen Genossenschaft, Köln 1999.

Turner, George/Böttger, Ulrich/Wölfle, Andreas: Agrarrecht – Ein Grundriss –, 3. Auflage, Frankfurt 2006.

Uhlenbruck, Wilhelm: Insolvenzordnung, 13. Auflage, München 2010 (zit. *Bearbeiter* in: Uhlenbruck).

Uhlenbruck, Wilhelm: Mit der Insolvenzordnung ins neue Jahrtausend, NZI 1998, S. 1 ff.

Undritz, Sven-Holger: Ermächtigung und Kompetenz zur Begründung von Masseverbindlichkeiten beim Antrag des Schuldners auf Eigenverwaltung, BB 2012, S. 1551.

Upmeier zu Belzen, Jochen: Die landwirtschaftliche Familiengesellschaft, Köln 1966.

Vierhaus, Hans-Peter: Umweltrechtliche Pflichten des Insolvenzverwalters (Teil I) ZInsO 2005, S. 127 ff.

Vogel, Joachim/Stockmeier, Hermann: Umwelthaftpflichtversicherung, Umweltschadensversicherung: Kommentar, 2. Auflage, München 2009.

Von Eickstedt, Falk-Rembert: Vom Landwirt zum Landschaftspfleger, Baden-Baden 2010.

Wagner, Peter/Heinrich, Jürgen/Hank, Klaus: Landwirtschaft ohne Ausgleichszahlungen? Mögliche Folgen für Einzelbetriebe und Regionen, Berichte über Landwirtschaft, Band 85 2007.

Wehdeking, Silke/Smid, Stefan: Soll die Anordnung der Eigenverwaltung voraussetzen, dass der Schuldner dem Insolvenzgericht einen „pre-packaged" Insolvenzplan vorlegt? ZInsO 2010, S. 1713 ff.

Wehdeking, Silke: Masseverwaltung durch den insolventen Schuldner, Berlin 2005.

Wellensiek, Jobst: Unternehmensfortführung und – sanierung im Rahmen der neuen Insolvenzordnung, WM 1999, S. 405 ff.

Wellensiek, Jobst: „Übertragende Sanierung", NZI 2002, S. 233 ff.

Westrick, Ludger: Chancen und Risiken der Eigenverwaltung nach der Insolvenzordnung, NZI 2003 S. 65 ff.

Wiester, Roland: Erste praktische Erfahrungen mit der Insolvenzordnung aus Verwaltersicht, ZInsO, S. 627 ff.

Witt, Karsten: Der Flächenerwerb in den neuen Bundesländern, Köln 1996.

Wöhrmann, Otto/Stöcker, Klaus/Wöhrmann, Heinz: Das Landwirtschaftserbrecht: Kommentar zur HöfeO, zum BGB-Landguterbrecht und zum GrdstVG-Zuweisungsrecht, 9. Auflage, Köln 2008, (zit. *Bearbeiter* in: Wöhrmann, Landwirtschaftserbrecht).

Zickfeld, Herbert: Besonderheiten und Probleme im Bereich der Landwirtschaftlichen Zusammenarbeit, Freiburg 1991.

Zöller, Richard: ZPO, 28. Auflage, Köln 2010 (zit. *Bearbeiter* in: Zöller).

Sachregister

Zeitfracht Medien GmbH
Ferdinand-Jühlke-Straße 7
99095 Erfurt, Deutschland
produktsicherheit@kolibri360.de